高职高专工程造价专业系列教材

工程量清单计价

（第二版）

主编　虞　骞　杨桂芳

中国建材工业出版社

图书在版编目（CIP）数据

工程量清单计价/虞骞，杨桂芳主编. — 2 版. —北京：
中国建材工业出版社，2013.9（2019.1 重印）
高职高专工程造价专业系列教材
ISBN 978 - 7 - 5160 - 0582 - 8

Ⅰ. ①工… Ⅱ. ①虞… ②杨… Ⅲ. ①建筑工程 - 工
程造价 - 高等职业教育 - 教材 Ⅳ. ①TU723.3

中国版本图书馆 CIP 数据核字（2013）第 203092 号

内 容 简 介

本书主要依据《建设工程工程量清单计价规范》（GB 50500—2013）、《高等职业教育
——工程造价专业教育标准和培养方案及主干课程教学大纲》而编写，同时参考了施工造
价人员上岗资格认证方面的要求。内容主要包括概论、工程量清单计价规范概述、工程量
清单编制、工程量清单计价方法、建筑工程工程量清单计价编制、装饰工程工程量清单计
价编制、安装工程工程量清单计价编制。

本书在阐述基本理论的同时，注重突出清单计价编制方法的实际应用以及工程造价执
业能力的培养，并通过具体的工程实例演算使读者达到提高学习效果的目的。

本书通俗易懂、内容新颖、实用性强，可作为高等职业院校工程造价及其他相关专业
的教材，也可作为工程造价人员和从事工程量清单计价人员的学习指导用书及工程量清单
计价学习的培训教材。

工程量清单计价（第二版）
主编　虞　骞　杨桂芳
出版发行：中国建材工业出版社
地　　址：北京市海淀区三里河路 1 号
邮　　编：100044
经　　销：全国各地新华书店
印　　刷：北京雁林吉兆印刷有限公司
开　　本：787mm×1092mm　1/16
印　　张：24.75
字　　数：602 千字
版　　次：2013 年 9 月第 2 版
印　　次：2019 年 1 月第 4 次
定　　价：56.00 元

本社网址：www.jccbs.com.cn　　微信公众号：zgjcgycbs
本书如出现印装质量问题，由我社发行部负责调换。联系电话：（010）88386906

前　　言

《建设工程工程量清单计价规范》（GB 50500—2013）的颁布实施，标志着我国已经从定额计价模式转变为工程量清单计价模式，真正实现了建筑产品由政府定价向由市场定价的转变。随着工程量清单计价模式的建立，需要我们在教学上构建新的教学方案和新的教学内容。因此，制定切合我国工程造价改革实际的教学方案、推出全新的课程体系是当前高等职业教育工程造价专业发展的客观要求。

本书依据《高等职业教育——工程造价专业教育标准和培养方案及主干课程教学大纲》的要求，侧重教学内容上的推陈出新，如在介绍清单工程量计算规则时，辅以实际应用中的例题，使学生能够更容易理解和掌握清单工程量计算规则，在实际演算的过程中，学会工程量清单及计价的编制方法。在编写本书时，编写人员充分了解了工程造价人员的基本状况，工程造价人员应具备的理论知识和基本技能、专业执业能力等，本着以培养职业技能型人才为目标，认真分析、仔细研究后才使得本书得以面世，希望对广大工程造价人员有所帮助。

由于我国工程造价的理论与实践正处于发展时期，新的内容还会不断出现，加之编者知识水平有局限，虽然在编写过程中反复推敲核实，但仍不免有疏漏之处，恳请广大读者热心指点，以便作进一步修改和完善。

编者

2013.08

目　　录

第1章　概　　论 ……………………………………………………… 1

1.1　工程量清单与工程量清单计价 ………………………………… 1

1.1.1　工程量清单的定义 …………………………………………… 1

1.1.2　工程量清单计价的定义 ……………………………………… 1

1.1.3　实行工程量清单计价的意义 ………………………………… 1

1.1.4　工程量清单计价的作用 ……………………………………… 2

1.2　工程量清单 ………………………………………………………… 3

1.2.1　分部分项工程量清单 ………………………………………… 3

1.2.2　措施项目清单 …………………………………………………… 3

1.2.3　其他项目清单 …………………………………………………… 3

1.2.4　规费项目清单 …………………………………………………… 3

1.2.5　税金项目清单 …………………………………………………… 3

1.3　工程量清单计价 ………………………………………………… 3

1.3.1　一般规定 ………………………………………………………… 3

1.3.2　招标控制价 ……………………………………………………… 5

1.3.3　投标价 …………………………………………………………… 6

1.3.4　工程合同价款的约定 ………………………………………… 7

1.3.5　工程计量与价款支付 ………………………………………… 8

1.3.6　索赔与现场签证 ……………………………………………… 11

1.3.7　合同价款调整 ………………………………………………… 12

1.3.8　竣工结算与支付 ……………………………………………… 17

1.3.9　合同价款争议的解决 ………………………………………… 20

1.4　清单计价与定额计价的区别 …………………………………… 21

思考题 ……………………………………………………………………… 23

第2章　工程量清单计价规范 ……………………………………… 24

2.1　工程量清单计价规范的主要内容 …………………………… 24

2.1.1　总则 ……………………………………………………………… 24

2.1.2　术语（见表2-1）……………………………………………… 24

2.1.3　工程量清单编制 ……………………………………………… 27

2.1.4　工程量清单计价 ……………………………………………… 28

2.2　清单计价格式 …………………………………………………… 29

2.2.1　计价表格组成 ………………………………………………… 29

    2.2.2　计价表格使用规定 ……………………………………………… 61
  思考题 ……………………………………………………………………… 62

第3章　工程量清单编制 …………………………………………………… 63

  3.1　清单工程量计算规则 ………………………………………………… 63
    3.1.1　土方工程 ………………………………………………………… 63
    3.1.2　石方工程 ………………………………………………………… 64
    3.1.3　土石方回填 ……………………………………………………… 65
  3.2　清单工程量计算方法 ………………………………………………… 65
    3.2.1　清单工程量计算的思路 ………………………………………… 65
    3.2.2　清单工程量的计算顺序 ………………………………………… 65
    3.2.3　运用统筹法计算工程量 ………………………………………… 66
    3.2.4　应用工程量计算软件计算工程量 ……………………………… 68
  3.3　工程量清单编制方法 ………………………………………………… 69
  思考题 ……………………………………………………………………… 69

第4章　工程量清单计价方法 …………………………………………… 70

  4.1　计价工程量的确定 …………………………………………………… 70
    4.1.1　计价工程量的定义 ……………………………………………… 70
    4.1.2　计价工程量计算方法 …………………………………………… 70
  4.2　人工单价的编制 ……………………………………………………… 70
    4.2.1　人工单价的定义 ………………………………………………… 70
    4.2.2　人工单价的内容 ………………………………………………… 70
    4.2.3　人工单价的编制方法 …………………………………………… 71
  4.3　材料单价的编制 ……………………………………………………… 71
    4.3.1　材料单价的定义 ………………………………………………… 71
    4.3.2　材料单价的构成 ………………………………………………… 71
    4.3.3　材料原价的确定 ………………………………………………… 72
    4.3.4　材料运杂费计算 ………………………………………………… 72
    4.3.5　材料采购保管费计算 …………………………………………… 72
    4.3.6　材料单价确定 …………………………………………………… 72
  4.4　综合单价的编制 ……………………………………………………… 72
    4.4.1　综合单价的定义 ………………………………………………… 72
    4.4.2　确定综合单价的数学模型 ……………………………………… 73
    4.4.3　综合单价计算方法 ……………………………………………… 73
  4.5　措施项目清单编制 …………………………………………………… 73
    4.5.1　措施项目费的定义 ……………………………………………… 73
    4.5.2　措施项目费计算方法 …………………………………………… 74
  4.6　其他项目清单编制 …………………………………………………… 74
    4.6.1　其他项目清单的定义 …………………………………………… 74

4.6.2 其他项目费的确定 ………………………………………………………… 74

思考题 ……………………………………………………………………………… 75

第5章 建筑工程工程量清单计价编制 …………………………………… 76

5.1 土石方工程 ……………………………………………………………… 76
5.1.1 土方工程 ……………………………………………………………… 76
5.1.2 石方工程 ……………………………………………………………… 78
5.1.3 土石方回填 …………………………………………………………… 79

5.2 桩与地基基础工程 ………………………………………………………… 82
5.2.1 打桩 …………………………………………………………………… 82
5.2.2 灌注桩 ………………………………………………………………… 83
5.2.3 地基处理 ……………………………………………………………… 85
5.2.4 基坑与边坡支护 ……………………………………………………… 89

5.3 砌筑工程 …………………………………………………………………… 94
5.3.1 砖砌体 ………………………………………………………………… 94
5.3.2 砌块砌体 ……………………………………………………………… 99
5.3.3 石砌体 ………………………………………………………………… 100
5.3.4 垫层 …………………………………………………………………… 103

5.4 混凝土及钢筋混凝土工程 ………………………………………………… 107
5.4.1 现浇混凝土 …………………………………………………………… 107
5.4.2 预制混凝土 …………………………………………………………… 113
5.4.3 钢筋工程 ……………………………………………………………… 117

5.5 金属结构工程 ……………………………………………………………… 122
5.5.1 钢网架 ………………………………………………………………… 122
5.5.2 钢屋架、钢托架、钢桁架、钢架桥 ………………………………… 122
5.5.3 钢柱 …………………………………………………………………… 123
5.5.4 钢梁 …………………………………………………………………… 124
5.5.5 钢板楼板、墙板 ……………………………………………………… 125
5.5.6 钢构件 ………………………………………………………………… 125
5.5.7 金属制品 ……………………………………………………………… 127

5.6 木结构工程 ………………………………………………………………… 130
5.6.1 木屋架 ………………………………………………………………… 130
5.6.2 木构件 ………………………………………………………………… 130
5.6.3 屋面木基层 …………………………………………………………… 131

5.7 门窗工程 …………………………………………………………………… 133
5.7.1 门 ……………………………………………………………………… 133
5.7.2 窗 ……………………………………………………………………… 138

5.8 屋面及防水工程 …………………………………………………………… 147
5.8.1 瓦、型材及其他屋面 ………………………………………………… 147
5.8.2 屋面防水及其他 ……………………………………………………… 148

5.8.3 墙面防水、防潮 ………………………………………………… 150

5.8.4 楼（地）面防水、防潮 ………………………………………… 151

5.9 保温、隔热、防腐工程 ……………………………………………… 157

5.9.1 保温、隔热 …………………………………………………… 157

5.9.2 防腐面层 ……………………………………………………… 159

5.9.3 其他防腐 ……………………………………………………… 161

5.10 建筑工程工程量清单计价编制实例 ………………………………… 163

第6章 装饰工程工程量清单计价编制 ………………………… 168

6.1 楼地面装饰工程 ……………………………………………………… 168

6.1.1 面层 …………………………………………………………… 168

6.1.2 踢脚线 ………………………………………………………… 171

6.1.3 楼梯面层 ……………………………………………………… 172

6.1.4 台阶装饰 ……………………………………………………… 174

6.1.5 零星装饰项目 ………………………………………………… 175

6.2 墙、柱面装饰与隔断、幕墙工程 …………………………………… 180

6.2.1 抹灰 …………………………………………………………… 180

6.2.2 块料 …………………………………………………………… 182

6.2.3 饰面 …………………………………………………………… 184

6.2.4 幕墙工程 ……………………………………………………… 185

6.2.5 隔断 …………………………………………………………… 185

6.3 天棚工程 ……………………………………………………………… 191

6.3.1 天棚抹灰 ……………………………………………………… 191

6.3.2 天棚吊顶 ……………………………………………………… 191

6.3.3 采光天棚 ……………………………………………………… 192

6.3.4 天棚其他装饰 ………………………………………………… 193

6.4 油漆、涂料、裱糊工程 ……………………………………………… 199

6.4.1 油漆 …………………………………………………………… 199

6.4.2 喷刷涂料 ……………………………………………………… 203

6.4.3 裱糊 …………………………………………………………… 204

6.5 其他装饰工程 ………………………………………………………… 206

6.5.1 柜类、货架 …………………………………………………… 206

6.5.2 压条、装饰线 ………………………………………………… 207

6.5.3 扶手、栏杆、栏板装饰 ……………………………………… 208

6.5.4 暖气罩 ………………………………………………………… 209

6.5.5 浴厕配件 ……………………………………………………… 209

6.5.6 雨篷、旗杆 …………………………………………………… 211

6.5.7 招牌、灯箱 …………………………………………………… 211

6.5.8 美术字 ………………………………………………………… 212

6.6 装饰工程工程量清单计价编制实例 ………………………………… 216

习题 219

第7章 安装工程工程量清单计价编制 222

7.1 机械设备安装工程 222
7.1.1 切削设备 222
7.1.2 锻压设备 223
7.1.3 铸造设备 224
7.1.4 起重设备 225
7.1.5 起重机轨道 226
7.1.6 输送设备 226
7.1.7 电梯 227
7.1.8 风机 228
7.1.9 泵 229
7.1.10 压缩机 230
7.1.11 工业炉 230
7.1.12 煤气发生设备 232
7.1.13 其他机械 233

7.2 静置设备与工艺金属结构制作安装工程 240
7.2.1 静置设备制作 240
7.2.2 静置设备安装 241
7.2.3 工业炉安装 244
7.2.4 金属油罐制作安装 245
7.2.5 球形罐组对安装 247
7.2.6 气柜制作安装 247
7.2.7 工艺金属结构制作安装 248
7.2.8 铝制、铸铁、非金属设备安装 249
7.2.9 撬块安装 250
7.2.10 无损检验 250

7.3 电气设备安装工程 254
7.3.1 变压器安装 254
7.3.2 配电装置安装 256
7.3.3 母线安装 259
7.3.4 控制设备及低压电器安装 261
7.3.5 蓄电池安装 266
7.3.6 电机检查接线及调试 266
7.3.7 滑触线装置安装 269
7.3.8 电缆安装 269
7.3.9 防雷及接地装置 271
7.3.10 10kV 以下架空配电线路 273
7.3.11 配管、配线 274

7.3.12 照明器具安装 ……………………………………………………………… 276

7.3.13 附属工程 ……………………………………………………………… 278

7.3.14 电气调整试验 ……………………………………………………………… 279

7.4 通风空调工程 ……………………………………………………………… 283

7.4.1 通风及空调设备及部件制作安装 ……………………………………………… 283

7.4.2 通风管道制作安装 ……………………………………………………………… 286

7.4.3 通风管道部件制作安装 ………………………………………………………… 289

7.4.4 通风工程检测、调试 …………………………………………………………… 294

7.5 工业管道工程 ……………………………………………………………… 298

7.5.1 管道 ……………………………………………………………………………… 298

7.5.2 管件 ……………………………………………………………………………… 304

7.5.3 阀门 ……………………………………………………………………………… 310

7.5.4 法兰 ……………………………………………………………………………… 312

7.5.5 管件及其他项目 ………………………………………………………………… 315

7.6 给排水、采暖、燃气工程 ……………………………………………… 323

7.6.1 给排水、采暖、燃气管道 ……………………………………………………… 323

7.6.2 支架及其他 ……………………………………………………………………… 325

7.6.3 管道附件 ………………………………………………………………………… 326

7.6.4 卫生器具 ………………………………………………………………………… 329

7.6.5 供暖器具 ………………………………………………………………………… 332

7.6.6 采暖、给排水设备 ……………………………………………………………… 334

7.6.7 燃气器具及其他 ………………………………………………………………… 337

7.6.8 医疗气体设备及附件 …………………………………………………………… 339

7.6.9 采暖、空调水工程系统调试 …………………………………………………… 341

7.7 安装工程工程量清单计价编制实例 …………………………………… 344

附录Ａ ××商业楼建筑工程 …………………………………………… 349

附录Ｂ ××商业楼电气安装工程 ……………………………………… 370

参考文献 …………………………………………………………………… 384

6

第1章 概　　论

重 点 提 示

1. 掌握工程量清单与工程量清单计价的内容。
2. 判断工程量清单计价与定额计价的不同点。

1.1　工程量清单与工程量清单计价

1.1.1　工程量清单的定义

工程量清单是表现拟建工程的分部分项工程项目、措施项目、其他项目、规费项目和税金项目名称及其相应工程数量等的明细清单。

1.1.2　工程量清单计价的定义

工程量清单计价是指投标人完成由招标人提供的工程量清单所需的全部费用，包括分部分项工程费、措施项目费、其他项目费和规费、税金。

1.1.3　实行工程量清单计价的意义

（1）实行工程量清单计价，是我国工程造价管理深化改革与发展的需要。实行工程量清单计价，将改变以工程预算定额为计价依据的计价模式，适应工程招标投标和由市场竞争形成工程造价的需要，推进我国工程造价事业的发展。

（2）实行工程量清单计价，是整顿和规范建设市场秩序，适应社会主义市场经济发展的需要。工程造价是工程建设的核心内容，也是建设市场运行的核心内容。实行工程量清单计价，是由市场竞争形成工程造价。工程量清单计价反映工程的个别成本，有利于企业自主报价和公平竞争，实现由政府定价到市场定价的转变；有利于规范业主在招标中的行为，有效纠正招标单位在招标中盲目压价的行为，避免工程招标中弄虚作假、暗箱操作等不规范行为，促进其提高管理水平，从而真正体现公开、公平、公正的原则，反映市场经济规律；有利于规范建设市场计价行为，从源头上遏制工程招投标中滋生的腐败，整顿建设市场的秩序，促进建设市场的有序竞争。

实行工程量清单计价，是适应我国社会主义市场经济发展的需要。市场经济的主要特点是竞争，建设工程领域的竞争主要体现在价格和质量上，工程量清单计价的本质是价格市场化。实行工程量清单计价，对于在全国建立一个统一、开放、健康、有序的建设市场，促进建设市场有序竞争和企业健康发展，都具有重要的作用。

（3）实行工程量清单计价，是适应我国工程造价管理政府职能转变的需求。按照政府部门真正履行"经济调节、市场监管、社会管理和公共服务"的职能要求，政府对工程造价的管理，将推行政府宏观调控、企业自主报价、市场形成价格、社会全面监督的工程造价管理体制。实行工程量清单计价，有利于我国工程造价管理政府职能的转变，由过去行政直接干预转变为对工程造价依法监管，有效地强化政府对工程造价的宏观调控，以适应建设市场发展的需要。

（4）实行工程量清单计价，是我国建筑业发展适应国际惯例和与国际接轨，融入世界大市场的需要。在我国实行工程量清单计价，会为我国建设市场主体创造一个与国际惯例接轨的市场竞争环境，有利于进一步对外开放交流，有利于提高国内建设各方主体参与国际竞争的能力，有利于提高我国工程建设的管理水平。

1.1.4　工程量清单计价的作用

（1）有利于实现从政府定价到市场定价，从消极自我保护向积极公平竞争的转变。工程量清单计价有利于实现从政府定价到市场定价过渡，从消极自我保护向积极公平竞争的转变，对计价改革具有推动作用，特别是对施工企业，通过采用工程量清单计价，有利于施工企业编制自己的企业定额，从而改变了过去企业过分依赖国家发布定额的状况，实现通过市场竞争自主报价。

（2）有利于公平竞争，避免暗箱操作。所有的投标单位根据由招标单位提供的建设项目工程量清单，在工程量一样的前提下，按照统一的规则（统一的编码、统一的计量单位、统一的项目特征、统一的工程量计算规则、统一的工程内容），根据企业管理水平和技术能力，充分考虑市场状况和风险因素，并根据投标竞争策略进行自主报价，充分体现了公平竞争的原则。

（3）有利于实现风险合理分担。工程量清单计价本质上是单价合同的计价模式。首先，它反映"量价分离"的真实面目，"量由招标人提，价由投标人报"。其次，有利于实现工程风险的合理分担。建设工程一般都比较复杂，建设周期长，工程变更多，因而建设的风险比较大，采用工程量清单计价，投标人只对自己所报单价负责，而工程量变更的风险由业主承担，这种格局符合风险合理分担与责权利关系对等的一般原则。

（4）有利于工程款拨付和工程造价的最终确定。

（5）有利于标底的管理和控制。

（6）有利于提高施工企业的技术和管理水平。投标企业在报价过程中，必须通过对单位工程成本、利润进行分析，统筹考虑，精心选择施工方案，并根据企业自身的情况合理确定人工、材料、机械等要素的投入与配置，优化组合，合理控制施工技术措施费用，以便更好地保证工程质量和工期，促进技术进步，提高经营管理水平和劳动生产率，这就要求投标企业改善施工技术条件，注重市场信息的搜集和施工资料的积累，从而提高企业的管理水平。

（7）有利于工程索赔的控制与合同价的管理。实行工程量清单计价进行招标，清单项目的综合单价不因施工数量变化、施工难易程度、施工技术措施差异、取费等变化而调整，从而减少了施工单位在施工过程中因现场签证、技术措施费用和价格变化等因素引起的不合理索赔；同时也便于业主随时掌握设计变更、工程量增减而引起的工程造价变化，进而根据投资情况决定是否变更方案，从而有效地降低工程造价。

（8）有利于建设单位合理控制投资，提高资金使用效益。

（9）有利于招标投标，避免重复劳动，节省时间。采用工程量清单招标后，可以充分发挥招标方提供的工程量的作用，避免了投标方重新计算和估计工程量，投标人只需填报综合造价和调价，节省了大量的人、财、物，缩短了投标单位投标报价的时间，避免了所有的投标人按照同一图纸计算工程数量的重复劳动，节省了大量的社会财富和时间。

（10）有利于规范建设市场的计价行为。

1.2 工程量清单

1.2.1 分部分项工程量清单

（1）分部分项工程项目清单必须载明项目编码、项目名称、项目特征、计量单位和工程量。

（2）分部分项工程项目清单必须根据相关工程现行国家计量规范规定的项目编码、项目名称、项目特征、计量单位和工程量计算规则进行编制。

1.2.2 措施项目清单

（1）措施项目清单必须根据相关工程现行国家计量规范的规定编制。

（2）措施项目清单应根据拟建工程的实际情况列项。

1.2.3 其他项目清单

（1）其他项目清单应按照下列内容列项：

1）暂列金额。

2）暂估价，包括材料暂估单价、工程设备暂估单价、专业工程暂估价。

3）计日工。

4）总承包服务费。

（2）暂列金额应根据工程特点按有关计价规定估算。

（3）暂估价中的材料、工程设备暂估单价应根据工程造价信息或参照市场价格估算，列出明细表；专业工程暂估价应分不同专业，按有关计价规定估算，列出明细表。

（4）计日工应列出项目名称、计量单位和暂估数量。

（5）总承包服务费应列出服务项目及其内容等。

（6）出现第（1）条未列的项目，应根据工程实际情况补充。

1.2.4 规费项目清单

（1）规费项目清单应按照下列内容列项：

1）社会保险费：包括养老保险费、失业保险费、医疗保险费、工伤保险费、生育保险费；

2）住房公积金；

3）工程排污费。

（2）出现第（1）条未列的项目，应根据省级政府或省级有关部门的规定列项。

1.2.5 税金项目清单

（1）税金项目清单应包括下列内容：

1）营业税；

2）城市维护建设税；

3）教育费附加；

4）地方教育附加。

（2）出现第（1）条未列的项目，应根据税务部门的规定列项。

1.3 工程量清单计价

1.3.1 一般规定

1. 计价方式

（1）使用国有资金投资的建设工程发承包，必须采用工程量清单计价。

（2）非国有资金投资的建设工程，宜采用工程量清单计价。

（3）不采用工程量清单计价的建设工程，应执行《建设工程工程量清单计价规范》（GB 50500—2013）除工程量清单等专门性规定外的其他规定。

（4）工程量清单应采用综合单价计价。

（5）措施项目中的安全文明施工费必须按国家或省级、行业建设主管部门的规定计算，不得作为竞争性费用。

（6）规费和税金必须按国家或省级、行业建设主管部门的规定计算，不得作为竞争性费用。

2. 发包人提供材料和工程设备

（1）发包人提供的材料和工程设备（以下简称甲供材料）应在招标文件中按照《建设工程工程量清单计价规范》（GB 50500—2013）附录 L.1 的规定填写《发包人提供材料和工程设备一览表》，写明甲供材料的名称、规格、数量、单价、交货方式、交货地点等。

承包人投标时，甲供材料单价应计入相应项目的综合单价中，签约后，发包人应按合同约定扣除甲供材料款，不予支付。

（2）承包人应根据合同工程进度计划的安排，向发包人提交甲供材料交货的日期计划。发包人应按计划提供。

（3）发包人提供的甲供材料如规格、数量或质量不符合合同要求，或由于发包人原因发生交货日期延误、交货地点及交货方式变更等情况的，发包人应承担由此增加的费用和（或）工期延误，并应向承包人支付合理利润。

（4）发承包双方对甲供材料的数量发生争议不能达成一致的，应按照相关工程的计价定额同类项目规定的材料消耗量计算。

（5）若发包人要求承包人采购已在招标文件中确定为甲供材料的，材料价格应由发承包双方根据市场调查确定，并应另行签订补充协议。

3. 承包人提供材料和工程设备

（1）除合同约定的发包人提供的甲供材料外，合同工程所需的材料和工程设备应由承包人提供，承包人提供的材料和工程设备均应由承包人负责采购、运输和保管。

（2）承包人应按合同约定将采购材料和工程设备的供货人及品种、规格、数量和供货时间等提交发包人确认，并负责提供材料和工程设备的质量证明文件，满足合同约定的质量标准。

（3）对承包人提供的材料和工程设备经检测不符合合同约定的质量标准，发包人应立即要求承包人更换，由此增加的费用和（或）工期延误应由承包人承担。对发包人要求检测承包人已具有合格证明的材料、工程设备，但经检测证明该项材料、工程设备符合合同约定的质量标准，发包人应承担由此增加的费用和（或）工期延误，并向承包人支付合理利润。

4. 计价风险

（1）建设工程发承包。必须在招标文件、合同中明确计价中的风险内容及其范围，不得采用无限风险、所有风险或类似语句规定计价中的风险内容及范围。

（2）由于下列因素出现，影响合同价款调整的，应由发包人承担：

1）国家法律、法规、规章和政策发生变化；

2）省级或行业建设主管部门发布的人工费调整，但承包人对人工费或人工单价的报价高于发布的除外；

3）由政府定价或政府指导价管理的原材料等价格进行了调整。

因承包人原因导致工期延误的，应按《建设工程工程量清单计价规范》（GB 50500—2013）第9.2.2条、第9.8.3条的规定执行。

（3）由于市场物价波动影响合同价款的，应由发承包双方合理分摊，按《建设工程工程量清单计价规范》（GB 50500—2013）附录L.2或L.3填写《承包人提供主要材料和工程设备一览表》作为合同附件；当合同中没有约定，发承包双方发生争议时，应按《建设工程工程量清单计价规范》（GB 50500—2013）第9.8.1～9.8.3条的规定调整合同价款。

（4）由于承包人使用机械设备、施工技术以及组织管理水平等自身原因造成施工费用增加的，应由承包人全部承担。

（5）当不可抗力发生，影响合同价款时，应按《建设工程工程量清单计价规范》（GB 50500—2013）第9.10节的规定执行。

1.3.2 招标控制价

（1）国有资金投资的建设工程招标。招标人必须编制招标控制价。

（2）招标控制价应由具有编制能力的招标人或受其委托具有相应资质的工程造价咨询人编制和复核。

（3）工程造价咨询人接受招标人委托编制招标控制价，不得再就同一工程接受投标人委托编制投标报价。

（4）招标控制价应按照（7）条的规定编制，不应上调或下浮。

（5）当招标控制价超过批准的概算时，招标人应将其报原概算审批部门审核。

（6）招标人应在发布招标文件时公布招标控制价，同时应将招标控制价及有关资料报送工程所在地或有该工程管辖权的行业管理部门工程造价管理机构备查。

（7）招标控制价应根据下列依据编制与复核：

1）《建设工程工程量清单计价规范》（GB 50500—2013）。

2）国家或省级、行业建设主管部门颁发的计价定额和计价办法；

3）建设工程设计文件及相关资料；

4）拟定的招标文件及招标工程量清单；

5）与建设项目相关的标准、规范、技术资料；

6）施工现场情况、工程特点及常规施工方案；

7）工程造价管理机构发布的工程造价信息，当工程造价信息没有发布时，参照市场价；

8）其他的相关资料。

（8）综合单价中应包括招标文件中划分的应由投标人承担的风险范围及其费用。招标文件中没有明确的，如是工程造价咨询人编制，应提请招标人明确；如是招标人编制，应予明确。

（9）分部分项工程和措施项目中的单价项目，应根据拟定的招标文件和招标工程量清单项目中的特征描述及有关要求确定综合单价计算。

（10）措施项目中的总价项目应根据拟定的招标文件和常规施工方案按1.3.1中1.第（4）、（5）条的规定计价。

（11）其他项目费应按下列规定计价：

1）暂列金额应按招标工程量清单中列出的金额填写；

2）暂估价中的材料、工程设备单价应按招标工程量清单中列出的单价计入综合单价；

3）暂估价中的专业工程金额应按招标工程量清单中列出的金额填写；

4）计日工应按招标工程量清单中列出的项目根据工程特点和有关计价依据确定综合单价计算；

5）总承包服务费应根据招标工程量清单列出的内容和要求估算。

（12）规费和税金应按 1.3.1 中 1. 第（6）条的规定计算。

（13）投标人经复核认为招标人公布的招标控制价未按照《建设工程工程量清单计价规范》（GB 50500—2013）的规定进行编制的，应在招标控制价公布后 5 天内向招投标监督机构和工程造价管理机构投诉。

（14）投诉人投诉时，应当提交由单位盖章和法定代表人或其委托人签名或盖章的书面投诉书。投诉书应包括下列内容：

1）投诉人与被投诉人的名称、地址及有效联系方式；

2）投诉的招标工程名称、具体事项及理由；

3）投诉依据及有关证明材料；

4）相关的请求及主张。

（15）投诉人不得进行虚假、恶意投诉，阻碍招投标活动的正常进行。

（16）工程造价管理机构在接到投诉书后应在 2 个工作日内进行审查，对有下列情况之一的，不予受理：

1）投诉人不是所投诉招标工程招标文件的收受人；

2）投诉书提交的时间不符合第（13）条规定的；

3）投诉书不符合第（14）条规定的；

4）投诉事项已进入行政复议或行政诉讼程序的。

（17）工程造价管理机构应在不迟于结束审查的次日将是否受理投诉的决定书面通知投诉人、被投诉人以及负责该工程招投标监督的招投标管理机构。

（18）工程造价管理机构受理投诉后，应立即对招标控制价进行复查，组织投诉人、被投诉人或其委托的招标控制价编制人等单位人员对投诉问题逐一核对。有关当事人应当予以配合，并应保证所提供资料的真实性。

（19）工程造价管理机构应当在受理投诉的 10 天内完成复查，特殊情况下可适当延长，并作出书面结论通知投诉人、被投诉人及负责该工程招投标监督的招投标管理机构。

（20）当招标控制价复查结论与原公布的招标控制价误差大于 ±3% 时，应当责成招标人改正。

（21）招标人根据招标控制价复查结论需要重新公布招标控制价的，其最终公布的时间至招标文件要求提交投标文件截止时间不足 15 天的，应相应延长投标文件的截止时间。

1.3.3 投标价

（1）投标价应由投标人或受其委托具有相应资质的工程造价咨询人编制。

（2）投标人应依据第（6）条的规定自主确定投标报价。

（3）投标报价不得低于工程成本。

（4）投标人必须按招标工程量清单填报价格。项目编码、项目名称、项目特征、计量单位、工程量必须与招标工程量清单一致。

（5）投标人的投标报价高于招标控制价的应予废标。

（6）投标报价应根据下列依据编制和复核：

1）《建设工程工程量清单计价规范》（GB 50500—2013）。

2）国家或省级、行业建设主管部门颁发的计价办法；

3）企业定额，国家或省级、行业建设主管部门颁发的计价定额和计价办法；

4）招标文件、招标工程量清单及其补充通知、答疑纪要；

5）建设工程设计文件及相关资料；

6）施工现场情况、工程特点及投标时拟定的施工组织设计或施工方案；

7）与建设项目相关的标准、规范等技术资料；

8）市场价格信息或工程造价管理机构发布的工程造价信息；

9）其他的相关资料。

（7）综合单价中应包括招标文件中划分的应由投标人承担的风险范围及其费用，招标文件中没有明确的，应提请招标人明确。

（8）分部分项工程和措施项目中的单价项目，应根据招标文件和招标工程量清单项目中的特征描述确定综合单价计算。

（9）措施项目中的总价项目金额应根据招标文件及投标时拟定的施工组织设计或施工方案，按 1.3.1 中 1. 第（4）条的规定自主确定。其中安全文明施工费应按照 1.3.1 中 1. 第（5）条的规定确定。

（10）其他项目费应按下列规定报价：

1）暂列金额应按招标工程量清单中列出的金额填写；

2）材料、工程设备暂估价应按招标工程量清单中列出的单价计入综合单价；

3）专业工程暂估价应按招标工程量清单中列出的金额填写；

4）计日工应按招标工程量清单中列出的项目和数量，自主确定综合单价并计算计日工金额；

5）总承包服务费应根据招标工程量清单中列出的内容和提出的要求自主确定。

（11）规费和税金应按 1.3.1 中 1. 第（6）条的规定确定。

（12）招标工程量清单与计价表中列明的所有需要填写单价和合价的项目，投标人均应填写且只允许有一个报价。未填写单价和合价的项目，可视为此项费用已包含在已标价工程量清单中其他项目的单价和合价之中。当竣工结算时，此项目不得重新组价予以调整。

（13）投标总价应当与分部分项工程费、措施项目费、其他项目费和规费、税金的合计金额一致。

1.3.4 工程合同价款的约定

（1）实行招标的工程合同价款应在中标通知书发出之日起 30 天内，由发承包双方依据招标文件和中标人的投标文件在书面合同中约定。

合同约定不得违背招标、投标文件中关于工期、造价、质量等方面的实质性内容。招标文件与中标人投标文件不一致的地方，应以投标文件为准。

（2）不实行招标的工程合同价款，应在发承包双方认可的工程价款基础上，由发承包双方在合同中约定。

（3）实行工程量清单计价的工程，应采用单价合同；建设规模较小，技术难度较低，工期较短，且施工图设计已审查批准的建设工程可采用总价合同；紧急抢险、救灾以及施工技术特别复杂的建设工程可采用成本加酬金合同。

（4）发、承包人双方应在合同条款中对下列事项进行约定：

1）预付工程款的数额、支付时间及抵扣方式；

2）安全文明施工措施的支付计划，使用要求等；

3）工程计量与支付工程进度款的方式、数额及时间；

4）工程价款的调整因素、方法、程序、支付及时间；

5）施工索赔与现场签证的程序、金额确认与支付时间；

6）承担计价风险的内容、范围以及超出约定内容、范围的调整办法；

7）工程竣工价款结算编制与核对、支付及时间；

8）工程质量保证金的数额、预留方式及时间；

9）违约责任以及发生合同价款争议的解决方法及时间；

10）与履行合同、支付价款有关的其他事项等。

（5）合同中没有按照第（4）条的要求约定或约定不明的，若发承包双方在合同履行中发生争议由双方协商确定；当协商不能达成一致时，应按《建设工程工程量清单计价规范》（GB 50500—2013）的规定执行。

1.3.5　工程计量与价款支付

1. 工程计量

（1）一般规定

1）工程量必须按照相关工程现行国家计量规范规定的工程量计算规则计算。

2）工程计量可选择按月或按工程进度分段计量，具体计量周期应在合同中约定。

3）因承包人原因造成的超出合同工程范围施工或返工的工程量，发包人不予计量。

4）成本加酬金合同应按（2）的规定计量。

（2）单价合同的计量

1）工程量必须以承包人完成合同工程应予计量的工程量确定。

2）施工中进行工程计量，当发现招标工程量清单中出现缺项、工程量偏差，或因工程变更引起工程量增减时，应按承包人在履行合同义务中完成的工程量计算。

3）承包人应当按照合同约定的计量周期和时间向发包人提交当期已完工程量报告。发包人应在收到报告后7天内核实，并将核实计量结果通知承包人。发包人未在约定时间内进行核实的，承包人提交的计量报告中所列的工程量应视为承包人实际完成的工程量。

4）发包人认为需要进行现场计量核实时，应在计量前24小时通知承包人，承包人应为计量提供便利条件并派人参加。当双方均同意核实结果时，双方应在上述记录上签字确认。承包人收到通知后不派人参加计量，视为认可发包人的计量核实结果。发包人不按照约定时间通知承包人，致使承包人未能派人参加计量，计量核实结果无效。

5）当承包人认为发包人核实后的计量结果有误时，应在收到计量结果通知后的7天内向发包人提出书面意见，并应附上其认为正确的计量结果和详细的计算资料。发包人收到书面意见后，应在7天内对承包人的计量结果进行复核后通知承包人。承包人对复核计量结果仍有异议的，按照合同约定的争议解决办法处理。

6）承包人完成已标价工程量清单中每个项目的工程量并经发包人核实无误后，发承包双方应对每个项目的历次计量报表进行汇总，以核实最终结算工程量，并应在汇总表上签字确认。

（3）总价合同的计量

1）采用工程量清单方式招标形成的总价合同，其工程量应按照（2）的规定计算。

2）采用经审定批准的施工图纸及其预算方式发包形成的总价合同，除按照工程变更规定的工程量增减外，总价合同各项目的工程量应为承包人用于结算的最终工程量。

3）总价合同约定的项目计量应以合同工程经审定批准的施工图纸为依据，发承包双方应在合同中约定工程计量的形象目标或时间节点进行计量。

4）承包人应在合同约定的每个计量周期内对已完成的工程进行计量，并向发包人提交达到工程形象目标完成的工程量和有关计量资料的报告。

5）发包人应在收到报告后7天内对承包人提交的上述资料进行复核，以确定实际完成的工程量和工程形象目标。对其有异议的，应通知承包人进行共同复核。

2. 价款支付

（1）预付款

1）承包人应将预付款专用于合同工程。

2）包工包料工程的预付款的支付比例不得低于签约合同价（扣除暂列金额）的10%，不宜高于签约合同价（扣除暂列金额）的30%。

3）承包人应在签订合同或向发包人提供与预付款等额的预付款保函后向发包人提交预付款支付申请。

4）发包人应在收到支付申请的7天内进行核实，向承包人发出预付款支付证书，并在签发支付证书后的7天内向承包人支付预付款。

5）发包人没有按合同约定按时支付预付款的，承包人可催告发包人支付；发包人在预付款期满后的7天内仍未支付的，承包人可在付款期满后的第8天起暂停施工。发包人应承担由此增加的费用和延误的工期，并应向承包人支付合理利润。

6）预付款应从每一个支付期应支付给承包人的工程进度款中扣回，直到扣回的金额达到合同约定的预付款金额为止。

7）承包人的预付款保函的担保金额根据预付款扣回的数额相应递减，但在预付款全部扣回之前一直保持有效。发包人应在预付款扣完后的14天内将预付款保函退还给承包人。

（2）安全文明施工费

1）安全文明施工费包括的内容和使用范围，应符合国家有关文件和计量规范的规定。

2）发包人应在工程开工后的28天内预付不低于当年施工进度计划的安全文明施工费总额的60%，其余部分应按照提前安排的原则进行分解，并应与进度款同期支付。

3）发包人没有按时支付安全文明施工费的，承包人可催告发包人支付；发包人在付款期满后的7天内仍未支付的，若发生安全事故，发包人应承担相应责任。

4）承包人对安全文明施工费应专款专用，在财务账目中应单独列项备查，不得挪作他用，否则发包人有权要求其限期改正；逾期未改正的，造成的损失和延误的工期应由承包人承担。

（3）进度款

1）发承包双方应按照合同约定的时间、程序和方法，根据工程计量结果，办理期中价款结算，支付进度款。

2）进度款支付周期应与合同约定的工程计量周期一致。

3）已标价工程量清单中的单价项目，承包人应按工程计量确认的工程量与综合单价计算；综合单价发生调整的，以发承包双方确认调整的综合单价计算进度款。

4）已标价工程量清单中的总价项目和按照1.（3）第2）条规定形成的总价合同，承包人应按合同中约定的进度款支付分解，分别列入进度款支付申请中的安全文明施工费和本周期应支付的总价项目的金额中。

5）发包人提供的甲供材料金额，应按照发包人签约提供的单价和数量从进度款支付中扣除，列入本周期应扣减的金额中。

6）承包人现场签证和得到发包人确认的索赔金额应列入本周期应增加的金额中。

7）进度款的支付比例按照合同约定，按期中结算价款总额计，不低于60%，不高于90%。

8）承包人应在每个计量周期到期后的7天内向发包人提交已完工程进度款支付申请一式四份，详细说明此周期认为有权得到的款额，包括分包人已完工程的价款。支付申请应包括下列内容：

① 累计已完成的合同价款；

② 累计已实际支付的合同价款；

③ 本周期合计完成的合同价款：

a. 本周期已完成单价项目的金额；

b. 本周期应支付的总价项目的金额；

c. 本周期已完成的计日工价款；

d. 本周期应支付的安全文明施工费；

e. 本周期应增加的金额；

④ 本周期合计应扣减的金额：

a. 本周期应扣回的预付款；

b. 本周期应扣减的金额；

⑤ 本周期实际应支付的合同价款。

9）发包人应在收到承包人进度款支付申请后的14天内，根据计量结果和合同约定对申请内容予以核实，确认后向承包人出具进度款支付证书。若发承包双方对部分清单项目的计量结果出现争议，发包人应对无争议部分的工程计量结果向承包人出具进度款支付证书。

10）发包人应在签发进度款支付证书后的14天内，按照支付证书列明的金额向承包人支付进度款。

11）若发包人逾期未签发进度款支付证书，则视为承包人提交的进度款支付申请已被发包人认可，承包人可向发包人发出催告付款的通知。发包人应在收到通知后的14天内，按照承包人支付申请的金额向承包人支付进度款。

12）发包人未按照9）~11）的规定支付进度款的，承包人可催告发包人支付，并有权获得延迟支付的利息；发包人在付款期满后的7天内仍未支付的，承包人可在付款期满后的第8天起暂停施工。发包人应承担由此增加的费用和延误的工期，向承包人支付合理利润，并应承担违约责任。

13）发现已签发的任何支付证书有错、漏或重复的数额，发包人有权予以修正，承包人也有权提出修正申请。经发承包双方复核同意修正的，应在本次到期的进度款中支付或扣除。

1.3.6 索赔与现场签证

1. 索赔

（1）当合同一方向另一方提出索赔时，应有正当的索赔理由和有效证据，并应符合合同的相关约定。

（2）根据合同约定，承包人认为非承包人原因发生的事件造成了承包人的损失，应按下列程序向发包人提出索赔：

1）承包人应在知道或应当知道索赔事件发生后 28 天内，向发包人提交索赔意向通知书，说明发生索赔事件的事由。承包人逾期未发出索赔意向通知书的，丧失索赔的权利。

2）承包人应在发出索赔意向通知书后 28 天内，向发包人正式提交索赔通知书。索赔通知书应详细说明索赔理由和要求，并应附必要的记录和证明材料。

3）索赔事件具有连续影响的，承包人应继续提交延续索赔通知，说明连续影响的实际情况和记录。

4）在索赔事件影响结束后的 28 天内，承包人应向发包人提交最终索赔通知书，说明最终索赔要求，并应附必要的记录和证明材料。

（3）承包人索赔应按下列程序处理：

1）发包人收到承包人的索赔通知书后，应及时查验承包人的记录和证明材料。

2）发包人应在收到索赔通知书或有关索赔的进一步证明材料后的 28 天内，将索赔处理结果答复承包人，如果发包人逾期未作出答复，视为承包人索赔要求已被发包人认可。

3）承包人接受索赔处理结果的，索赔款项应作为增加合同价款，在当期进度款中进行支付；承包人不接受索赔处理结果的，应按合同约定的争议解决方式办理。

（4）承包人要求赔偿时，可以选择下列一项或几项方式获得赔偿：

1）延长工期；

2）要求发包人支付实际发生的额外费用；

3）要求发包人支付合理的预期利润；

4）要求发包人按合同的约定支付违约金。

（5）当承包人的费用索赔与工期索赔要求相关联时，发包人在作出费用索赔的批准决定时，应结合工程延期，综合作出费用赔偿和工程延期的决定。

（6）发承包双方在按合同约定办理了竣工结算后，应被认为承包人已无权再提出竣工结算前所发生的任何索赔。承包人在提交的最终结清申请中，只限于提出竣工结算后的索赔，提出索赔的期限应自发承包双方最终结清时终止。

（7）根据合同约定，发包人认为由于承包人的原因造成发包人的损失，宜按承包人索赔的程序进行索赔。

（8）发包人要求赔偿时，可以选择下列一项或几项方式获得赔偿：

1）延长质量缺陷修复期限；

2）要求承包人支付实际发生的额外费用；

3）要求承包人按合同的约定支付违约金。

（9）承包人应付给发包人的索赔金额可从拟支付给承包人的合同价款中扣除，或由承包人以其他方式支付给发包人。

2. 现场签证

（1）承包人应发包人要求完成合同以外的零星项目、非承包人责任事件等工作的，发包人应及时以书面形式向承包人发出指令，并应提供所需的相关资料；承包人在收到指令后，应及时向发包人提出现场签证要求。

（2）承包人应在收到发包人指令后的 7 天内向发包人提交现场签证报告，发包人应在收到现场签证报告后的 48 小时内对报告内容进行核实，予以确认或提出修改意见。发包人在收到承包人现场签证，报告后的 48 小时内未确认也未提出修改意见的，应视为承包人提交的现场签证报告已被发包人认可。

（3）现场签证的工作如已有相应的计日工单价，现场签证中应列明完成该类项目所需的人工、材料、工程设备和施工机械台班的数量。

如现场签证的工作没有相应的计日工单价，应在现场签证报告中列明完成该签证工作所需的人工、材料设备和施工机械台班的数量及单价。

（4）合同工程发生现场签证事项，未经发包人签证确认，承包人便擅自施工的，除非征得发包人书面同意，否则发生的费用应由承包人承担。

（5）现场签证工作完成后的 7 天内，承包人应按照现场签证内容计算价款，报送发包人确认后，作为增加合同价款，与进度款同期支付。

（6）在施工过程中，当发现合同工程内容因场地条件、地质水文、发包人要求等不一致时，承包人应提供所需的相关资料，并提交发包人签证认可，作为合同价款调整的依据。

1.3.7　合同价款调整

1. 一般规定

（1）下列事项（但不限于）发生，发承包双方应当按照合同约定调整合同价款：

1）法律法规变化；

2）工程变更；

3）项目特征不符；

4）工程量清单缺项；

5）工程量偏差；

6）计日工；

7）物价变化；

8）暂估价；

9）不可抗力；

10）提前竣工（赶工补偿）；

11）误期赔偿；

12）索赔；

13）现场签证；

14）暂列金额；

15）发承包双方约定的其他调整事项。

（2）出现合同价款调增事项（不含工程量偏差、计日工、现场签证、索赔）后的 14 天内，承包人应向发包人提交合同价款调增报告并附上相关资料；承包人在 14 天内未提交合同价款调增报告的，应视为承包人对该事项不存在调整价款请求。

（3）出现合同价款调减事项（不含工程量偏差、索赔）后的 14 天内，发包人应向承包人提交合同价款调减报告并附相关资料；发包人在 14 天内未提交合同价款调减报告的，应视为发包人对该事项不存在调整价款请求。

（4）发（承）包人应在收到承（发）包人合同价款调增（减）报告及相关资料之日起14天内对其核实，予以确认的应书面通知承（发）包人。当有疑问时，应向承（发）包人提出协商意见。发（承）包人在收到合同价款调增（减）报告之日起14天内未确认也未提出协商意见的，应视为承（发）包人提交的合同价款调增（减）报告已被发（承）包人认可。发（承）包人提出协商意见的，承（发）包人应在收到协商意见后的14天内对其核实，予以确认的应书面通知发（承）包人。承（发）包人在收到发（承）包人的协商意见后14天内既不确认也未提出不同意见的，应视为发（承）包人提出的意见已被承（发）包人认可。

（5）发包人与承包人对合同价款调整的不同意见不能达成一致的，只要对发承包双方履约不产生实质影响，双方应继续履行合同义务，直到其按照合同约定的争议解决方式得到处理。

（6）经发承包双方确认调整的合同价款，作为追加（减）合同价款，应与工程进度款或结算款同期支付。

2. 法律法规变化

（1）招标工程以投标截止日前28天、非招标工程以合同签订前28天为基准日，其后因国家的法律、法规、规章和政策发生变化引起工程造价增减变化的，发承包双方应按照省级或行业建设主管部门或其授权的工程造价管理机构据此发布的规定调整合同价款。

（2）因承包人原因导致工期延误的，按（1）条规定的调整时间，在合同工程原定竣工时间之后，合同价款调增的不予调整，合同价款调减的予以调整。

3. 工程变更

（1）因工程变更引起已标价工程量清单项目或其工程数量发生变化时，应按照下列规定调整：

1）已标价工程量清单中有适用于变更工程项目的，应采用该项目的单价；但当工程变更导致该清单项目的工程数量发生变化，且工程量偏差超过15%时，该项目单价应按照6.第2）条的规定调整。

2）已标价工程量清单中没有适用但有类似于变更工程项目的，可在合理范围内参照类似项目的单价。

3）已标价工程量清单中没有适用也没有类似于变更工程项目的，应由承包人根据变更工程资料、计量规则和计价办法、工程造价管理机构发布的信息价格和承包人报价浮动率提出变更工程项目的单价，并应报发包人确认后调整。承包人报价浮动率可按下列公式计算：

招标工程：

$$承包人报价浮动率 L =（1-中标价／招标控制价）×100\% \qquad (1-1)$$

非招标工程：

$$承包人报价浮动率 L =（1-报价／施工图预算）×100\% \qquad (1-2)$$

4）已标价工程量清单中没有适用也没有类似于变更工程项目，且工程造价管理机构发布的信息价格缺价的，应由承包人根据变更工程资料、计量规则、计价办法和通过市场调查等取得有合法依据的市场价格提出变更工程项目的单价，并应报发包人确认后调整。

（2）工程变更引起施工方案改变并使措施项目发生变化时，承包人提出调整措施项目费的，应事先将拟实施的方案提交发包人确认，并应详细说明与原方案措施项目相比的变化情况。拟实施的方案经发承包双方确认后执行，并应按照下列规定调整措施项目费：

1）安全文明施工费应按照实际发生变化的措施项目依据1.3.1中1.第（5）条的规定计算。

2）采用单价计算的措施项目费，应按照实际发生变化的措施项目，按（1）的规定确定单价。

3）按总价（或系数）计算的措施项目费，按照实际发生变化的措施项目调整，但应考虑承包人报价浮动因素，即调整金额按照实际调整金额乘以（1）规定的承包人报价浮动率计算。

如果承包人未事先将拟实施的方案提交给发包人确认，则应视为工程变更不引起措施项目费的调整或承包人放弃调整措施项目费的权利。

（3）当发包人提出的工程变更因非承包人原因删减了合同中的某项原定工作或工程，致使承包人发生的费用或（和）得到的收益不能被包括在其他已支付或应支付的项目中，也未被包含在任何替代的工作或工程中时，承包人有权提出并应得到合理的费用及利润补偿。

4. 项目特征不符

（1）发包人在招标工程量清单中对项目特征的描述，应被认为是准确的和全面的，并且与实际施工要求相符合。承包人应按照发包人提供的招标工程量清单，根据项目特征描述的内容及有关要求实施合同工程，直到项目被改变为止。

（2）承包人应按照发包人提供的设计图纸实施合同工程，若在合同履行期间出现设计图纸（含设计变更）与招标工程量清单任一项目的特征描述不符，且该变化引起该项目工程造价增减变化的，应按照实际施工的项目特征，按3.相关条款的规定重新确定相应工程量清单项目的综合单价，并调整合同价款。

5. 工程量清单缺项

（1）合同履行期间，由于招标工程量清单中缺项，新增分部分项工程清单项目的，应按3.（1）的规定确定单价，并调整合同价款。

（2）新增分部分项工程清单项目后，引起措施项目发生变化的，应按3.（2）的规定，在承包人提交的实施方案被发包人批准后调整合同价款。

（3）由于招标工程量清单中措施项目缺项，承包人应将新增措施项目实施方案提交发包人批准后，按照3.（1）、（2）的规定调整合同价款。

6. 工程量偏差

（1）合同履行期间，当应予计算的实际工程量与招标工程量清单出现偏差，且符合（2）、（3）规定时，发承包双方应调整合同价款。

（2）对于任一招标工程量清单项目，当因规定的工程量偏差和3.规定的工程变更等原因导致工程量偏差超过15%时，可进行调整。当工程量增加15%以上时，增加部分的工程量的综合单价应予调低；当工程量减少15%以上时，减少后剩余部分的工程量的综合单价应予调高。

（3）当工程量出现（2）的变化，且该变化引起相关措施项目相应发生变化时，按系数或单一总价方式计价的，工程量增加的措施项目费调增，工程量减少的措施项目费调减。

7. 计日工

（1）发包人通知承包人以计日工方式实施的零星工作，承包人应予执行。

（2）采用计日工计价的任何一项变更工作，在该项变更的实施过程中，承包人应按合同约定提交下列报表和有关凭证送发包人复核：

1）工作名称、内容和数量；

2）投入该工作所有人员的姓名、工种、级别和耗用工时；

3）投入该工作的材料名称、类别和数量；

4）投入该工作的施工设备型号、台数和耗用台时；

5）发包人要求提交的其他资料和凭证。

（3）任一计日工项目持续进行时，承包人应在该项工作实施结束后的24小时内向发包人提交有计日工记录汇总的现场签证报告一式三份。发包人在收到承包人提交现场签证报告后的2天内予以确认并将其中一份返还给承包人，作为计日工计价和支付的依据。发包人逾期未确认也未提出修改意见的，应视为承包人提交的现场签证报告已被发包人认可。

（4）任一计日工项目实施结束后，承包人应按照确认的计日工现场签证报告核实该类项目的工程数量，并应根据核实的工程数量和承包人已标价工程量清单中的计日工单价计算，提出应付价款；已标价工程量清单中没有该类计日工单价的，由发承包双方按3.的规定商定计日工单价计算。

（5）每个支付期末，承包人应按照1.3.5中2.（3）的规定向发包人提交本期间所有计日工记录的签证汇总表，并应说明本期间自己认为有权得到的计日工金额，调整合同价款，列入进度款支付。

8. 物价变化

（1）合同履行期间，因人工、材料、工程设备、机械台班价格波动影响合同价款时，应根据合同约定，按《建设工程工程量清单计价规范》（GB 50500—2013）附录A的方法之一调整合同价款。

（2）承包人采购材料和工程设备的，应在合同中约定主要材料、工程设备价格变化的范围或幅度；当没有约定，且材料、工程设备单价变化超过5%时，超过部分的价格应按照《建设工程工程量清单计价规范》（GB 50500—2013）附录A的方法计算调整材料、工程设备费。

（3）发生合同工程工期延误的，应按照下列规定确定合同履行期的价格调整：

1）因非承包人原因导致工期延误的，计划进度日期后续工程的价格，应采用计划进度日期与实际进度日期两者的较高者。

2）因承包人原因导致工期延误的，计划进度日期后续工程的价格，应采用计划进度日期与实际进度日期两者的较低者。

（4）发包人供应材料和工程设备的，不适用（1）、（2）条规定，应由发包人按照实际变化调整，列入合同工程的工程造价内。

9. 暂估价

（1）发包人在招标工程量清单中给定暂估价的材料、工程设备属于依法必须招标的，应由发承包双方以招标的方式选择供应商，确定价格，并应以此为依据取代暂估价，调整合同价款。

（2）发包人在招标工程量清单中给定暂估价的材料、工程设备不属于依法必须招标的，应由承包人按照合同约定采购，经发包人确认单价后取代暂估价，调整合同价款。

（3）发包人在工程量清单中给定暂估价的专业工程不属于依法必须招标的，应按照3.

相应条款的规定确定专业工程价款，并应以此为依据取代专业工程暂估价，调整合同价款。

（4）发包人在招标工程量清单中给定暂估价的专业工程，依法必须招标的，应当由发承包双方依法组织招标选择专业分包人，并接受有管辖权的建设工程招标投标管理机构的监督，还应符合下列要求：

1）除合同另有约定外，承包人不参加投标的专业工程发包招标，应由承包人作为招标人，但拟定的招标文件、评标工作、评标结果应报送发包人批准。与组织招标工作有关的费用应当被认为已经包括在承包人的签约合同价（投标总报价）中。

2）承包人参加投标的专业工程发包招标，应由发包人作为招标人，与组织招标工作有关的费用由发包人承担。同等条件下，应优先选择承包人中标。

3）应以专业工程发包中标价为依据取代专业工程暂估价，调整合同价款。

10. 不可抗力

（1）因不可抗力事件导致的人员伤亡、财产损失及其费用增加，发承包双方应按下列原则分别承担并调整合同价款和工期：

1）合同工程本身的损害、因工程损害导致第三方人员伤亡和财产损失以及运至施工场地用于施工的材料和待安装的设备的损害，应由发包人承担；

2）发包人、承包人人员伤亡应由其所在单位负责，并应承担相应费用；

3）承包人的施工机械设备损坏及停工损失，应由承包人承担；

4）停工期间，承包人应发包人要求留在施工场地的必要的管理人员及保卫人员的费用应由发包人承担；

5）工程所需清理、修复费用，应由发包人承担。

（2）不可抗力解除后复工的，若不能按期竣工，应合理延长工期。发包人要求赶工的，赶工费用应由发包人承担。

（3）因不可抗力解除合同的，应按《建设工程工程量清单计价规范》（GB 50500—2013）第12.0.2条的规定办理。

11. 提前竣工（赶工补偿）

（1）招标人应依据相关工程的工期定额合理计算工期，压缩的工期天数不得超过定额工期的20%，超过者，应在招标文件中明示增加赶工费用。

（2）发包人要求合同工程提前竣工的，应征得承包人同意后与承包人商定采取加快工程进度的措施，并应修订合同工程进度计划。发包人应承担承包人由此增加的提前竣工（赶工补偿）费用。

（3）发承包双方应在合同中约定提前竣工每日历天应补偿额度，此项费用应作为增加合同价款列入竣工结算文件中，应与结算款一并支付。

12. 误期赔偿

（1）承包人未按照合同约定施工，导致实际进度迟于计划进度的，承包人应加快进度，实现合同工期。

合同工程发生误期，承包人应赔偿发包人由此造成的损失，并应按照合同约定向发包人支付误期赔偿费。即使承包人支付误期赔偿费，也不能免除承包人按照合同约定应承担的任何责任和应履行的任何义务。

（2）发承包双方应在合同中约定误期赔偿费，并应明确每日历天应赔额度。误期赔偿费应列入竣工结算文件中，并应在结算款中扣除。

（3）在工程竣工之前，合同工程内的某单项（位）工程已通过了竣工验收，且该单项（位）工程接收证书中表明的竣工日期并未延误，而是合同工程的其他部分产生了工期延误时，误期赔偿费应按照已颁发工程接收证书的单项（位）工程造价占合同价款的比例幅度予以扣减。

13. 暂列金额

（1）已签约合同价中的暂列金额应由发包人掌握使用。

（2）发包人按照 1~12 及 1.3.6 的规定支付后，暂列金额余额应归发包人所有。

1.3.8 竣工结算与支付

1. 一般规定

（1）工程完工后，发承包双方必须在合同约定时间内办理工程竣工结算。

（2）工程竣工结算应由承包人或受其委托具有相应资质的工程造价咨询人编制，并应由发包人或受其委托具有相应资质的工程造价咨询人核对。

（3）当发承包双方或一方对工程造价咨询人出具的竣工结算文件有异议时，可向工程造价管理机构投诉，申请对其进行执业质量鉴定。

（4）工程造价管理机构对投诉的竣工结算文件进行质量鉴定，宜按《建设工程工程量清单计价规范》（GB 50500—2013）第 14 章的相关规定进行。

（5）竣工结算办理完毕，发包人应将竣工结算文件报送工程所在地或有该工程管辖权的行业管理部门的工程造价管理机构备案，竣工结算文件应作为工程竣工验收备案、交付使用的必备文件。

2. 编制与复核

（1）工程竣工结算应根据下列依据编制和复核：

1）《建设工程工程量清单计价规范》（GB 50500—2013）；

2）工程合同；

3）发承包双方实施过程中已确认的工程量及其结算的合同价款；

4）发承包双方实施过程中已确认调整后追加（减）的合同价款；

5）建设工程设计文件及相关资料；

6）投标文件；

7）其他依据。

（2）分部分项工程和措施项目中的单价项目应依据发承包双方确认的工程量与已标价工程量清单的综合单价计算；发生调整的，应以发承包双方确认调整的综合单价计算。

（3）措施项目中的总价项目应依据已标价工程量清单的项目和金额计算；发生调整的，应以发承包双方确认调整的金额计算，其中安全文明施工费应按 1.3.1 中 1. 第（5）条的规定计算。

（4）其他项目应按下列规定计价：

1）计日工应按发包人实际签证确认的事项计算；

2）暂估价应按 1.3.7 中 9. 的规定计算；

3）总承包服务费应依据已标价工程量清单金额计算；发生调整的，应以发承包双方确认调整的金额计算；

4）索赔费用应依据发承包双方确认的索赔事项和金额计算；

5）现场签证费用应依据发承包双方签证资料确认的金额计算；

6）暂列金额应减去合同价款调整（包括索赔、现场签证）金额计算，如有余额归发包人。

（5）规费和税金应按1.3.1中1.第（6）条的规定计算。规费中的工程排污费应按工程所在地环境保护部门规定的标准缴纳后按实列入。

（6）发承包双方在合同工程实施过程中已经确认的工程计量结果和合同价款，在竣工结算办理中应直接进入结算。

3. 竣工结算

（1）合同工程完工后，承包人应在经发承包双方确认的合同工程期中价款结算的基础上汇总编制完成竣工结算文件，应在提交竣工验收申请的同时向发包人提交竣工结算文件。

承包人未在合同约定的时间内提交竣工结算文件，经发包人催告后14天内仍未提交或没有明确答复的，发包人有权根据已有资料编制竣工结算文件，作为办理竣工结算和支付结算款的依据，承包人应予以认可。

（2）发包人应在收到承包人提交的竣工结算文件后的28天内核对。发包人经核实：认为承包人还应进一步补充资料和修改结算文件，应在上述时限内向承包人提出核实意见，承包人在收到核实意见后的28天内应按照发包人提出的合理要求补充资料，修改竣工结算文件，并应再次提交给发包人复核后批准。

（3）发包人应在收到承包人再次提交的竣工结算文件后的28天内予以复核，将复核结果通知承包人，并应遵守下列规定：

1）发包人、承包人对复核结果无异议的，应在7天内在竣工结算文件上签字确认，竣工结算办理完毕；

2）发包人或承包人对复核结果认为有误的，无异议部分按第1）款规定办理不完全竣工结算；有异议部分由发承包双方协商解决；协商不成的，应按照合同约定的争议解决方式处理。

（4）发包人在收到承包人竣工结算文件后的28天内，不核对竣工结算或未提出核对意见的，应视为承包人提交的竣工结算文件已被发包人认可，竣工结算办理完毕。

（5）承包人在收到发包人提出的核实意见后的28天内，不确认也未提出异议的，应视为发包人提出的核实意见已被承包人认可，竣工结算办理完毕。

（6）发包人委托工程造价咨询人核对竣工结算的，工程造价咨询人应在28天内核对完毕，核对结论与承包人竣工结算文件不一致的，应提交给承包人复核；承包人应在14天内将同意核对结论或不同意见的说明提交工程造价咨询人。工程造价咨询人收到承包人提出的异议后，应再次复核，复核无异议的，应按（3）第1）款的规定办理，复核后仍有异议的，按（3）第2）款的规定办理。

承包人逾期未提出书面异议的，应视为工程造价咨询人核对的竣工结算文件已经承包人认可。

（7）对发包人或发包人委托的工程造价咨询人指派的专业人员与承包人指派的专业人员经核对后无异议并签名确认的竣工结算文件，除非发承包人能提出具体、详细的不同意见，发承包人都应在竣工结算文件上签名确认，如其中一方拒不签认的，按下列规定办理：

1）若发包人拒不签认的，承包人可不提供竣工验收备案资料，并有权拒绝与发包人或其上级部门委托的工程造价咨询人重新核对竣工结算文件。

2）若承包人拒不签认的，发包人要求办理竣工验收备案的，承包人不得拒绝提供竣工验收资料，否则，由此造成的损失，承包人承担相应责任。

（8）合同工程竣工结算核对完成，发承包双方签字确认后，发包人不得要求承包人与另一个或多个工程造价咨询人重复核对竣工结算。

（9）发包人对工程质量有异议，拒绝办理工程竣工结算的，已竣工验收或已竣工未验收但实际投入使用的工程，其质量争议应按该工程保修合同执行，竣工结算应按合同约定办理；已竣工未验收且未实际投入使用的工程以及停工、停建工程的质量争议，双方应就有争议的部分委托有资质的检测鉴定机构进行检测，并应根据检测结果确定解决方案，或按工程质量监督机构的处理决定执行后办理竣工结算，无争议部分的竣工结算应按合同约定办理。

4. 结算款支付

（1）承包人应根据办理的竣工结算文件向发包人提交竣工结算款支付申请。申请应包括下列内容：

1）竣工结算合同价款总额；

2）累计已实际支付的合同价款；

3）应预留的质量保证金；

4）实际应支付的竣工结算款金额。

（2）发包人应在收到承包人提交竣工结算款支付申请后 7 天内予以核实，向承包人签发竣工结算支付证书。

（3）发包人签发竣工结算支付证书后的 14 天内，应按照竣工结算支付证书列明的金额向承包人支付结算款。

（4）发包人在收到承包人提交的竣工结算款支付申请后 7 天内不予核实，不向承包人签发竣工结算支付证书的，视为承包人的竣工结算款支付申请已被发包人认可；发包人应在收到承包人提交的竣工结算款支付申请 7 天后的 14 天内，按照承包人提交的竣工结算款支付申请列明的金额向承包人支付结算款。

（5）发包人未按照（3）、（4）条规定支付竣工结算款的，承包人可催告发包人支付，并有权获得延迟支付的利息。发包人在竣工结算支付证书签发后或者在收到承包人提交的竣工结算款支付申请 7 天后的 56 天内仍未支付的，除法律另有规定外，承包人可与发包人协商将该工程折价，也可直接向人民法院申请将该工程依法拍卖。承包人应就该工程折价或拍卖的价款优先受偿。

5. 质量保证金

（1）发包人应按照合同约定的质量保证金比例从结算款中预留质量保证金。

（2）承包人未按照合同约定履行属于自身责任的工程缺陷修复义务的，发包人有权从质量保证金中扣除用于缺陷修复的各项支出。经查验，工程缺陷属于发包人原因造成的，应由发包人承担查验和缺陷修复的费用。

（3）在合同约定的缺陷责任期终止后，发包人应按照 6. 的规定，将剩余的质量保证金返还给承包人。

6. 最终结清

（1）缺陷责任期终止后，承包人应按照合同约定向发包人提交最终结清支付申请。发包人对最终结清支付申请有异议的，有权要求承包人进行修正和提供补充资料。承包人修正后，应再次向发包人提交修正后的最终结清支付申请。

（2）发包人应在收到最终结清支付申请后的 14 天内予以核实，并应向承包人签发最终结清支付证书。

（3）发包人应在签发最终结清支付证书后的 14 天内，按照最终结清支付证书列明的金额向承包人支付最终结清款。

（4）发包人未在约定的时间内核实，又未提出具体意见的，应视为承包人提交的最终结清支付申请已被发包人认可。

（5）发包人未按期最终结清支付的，承包人可催告发包人支付，并有权获得延迟支付的利息。

（6）最终结清时，承包人被预留的质量保证金不足以抵减发包人工程缺陷修复费用的，承包人应承担不足部分的补偿责任。

（7）承包人对发包人支付的最终结清款有异议的，应按照合同约定的争议解决方式处理。

1.3.9 合同价款争议的解决

1. 监理或造价工程师暂定

（1）若发包人和承包人之间就工程质量、进度、价款支付与扣除、工期延期、索赔、价款调整等发生任何法律上、经济上或技术上的争议，首先应根据已签约合同的规定，提交合同约定职责范围内的总监理工程师或造价工程师解决，并应抄送另一方。总监理工程师或造价工程师在收到此提交件后 14 天内应将暂定结果通知发包人和承包人。发承包双方对暂定结果认可的，应以书面形式予以确认，暂定结果成为最终决定。

（2）发承包双方在收到总监理工程师或造价工程师的暂定结果通知之后的 14 天内未对暂定结果予以确认也未提出不同意见的，应视为发承包双方已认可该暂定结果。

（3）发承包双方或一方不同意暂定结果的，应以书面形式向总监理工程师或造价工程师提出，说明自己认为正确的结果，同时抄送另一方，此时该暂定结果成为争议。在暂定结果对发承包双方当事人履约不产生实质影响的前提下，发承包双方应实施该结果，直到按照发承包双方认可的争议解决办法被改变为止。

2. 管理机构的解释或认定

（1）合同价款争议发生后，发承包双方可就工程计价依据的争议以书面形式提请工程造价管理机构对争议以书面文件进行解释或认定。

（2）工程造价管理机构应在收到申请的 10 个工作日内就发承包双方提请的争议问题进行解释或认定。

（3）发承包双方或一方在收到工程造价管理机构书面解释或认定后仍可按照合同约定的争议解决方式提请仲裁或诉讼。除工程造价管理机构的上级管理部门作出了不同的解释或认定，或在仲裁裁决或法院判决中不予采信的外，工程造价管理机构作出的书面解释或认定应为最终结果，并应对发承包双方均有约束力。

3. 协商和解

（1）合同价款争议发生后，发承包双方任何时候都可以进行协商。协商达成一致的，双方应签订书面和解协议，和解协议对发承包双方均有约束力。

（2）如果协商不能达成一致协议，发包人或承包人都可以按合同约定的其他方式解决争议。

4. 调节

（1）发承包双方应在合同中约定或在合同签订后共同约定争议调解人，负责双方在合同履行过程中发生争议的调解。

（2）合同履行期间，发承包双方可协议调换或终止任何调解人，但发包人或承包人都不能单独采取行动。除非双方另有协议，在最终结清支付证书生效后，调解人的任期应即终止。

（3）如果发承包双方发生了争议，任何一方可将该争议以书面形式提交调解人，并将副本抄送另一方，委托调解人调解。

（4）发承包双方应按照调解人提出的要求，给调解人提供所需要的资料、现场进入权及相应设施。调解人应被视为不是在进行仲裁人的工作。

（5）调解人应在收到调解委托后28天内或由调解人建议并经发承包双方认可的其他期限内提出调解书，发承包双方接受调解书的，经双方签字后作为合同的补充文件，对发承包双方均具有约束力，双方都应立即遵照执行。

（6）当发承包双方中任一方对调解人的调解书有异议时，应在收到调解书后28天内向另一方发出异议通知，并应说明争议的事项和理由。但除非并直到调解书在协商和解或仲裁裁决、诉讼判决中作出修改，或合同已经解除，承包人应继续按照合同实施工程。

（7）当调解人已就争议事项向发承包双方提交了调解书，而任一方在收到调解书后28天内均未发出表示异议的通知时，调解书对发承包双方应均具有约束力。

5. 仲裁、诉讼

（1）发承包双方的协商和解或调解均未达成一致意见，其中的一方已就此争议事项根据合同约定的仲裁协议申请仲裁，应同时通知另一方。

（2）仲裁可在竣工之前或之后进行，但发包人、承包人、调解人各自的义务不得因在工程实施期间进行仲裁而有所改变。当仲裁是在仲裁机构要求停止施工的情况下进行时，承包人应对合同工程采取保护措施，由此增加的费用应由败诉方承担。

（3）在1~4规定的期限之内，暂定或和解协议或调解书已经有约束力的情况下，当发承包中一方未能遵守暂定或和解协议或调解书时，另一方可在不损害他可能具有的任何其他权利的情况下，将未能遵守暂定或不执行和解协议或调解书达成的事项提交仲裁。

（4）发包人、承包人在履行合同时发生争议，双方不愿和解、调解或者和解、调解不成，又没有达成仲裁协议的，可依法向人民法院提起诉讼。

1.4　清单计价与定额计价的区别

（1）编制工程量的单位不同

定额计价的办法是：建设工程的工程量分别由招标单位和投标单位分别按图计算。工程量清单的计价办法是：工程量由招标单位统一计算或委托有工程造价咨询资质单位统一计算，"工程量清单"是招标文件的重要组成部分，各投标单位根据招标人提供的"工程量清单"，根据自身的技术装备、施工经验、企业成本、企业定额、管理水平自主填写、报单价。

（2）编制工程量清单时间不同

定额计价法是在发出招标文件后编制的（招标与投标人同时编制或投标人编制在前，招标人编制在后），而工程量清单报价法必须在发出招标文件前编制。

（3）表现形式不同

采用传统的定额计价法一般是总价形式。工程量清单报价法采用综合单价形式，综合单价包括人工费、材料费、机械使用费、管理费、利润，并考虑风险因素。因此，工程量清单报价具有直观、单价相对固定的特点，工程量发生变化时，单价一般不作调整。

（4）编制的依据不同

定额计价法依据图纸计算；人工、材料、机械台班消耗量依据建设行政主管部门颁发的预算定额；人工、材料、机械台班单价依据工程造价管理部门发布的价格信息进行计算。工程量清单报价法，根据建设部第107号令规定，标底的编制根据招标文件中的工程量清单和有关要求、施工现场情况、合理的施工办法以及按建设行政主管部门制定的有关工程造价计价办法编制。企业的投标报价则根据企业定额和市场价格信息，或参照建设行政主管部门发布的社会平均消耗量定额编制。

（5）费用组成不同

传统的定额计价法的工程造价由直接工程费、现场经费、间接费、利润、税金组成。工程量清单计价法工程造价包括分部分项工程费、措施项目费、其他项目费、规费、税金；包括完成每项工程包含的全部工程内容的费用；包括完成每项工程内容所需的费用（规费、税金除外）；包括工程量清单中没有体现的，施工中又必须发生的工程内容所需费用；包括风险因素而增加的费用。

（6）评标采用的办法不同

定额计价投标一般采用百分制评分法。工程量清单计价投标一般采用合理低报价中标法，既要对总价进行评分，还要对综合单价进行分析评分。

（7）项目编码不同

定额计价法采用传统的定额项目编码，全国各省市采用不同的定额子目。工程量清单计价法全国实行统一编码，项目编码采用十二位阿拉伯数字表示。一到九位为统一编码，其中，一、二位为附录顺序码，三、四位为专业工程顺序码，五、六位为分部工程顺序码，七、八、九位为分项工程项目名称顺序码，十到十二位为清单项目名称顺序码。前九位码不能变动，后三位码，由清单编制人根据项目设置的清单项目编制。

（8）合同调整方式不同

传统的定额预算计价合同调整方式有：变更签证、定额解释、政策性调整。工程量清单计价合同价调整方式主要是索赔。工程量清单的综合单价一般通过招标中报价的形式体现，一旦中标，报价作为签订施工合同的依据相对固定下来，工程结算按承包商实际完成工程量乘以清单中相应的单价计算，减少了调整活口。采用传统的预算定额经常有这个定额解释那个定额的规定，结算中又有政策性文件调整，而工程量清单计价单价不能随意调整。

（9）计算工程量时间前置

工程量清单在招标前由招标人编制。也可能业主为了缩短建设周期，通常在初步设计完成后就开始施工招标，在不影响施工进度的前提下陆续发放施工图纸，因此承包商据以报价的工程量清单中各项工作内容下的工程量一般为概算工程量。

（10）达到了投标计算口径统一

工程量清单计价是各投标单位都根据统一的工程量清单报价，投标计算口径统一。传统预算定额招标是各投标单位各自计算工程量，各投标单位计算的工程量均不一致。

（11）索赔事件增加

因承包商对工程量清单单价包含的工作内容一目了然，故凡建设方不按清单内容要求施工的，任意要求修改清单的，都会增加施工索赔的因素。

思 考 题

1-1 实行工程量清单计价的意义是什么？

1-2 工程量清单计价的作用有哪些？

1-3 工程量清单编制的内容包括哪些？

1-4 投标报价应根据哪些依据编制？

1-5 除合同另有约定外，进度款支付申请的内容包括哪些？

1-6 承包人索赔按哪些程序来处理？

1-7 发、承包双方发生工程造价合同纠纷时，应通过哪些办法解决？

1-8 清单计价与定额计价的区别是什么？

第2章 工程量清单计价规范

重 点 提 示

1. 了解工程量清单计价规范的主要内容。
2. 掌握工程量清单计价的本质特性。
3. 熟悉工程量清单计价规范的术语。
4. 熟悉工程量清单计价格式各种表之间的关系。

2.1 工程量清单计价规范的主要内容

工程量清单计价规范主要包括：总则、术语、工程量清单编制、工程量清单计价、工程量清单及其计价格式、附录等内容。

2.1.1 总则

（1）为规范建设工程造价计价行为，统一建设工程计价文件的编制原则和计价方法，根据《中华人民共和国建筑法》、《中华人民共和国合同法》、《中华人民共和国招标投标法》等法律法规，制定《建设工程工程量清单计价规范》（GB 50500—2013）。

（2）《建设工程工程量清单计价规范》（GB 50500—2013）适用于建设工程发承包及实施阶段的计价活动。

（3）建设工程发承包及实施阶段的工程造价应由分部分项工程费、措施项目费、其他项目费、规费和税金组成。

（4）招标工程量清单、招标控制价、投标报价、工程计量、合同价款调整、合同价款结算与支付以及工程造价鉴定等工程造价文件的编制与核对，应由具有专业资格的工程造价人员承担。

（5）承担工程造价文件的编制与核对的工程造价人员及其所在单位，应对工程造价文件的质量负责。

（6）建设工程发承包及实施阶段的计价活动应遵循客观、公正、公平的原则。

（7）建设工程发承包及实施阶段的计价活动，除应符合《建设工程工程量清单计价规范》（GB 50500—2013）外，尚应符合国家现行有关标准的规定。

2.1.2 术语（表2-1）

表2-1 工程量清单计价规范术语解释

序号	术 语	解 释
1	工程量清单	载明建设工程分部分项工程项目、措施项目、其他项目的名称和相应数量以及规费、税金项目等内容的明细清单
2	招标工程量清单	招标人依据国家标准、招标文件、设计文件以及施工现场实际情况编制的，随招标文件发布，供投标报价的工程量清单，包括其说明和表格

序号	术 语	解 释
3	已标价工程量清单	构成合同文件组成部分的投标文件中已标明价格，经算术性错误修正（如有）且承包人已确认的工程量清单，包括其说明和表格
4	分部分项工程	分部工程是单项或单位工程的组成部分，是按结构部位、路段长度及施工特点或施工任务将单项或单位工程划分为若干分部的工程；分项工程是分部工程的组成部分，是按不同施工方法、材料、工序及路段长度等将分部工程划分为若干个分项或项目的工程
5	措施项目	为完成工程项目施工，发生于该工程施工准备和施工过程中的技术、生活、安全、环境保护等方面的项目
6	项目编码	分部分项工程和措施项目清单名称的阿拉伯数字标识
7	项目特征	构成分部分项工程项目、措施项目自身价值的本质特征
8	综合单价	完成一个规定清单项目所需的人工费、材料和工程设备费、施工机械使用费和企业管理费、利润以及一定范围内的风险费用
9	风险费用	隐含于已标价工程量清单综合单价中，用于化解发承包双方在工程合同中约定内容和范围内的市场价格波动风险的费用
10	工程成本	承包人为实施合同工程并达到质量标准，在确保安全施工的前提下，必须消耗或使用的人工、材料、工程设备、施工机械台班及其管理等方面发生的费用和按规定缴纳的规费和税金
11	单价合同	发承包双方约定以工程量清单及其综合单价进行合同价款计算、调整和确认的建设工程施工合同
12	总价合同	发承包双方约定以施工图及其预算和有关条件进行合同价款计算、调整和确认的建设工程施工合同
13	成本加酬金合同	发承包双方约定以施工工程成本再加合同约定酬金进行合同价款计算、调整和确认的建设工程施工合同
14	工程造价信息	工程造价管理机构根据调查和测算发布的建设工程人工、材料、工程设备、施工机械台班的价格信息，以及各类工程的造价指数、指标
15	工程造价指数	反映一定时期的工程造价相对于某一固定时期的工程造价变化程度的比值或比率。包括按单位或单项工程划分的造价指数，按工程造价构成要素划分的人工、材料、机械等价格指数
16	工程变更	合同工程实施过程中由发包人提出或由承包人提出经发包人批准的合同工程任何一项工作的增、减、取消或施工工艺、顺序、时间的改变；设计图纸的修改；施工条件的改变；招标工程量清单的错、漏从而引起合同条件的改变或工程量的增减变化
17	工程量偏差	承包人按照合同工程的图纸（含经发包人批准由承包人提供的图纸）实施，按照现行国家计量规范规定的工程量计算规则计算得到的完成合同工程项目应予计量的工程量与相应的招标工程量清单项目列出的工程量之间出现的量差
18	暂列金额	招标人在工程量清单中暂定并包括在合同价款中的一笔款项。用于工程合同签订时尚未确定或者不可预见的所需材料、工程设备、服务的采购，施工中可能发生的工程变更、合同约定调整因素出现时的合同价款调整以及发生的索赔、现场签证确认等的费用

序号	术 语	解 释
19	暂估价	招标人在工程量清单中提供的用于支付必然发生但暂时不能确定价格的材料、工程设备的单价以及专业工程的金额
20	计日工	在施工过程中，承包人完成发包人提出的工程合同范围以外的零星项目或工作，按合同中约定的单价计价的一种方式
21	总承包服务费	总承包人为配合协调发包人进行的专业工程发包，对发包人自行采购的材料、工程设备等进行保管以及施工现场管理、竣工资料汇总整理等服务所需的费用
22	安全文明施工费	在合同履行过程中，承包人按照国家法律、法规、标准等规定，为保证安全施工、文明施工，保护现场内外环境和搭拆临时设施等所采用的措施而发生的费用
23	索赔	在工程合同履行过程中，合同当事人一方因非己方的原因遭受损失，按合同约定或法律法规规定应由对方承担责任，从而向对方提出补偿的要求
24	现场签证	发包人现场代表（或其授权的监理人、工程造价咨询人）与承包人现场代表就施工过程中涉及的责任事件所作的签认证明
25	提前竣工（赶工）费	承包人应发包人的要求而采取加快工程进度措施，使合同工程工期缩短，由此产生的应由发包人支付的费用
26	误期赔偿费	承包人未按照合同工程的计划进度施工，导致实际工期超过合同工期（包括经发包人批准的延长工期），承包人应向发包人赔偿损失的费用
27	不可抗力	发承包双方在工程合同签订时不能预见的，对其发生的后果不能避免，并且不能克服的自然灾害和社会性突发事件
28	工程设备	指构成或计划构成永久工程一部分的机电设备、金属结构设备、仪器装置及其他类似的设备和装置
29	缺陷责任期	指承包人对已交付使用的合同工程承担合同约定的缺陷修复责任的期限
30	质量保证金	发承包双方在工程合同中约定，从应付合同价款中预留，用以保证承包人在缺陷责任期内履行缺陷修复义务的金额
31	费用	承包人为履行合同所发生或将要发生的所有合理开支，包括管理费和应分摊的其他费用，但不包括利润
32	利润	承包人完成合同工程获得的盈利
33	企业定额	施工企业根据本企业的施工技术、机械装备和管理水平而编制的人工、材料和施工机械台班等的消耗标准
34	规费	根据国家法律、法规规定，由省级政府或省级有关权力部门规定施工企业必须缴纳的，应计入建筑安装工程造价的费用
35	税金	国家税法规定的应计入建筑安装工程造价内的营业税、城市维护建设税、教育费附加和地方教育附加
36	发包人	具有工程发包主体资格和支付工程价款能力的当事人以及取得该当事人资格的合法继承人，《建设工程工程量清单计价规范》（GB 50500—2013）有时又称招标人
37	承包人	被发包人接受的具有工程施工承包主体资格的当事人以及取得该当事人资格的合法继承人，《建设工程工程量清单计价规范》（GB 50500—2013）有时又称投标人

序号	术　语	解　释
38	工程造价咨询人	取得工程造价咨询资质等级证书，接受委托从事建设工程造价咨询活动的当事人以及取得该当事人资格的合法继承人
39	造价工程师	取得造价工程师注册证书，在一个单位注册、从事建设工程造价活动的专业人员
40	造价员	取得全国建设工程造价员资格证书，在一个单位注册、从事建设工程造价活动的专业人员
41	单价项目	工程量清单中以单价计价的项目，即根据合同工程图纸（含设计变更）和相关工程现行国家计量规范规定的工程量计算规则进行计量，与已标价工程量清单相应综合单价进行价款计算的项目
42	总价项目	工程量清单中以总价计价的项目，即此类项目在相关工程现行国家计量规范中无工程量计算规则，以总价（或计算基础乘费率）计算的项目
43	工程计量	发承包双方根据合同约定，对承包人完成合同工程的数量进行的计算和确认
44	工程结算	发承包双方根据合同约定，对合同工程在实施中、终止时、已完工后进行的合同价款计算、调整和确认。包括期中结算、终止结算、竣工结算
45	招标控制价	招标人根据国家或省级、行业建设主管部门颁发的有关计价依据和办法，以及拟定的招标文件和招标工程量清单，结合工程具体情况编制的招标工程的最高投标限价
46	投标价	投标人投标时响应招标文件要求所报出的对已标价工程量清单汇总后标明的总价
47	签约合同价（合同价款）	发承包双方在工程合同中约定的工程造价，即包括了分部分项工程费、措施项目费、其他项目费、规费和税金的合同总金额
48	预付款	在开工前，发包人按照合同约定，预先支付给承包人用于购买合同工程施工所需的材料、工程设备，以及组织施工机械和人员进场等的款项
49	进度款	在合同工程施工过程中，发包人按合同约定对付款周期内承包人完成的合同价款给予支付的款项，也是合同价款期中结算支付
50	合同价款调整	在合同价款调整因素出现后，发承包双方根据合同约定，对合同价款进行变动的提出、计算和确认
51	竣工结算价	发承包双方依据国家有关法律、法规和标准规定，按照合同约定确定的，包括在履行合同过程中按合同约定进行的合同价款调整，是承包人按合同约定完成了全部承包工作后，发包人应付给承包人的合同总金额
52	工程造价鉴定	工程造价咨询人接受人民法院、仲裁机关委托，对施工合同纠纷案件中的工程造价争议，运用专门知识进行鉴别、判断和评定，并提供鉴定意见的活动。也称为工程造价司法鉴定

2.1.3　工程量清单编制

1. 一般规定

（1）招标工程量清单应由具有编制能力的招标人或受其委托、具有相应资质的工程造价咨询人编制。

（2）招标工程量清单必须作为招标文件的组成部分，其准确性和完整性应由招标人负责。

（3）招标工程量清单是工程量清单计价的基础，应作为编制招标控制价、投标报价、计算或调整工程量、索赔等的依据之一。

（4）招标工程量清单应以单位（项）工程为单位编制，应由分部分项工程项目清单、措施项目清单、其他项目清单、规费和税金项目清单组成。

（5）编制招标工程量清单应依据：

1）《建设工程工程量清单计价规范》（GB 50500—2013）和相关工程的国家计量规范；

2）国家或省级、行业建设主管部门颁发的计价定额和办法；

3）建设工程设计文件及相关资料；

4）与建设工程有关的标准、规范、技术资料；

5）拟定的招标文件；

6）施工现场情况、地勘水文资料、工程特点及常规施工方案；

7）其他相关资料。

2. 分部分项工程量清单编制

分部分项工程量清单编制应满足两个方面的要求。一是要满足规范管理的要求；二是要满足工程计价的要求。

分部分项工程量清单应根据《建设工程工程量清单计价规范》（GB 50500—2013）附录规定的项目编码、项目名称、项目特征、计量单位和工程量计算规则进行编制。

具体参见第1章1.2 工程量清单的编制内容中的1.2.1 分部分项工程量清单部分。

3. 措施项目清单编制

措施项目清单应根据拟建工程的实际情况、施工图纸、施工方案，结合承包商的具体情况主要由投标人编制。

具体参见第1章1.2 工程量清单的编制内容中的1.2.2 措施项目清单部分。

4. 其他项目清单编制

具体参见第1章1.2 工程量清单的编制内容中的1.2.3 其他项目清单部分。

5. 规费项目清单编制

具体参见第1章1.2 工程量清单的编制内容中的1.2.4 规费项目清单部分。

6. 税金项目清单编制

具体参见第1章1.2 工程量清单的编制内容中的1.2.5 税金项目清单部分。

2.1.4 工程量清单计价

工程量清单计价部分共包括9条内容。总的来说，其规定了工程量清单计价的适用范围、工程量清单计价价款的构成、工程量清单计价方法等内容。

（1）工程量清单计价的适用范围

实行工程量清单计价的招标投标工程，其招标标底和投标标底的编制、合同价款的确定和调整、工程结算等都按《建设工程工程量清单计价规范》（GB 50500—2013）。

（2）工程量清单计价价款构成

工程量清单计价应包括招标文件规定的完成工程量清单所列项目的全部费用，包括分部分项工程费、措施项目费、其他项目费和规费、税金。

（3）工程量清单应采用综合单价计价

工程量清单计价的分部分项工程费，应采用综合单价计算。措施项目费、其他项目费也可以采用综合单价的方法计算。

（4）标底编制

招标工程如设标底，标底应根据招标文件中的工程量清单和有关要求，施工现场实际情况、合理的施工办法以及按照省、自治区、直辖市建设行政主管部门规定的有关工程造价计价办法进行编制。

（5）投标报价编制

投标报价应根据招标文件中的工程量清单和有关要求、施工现场实际情况及拟定的施工方案或施工组织设计，依据企业定额和市场价格信息，或参照建设行政主管部门发布的社会平均消耗量定额进行编制。

2.2 清单计价格式

2.2.1 计价表格组成

（1）封面：

1）招标工程量清单：封-1

2）招标控制价：封-2

3）投标总价：封-3

4）竣工结算书：封-4

5）工程造价鉴定意见书：封-5

（2）扉页：

1）招标工程量清单：扉-1

2）招标控制价：扉-2

3）投标总价：扉-3

4）竣工结算总价：扉-4

5）工程造价鉴定意见书：扉-5

（3）总说明：表-01

（4）工程计价汇总表：

1）建设项目招标控制价/投标报价汇总表：表-02

2）单项工程招标控制价/投标报价汇总表：表-03

3）单位工程招标控制价/投标报价汇总表：表-04

4）建设项目竣工结算汇总表：表-05

5）单项工程竣工结算汇总表：表-06

6）单位工程竣工结算汇总表：表-07

（5）分部分项工程和措施项目计价表：

1）分部分项工程和单价措施项目清单与计价表：表-08

2）综合单价分析表：表-09

3）综合单价调整表：表-10

4）总价措施项目清单与计价表：表-11

（6）其他项目计价表：

1）其他项目清单与计价汇总表：表-12

2）暂列金额明细表：表-12-1

3）材料（工程设备）暂估单价及调整表：表-12-2

4）专业工程暂估价及结算价表：表-12-3

5）计日工表：表-12-4

6）总承包服务费计价表：表-12-5

7）索赔与现场签证计价汇总表：表-12-6

8）费用索赔申请（核准）表：表-12-7

9）现场签证表：表-12-8

（7）规费、税金项目计价表：表-13

（8）工程计量申请（核准）表：表-14

（9）合同价款支付申请（核准）表：

1）预付款支付申请（核准）表：表-15

2）总价项目进度款支付分解表：表-16

3）进度款支付申请（核准）表：表-17

4）竣工结算款支付申请（核准）表：表-18

5）最终结清支付申请（核准）表：表-19

（10）主要材料、工程设备一览表：

1）发包人提供材料和工程设备一览表：表-20

2）承包人提供主要材料和工程设备一览表（适用于造价信息差额调整法）：表-21

3）承包人提供主要材料和工程设备一览表（适用于价格指数差额调整法）：表-22

招标工程量清单封面

　　　　　　　　　　　　　　　　　工程

招标工程量清单

招标人：　　　　　　　　　　　

（单位盖章）

造价咨询人：　　　　　　　　　　

（单位盖章）

年　　　月　　　日

招标控制价封面

_____工程

招标控制价

招标人： _____

（单位盖章）

造价咨询人： _____

（单位盖章）

年　　　月　　　日

投标总价封面

_____工程

投标总价

招标人： _____

（单位盖章）

年　　　月　　　日

竣工结算书封面

_____工程

竣工结算书

发包人：_____
（单位盖章）

承包人：_____
（单位盖章）

造价咨询人：_____
（单位盖章）

年　　月　　日

工程造价鉴定意见书封面

_____工程

编号：×××〔2×××〕××号

工程造价鉴定意见书

造价咨询人：_____
（单位盖章）

年　　月　　日

招标工程量清单扉页

_____工程

招标工程量清单

招标人：_____　　造价咨询人：_____
　　　　　（单位盖章）　　　　　　　　　　　　　　（单位盖章）

法定代表人　　　　　　　　　　　法定代表人
或其授权人：_____　　或其授权人：_____
　　　　　（签字或盖章）　　　　　　　　　　（签字或盖章）

编　制　人：_____　　复　核　人：_____
　　　（造价人员签字盖专用章）　　　　　（造价工程师签字盖专用章）

编制时间：　　年　月　日　　　　复核时间：　　年　月　日

招标控制价扉页

_____工程

招标控制价

招标控制价(小写): _____

（大写）: _____

招标人: _____   造价咨询人: _____

　　　　　（单位盖章）　　　　　　　　　　　　　　　（单位资质专用章）

法定代表人　　　　　　　　　　　　法定代表人

或其授权人: _____   或其授权人: _____

　　　　　（签字或盖章）　　　　　　　　　　　　　（签字或盖章）

编　制　人: _____   复　核　人: _____

　　（造价人员签字盖专用章）　　　　　　　　（造价工程师签字盖专用章）

编制时间:　　年　月　日　　　　复核时间:　　年　月　日

投标总价扉页

投标总价

投 标 人： _____

工 程 名 称： _____

投标总价(小写)： _____

　　　　(大写)： _____

投 标 人： _____
　　　　　　　　　（单位盖章）

法定代表人
或其授权人： _____
　　　　　　　　（签字或盖章）

编 制 人： _____
　　　　　　（造价人员签字盖专用章）

时 间： 年 月 日

竣工结算总价扉页

扉-4

工程造价鉴定意见书扉页

_____工程

工程造价鉴定意见书

鉴定结论：

造价咨询人：_____

（盖单位章及资质专用章）

法定代表人：_____

（签字或盖章）

造价工程师：_____

（签字盖专用章）

年　　月　　日

扉-5

总　说　明

工程名称：　　　　　　　　　　　　　　　　　　　　　　　　第　页　共　页

表-01

37

建设项目招标控制价/投标报价汇总表

工程名称：

序号	单项工程名称	金额（元）	其　中（元）		
			暂估价	安全文明施工费	规　费
	合　计				

注：本表适用于建设项目招标控制价或投标报价的汇总。

表-02

单项工程招标控制价/投标报价汇总表

工程名称：　　　　　　　　　　　　　　　　　　　　　　　　第　页　共　页

序号	单项工程名称	金额（元）	其　中（元）		
			暂估价	安全文明施工费	规　费
	合　计				

注：本表适用于单项工程招标控制价或投标报价的汇总。暂估价包括分部分项工程中的暂估价和专业工程暂估价。

表-03

39

单位工程招标控制价／投标报价汇总表

工程名称：　　　　　　　　　　　　　标段：　　　　　　　　　　　

序号	汇 总 内 容	金额（元）	其中：暂估价（元）
1	分部分项工程		
1.1			
1.2			
1.3			
1.4			
1.5			
2	措施项目		—
2.1	其中：安全文明施工费		—
3	其他项目		—
3.1	其中：暂列金额		—
3.2	其中：专业工程暂估价		—
3.3	其中：计日工		—
3.4	其中：总承包服务费		—
4	规费		—
5	税金		—
招标控制价合计＝1＋2＋3＋4＋5			

注：本表适用于单位工程招标控制价或投标报价的汇总，如无单位工程划分，单项工程也使用本表汇总。

表-04

建设项目竣工结算汇总表

工程名称：

序号	单项工程名称	金额（元）	其　中（元）	
			安全文明施工费	规　费
	合　计			

表-05

41

单项工程竣工结算汇总表

工程名称：

序号	单项工程名称	金额（元）	其　中（元）	
			安全文明施工费	规　费
	合　计			

表-06

单位工程竣工结算汇总表

工程名称：　　　　　　　　　　标段：　　　　　　　　　　第　页 共　页

序号	汇 总 内 容	金额（元）
1	分部分项工程	
1.1		`
1.2		
1.3		
1.4		
1.5		
2	措施项目	
2.1	其中：安全文明施工费	
3	其他项目	
3.1	其中：专业工程结算价	
3.2	其中：计日工	
3.3	其中：总承包服务费	
3.4	其中：索赔与现场签证	
4	规费	
5	税金	
竣工结算总价合计 = 1 + 2 + 3 + 4 + 5		

注：如无单位工程划分，单项工程也使用本表汇总。

表-07

43

分部分项工程和单价措施项目
清单与计价表

工程名称：　　　　　　　　　　　　标段：　　　　　　　　　　第　页　共　页

序号	项目编码	项目名称	项目特征描述	计算单位	工程量	金　额（元）		
						综合单价	合价	其中
								暂估价
本页小计								
合　计								

注：为记取规费等的使用，可在表中增设其中："定额人工费"。

表-08

综合单价分析表

项目编码		项目名称		计量单位		工程量	

综合单价组成明细											
定额编号	定额名称	定额单位	数量	单　价				合　价			
				人工费	材料费	机械费	管理费和利润	人工费	材料费	机械费	管理费和利润

人工单价		小　计									
元/工日		未计价材料费									
清单项目综合单价											

材料费明细	主要材料名称、规格、型号		单位	数量	单价（元）	合价（元）	暂估单价（元）	暂估合价（元）
	其他材料费				—		—	
	材料费小计				—		—	

注：1. 如不使用省级或行业建设主管部门发布的计价依据，可不填定额编号、名称等。
　　2. 招标文件提供了暂估单价的材料，按暂估的单价填入表内"暂估单价"栏及"暂估合价"栏。

表-09
45

综合单价调整表

工程名称：　　　　　　　　　　　　标段：　　　　　　　　　　　第 页 共 页

序号	项目编码	项目名称	已标价清单综合单价（元）					调整后综合单价（元）				
			综合单价	其　中				综合单价	其　中			
				人工费	材料费	机械费	管理费和利润		人工费	材料费	机械费	管理费和利润

造价工程师（签章）：发包人代表（签章）：　　　　　　造价人员（签章）：承包人代表（签章）：

　　　　　　日期：　　　　　　　　　　　　　　　　日期：

注：综合单价调整应附调整依据。

表-10

46

总价措施项目清单与计价表

工程名称：　　　　　　　　　　　　　　标段：　　　　　　　　　　　　　　第　页　共　页

序号	项目编码	项目名称	计算基础	费率（%）	金额（元）	调整费率（%）	调整后金额（元）	备 注
		安全文明施工费						
		夜间施工增加费						
		二次搬运费						
		冬雨季施工增加费						
		已完工程及设保护						
		合　　计						

编制人（造价人员）：　　　　　　　　　　　　　复核人（造价工程师）：

注：1. "计算基础"中安全文明施工费可为"定额基价"、"定额人工费"或"定额人工费＋定额机械费"，其他项目可为"定额人工费"或"定额人工费＋定额机械费"。

　　2. 按施工方案计算的措施费，若无"计算基础"和"费率"的数值，也可只填"金额"数值，但应在备注栏说明施工方案出处或计算方法。

表-11

其他项目清单与计价汇总表

工程名称：　　　　　　　　　　标段：　　　　　　　　　　第　页　共　页

序号	项目名称	金额（元）	结算金额（元）	备　　注
1	暂列金额			明细详见 表-12-1
2	暂估价			
2.1	材料（工程设备） 暂估价/结算价			明细详见 表-12-2
2.2	专业工程暂估价/结算价			明细详见 表-12-3
3	计日工			明细详见 表-12-4
4	总承包服务费			明细详见 表-12-5
5	索赔与现场签证			明细详见 表-12-6
合　　计				—

注：材料（工程设备）暂估单价进入清单项目综合单价，此处不汇总。

表-12

暂列金额明细表

序号	项目名称	计量单位	暂定金额（元）	备　注
1				
2				
3				
4				
5				
6				
7				
8				
9				
10				
11				
合　　计				—

注：此表由招标人填写，如不能详列，也可只列暂定金额总额，投标人应将上述暂列金额计入投标总价中。

表-12-1

49

材料（工程设备）暂估单价及调整表

工程名称：　　　　　　　　　　　　　标段：　　　　　　　　　　　第 页共 页

序号	材料（工程设备）名称、规格、型号	计量单位	数量		暂估（元）		确认（元）		差额元±（元）		备注
			暂估	确认	单价	合价	单价	合价	单价	合价	
	合计										

注：此表由招标人填写"暂估单价"，并在备注栏说明暂估价的材料、工程设备拟用在那些清单项目上，投标人应将上述材料，工程设备暂估单价计入工程量清单综合单价报价中。

表-12-2

专业工程暂估价及结算价表

工程名称：　　　　　　　　　　　　　标段：　　　　　　　　　　　第 页共 页

序号	工程名称	工程内容	暂估金额（元）	结算金额（元）	差额±（元）	备　注
	合计					

注：此表"暂估金额"由招标人填写，投标人应将"暂估金额"计入投标总价中。结算时按合同约定结算金额填写。

表-12-3

计　日　工　表

工程名称：　　　　　　　　　　　　　标段：　　　　　　　　　　　第 页共 页

编号	项目名称	单位	暂定数量	实际数量	综合单价（元）	合价（元）	
						暂定	实际
一	人工						
1							
2							
	人工小计						
二	材料						
1							
2							
	材料小计						
三	施工机械						
1							
2							
	施工机械小计						
	四、企业管理费和利润						
	总计						

注：此表项目名称、暂定数量由招标人填写，编制招标控制价时，单价由招标人按有关计价规定确定；投标时，单价由投标人自主报价，按暂定数量计算合价计入投标总价中。结算时，按承包双方确认的实际数量计算合价。

表-12-4

总承包服务费计价表

工程名称：　　　　　　　　　　　　标段：　　　　　　　　　　第　页共　页

序号	工程名称	项目价值（元）	服务内容	计算基础	费率（%）	金额（元）
1	发包人发包专业工程					
2	发包人提供材料					
	合计	—	—	—	—	

注：此表项目名称，服务内容由招标人填写，编制招标控制价时，费率及金额由招标人按有关计价规定确定；投标时，费率及金额由投标人自主报价，计入投标总价。

表-12-5

索赔与现场签证计价汇总表

工程名称：　　　　　　　　　　　　标段：　　　　　　　　　　第　页共　页

序号	签证及索赔项目名称	计量单位	数量	单价（元）	合价（元）	索赔及签证依据
—	本页小计	—	—	—		
—	合计	—	—	—		

注：签证及索赔依据是指经双方认可的签证单和索赔依据的编号。

表-12-6

费用索赔申请（核准）表

工程名称：　　　　　　　　　　标段：　　　　　　　　　　编号：

致：_____（发包人全称）

　　根据施工合同条款第_____条的约定，由于_____原因，我方要求索赔金额（大写）_____
元，（小写）_____元，请予核准。

附：1. 费用索赔的详细理由和依据：

　　2. 索赔金额的计算：

　　3. 证明材料：

承包人（章）

造价人员_____　　包人代表_____　　　　　　日期_____

复核意见：

　　根据施工合同条款第_____条的约定，你方
提出的费用索赔申请经复核：

　　□不同意此项索赔，具体意见见附件。

　　□同意此项索赔，索赔金额的计算，由造价工程师
复核。

监理工程师_____

日　　期_____

复核意见：

　　根据施工合同条款第_____条的约定，你方提
出的费用索赔申请经复核，索赔金额为（大写）
_____元，（小写）_____元。

造价工程师_____

日　　期_____

审核意见：

　　□不同意此项索赔。

　　□同意此项索赔，与本期进度款同期支付。

发包人（章）_____

发包人代表_____

日　　期_____

注：1. 在选择栏中的"□"内作标志"√"；

　　2. 本表一式四份，由承包人填报，发包人、监理人、造价咨询人、承包人各存一份。

表-12-7

现场签证表

工程名称：   标段：   编号：

施工单位		日期	

致：_____（发包人全称）

    根据_____（指令人姓名）____年___月___日的口头指令或你方_____（或监理人）____年___月___日的书面通知，我方要求完成此项工作应支付价款金额为（大写）_____元，（小写）_____元，请予核准。

    附：1. 签证事由及原因：

        2. 附图及计算式：

                                     承包人（章）

造价人员_____   包人代表_____   日期_____

复核意见：	复核意见：
你方提出的此项签证申请经复核： □不同意此项签证，具体意见见附件。 □同意此项签证，签证金额的计算，由造价工程师复核。	□此项签证按承包人中标的计日工单价计算，金额为（大写）_____元，（小写）_____元。 □ 此项签证因无计日工单价，金额为（大写）_____元，（小写）_____元。
监理工程师_____ 日 期_____	造价工程师_____ 日 期_____

审核意见：

  □不同意此项签证。

  □同意此项签证，价款与本期进度款同期支付。

                    发包人（章）_____

                    发包人代表_____

                    日   期_____

注：1. 在选择栏中的"□"内作标志"√"；

    2. 本表一式四份，由承包人在收到发包人（监理人）的口头或书面通知后填写，发包人、监理人、造价咨询人、承包人各存一份。

表-12-8

53

规费、税金项目计价表

序号	项目名称	计算基础	计算基数	计算费率（%）	金额（元）
1	规费	定额人工费			
1.1	社会保险费	定额人工费			
（1）	养老保险费	定额人工费			
（2）	失业保险费	定额人工费			
（3）	医疗保险费	定额人工费			
（4）	工伤保险费	定额人工费			
（5）	生育保险费	定额人工费			
1.2	住房公积金	定额人工费			
1.3	工程排污费	按工程所在地环境保护部门收取标准，按实计入			
2	税金	分部分项工程费＋措施项目费＋其他项目费＋规费－按规定不计税的工程设备金额			
合计					

编制人（造价人员）：　　　　　　　　　　　　　　复核人（造价工程师）：

表-13

工程计量申请（核准）表

序号	项目编码	项目名称	计量单位	承包人申报数量	发包人核实数量	发承包人确认数量	备注

承包人代表：　　　　　监理工程师：　　　　　造价工程师：　　　　　发包代表人：

日期：　　　　　　　　日期：　　　　　　　　日期：　　　　　　　　日期：

表-14

54

预付款支付申请（核准）表

工程名称：　　　　　　　　　　　　　标段：　　　　　　　　　　　编号：

致：_____（发包人全称）

　　我方根据施工合同的约定，现申请支付工程预付款额为（大写）_____

（小写_____），请予核准。

序号	名称	申请金额（元）	复核金额（元）	备注
1	已签约合同价款金额			
2	其中：安全文明施工费			
3	应支付的预付款			
4	应支付的安全文明施工费			
5	合计应支付的预付款			

　　　　　　　　　　　　　　　　　　　　　　　承包人（章）

造价人员_____　承包人代表_____　日期_____

复核意见：

□与合同约定不相符，修改意见见附件。

□与合同约定相符，具体金额由造价工程师复核。

　　　　　　　监理工程师_____
　　　　　　　日　　期_____

复核意见：

　　你方提出的支付申请经复核，应支付预付款金额为（大写）_____（小写_____）。

　　　　　　　造价工程师_____
　　　　　　　日　　期_____

审核意见：

□不同意。

□同意，支付时间为本表签发后的15天内。

　　　　　　　　　　　　　发包人（章）_____
　　　　　　　　　　　　　发包人代表_____
　　　　　　　　　　　　　日　　期_____

注：1. 在选择栏中的"□"内作标识"√"。

　　2. 本表一式四份，由承包人填报，发包人、监理人、造价咨询人、承包人各存一份。

表-15

55

总价项目进度款支付分解表

工程名称：　　　　　　　　　　　　　标段：　　　　　　　　　　单位：元

序号	项目名称	总价金额	首次支付	二次支付	三次支付	四次支付	五次支付	
	安全文明施工费							
	夜间施工增加费							
	二次搬运费							
	社会保险费							
	住房公积金							
	合计							

编制人（造价人员）：　　　　　　　　　　　　　　　　　复核人（造价工程师）：

注：1. 本表应由承包人在投标报价时根据发包人在招标文件明确的进度款支付周期与报价填写，签订合同时，发承包双方可就支付分解协商调整后作为合同附件。

2. 单价合同使用本表，"支付"栏时间应与单价项目进度款支付周期相同。

3. 总价合同使用本表，"支付"栏时间应与约定的工程计量周期相同。

表-16

56

进度款支付申请（核准）表

工程名称：   标段：   编号：

致：_____（发包人全称）

    我方于_____至_____期间已完成了_____工作，根据施工合同的约定，现申请支付本周期的合同价款为（大写）_____，（小写）_____，请予核准。

序号	名称	实际金额（元）	申请金额（元）	复核金额（元）	备注
1	累计已完成的合同价款				
2	累计已实际支付的合同价款				
3	本周期合计完成的合同价款				
3.1	本周期已完成单价项目的金额				
3.2	本周期应支付的总价项目的金额				
3.3	本周期已完成的计日工价款				
3.4	本周期应支付的安全文明施工费				
3.5	本周期应增加的合同价款				
4	本周期合计应扣减的金额				
4.1	本周期应抵扣的预付款				
4.2	本周期应扣减的金额				
5	本周期应支付的合同价款				

附：上述3、4详见附件清单。

                                                 承包人（章）

造价人员_____   承包人代表_____   日期_____

复核意见：

□与实际施工情况不相符，修改意见见附件。

□与实际施工情况相符，具体金额由造价工程师复核。

                监理工程师_____

                日   期_____

复核意见：

    你方提出的支付申请经复核，本周期已完成合同价款（大写）_____，（小写_____），本期间应支付金额为（大写）_____，（小写_____）。

                造价工程师_____

                日   期_____

审核意见：

□不同意。

□同意，支付时间为本表签发后的15天内。

                              发包人（章）_____

                              发包人代表_____

                              日   期_____

注：1. 在选择栏中的"□"内作标识"√"。

    2. 本表一式四份，由承包人填报，发包人、监理人、造价咨询人、承包人各存一份。

表-17

57

竣工结算款支付申请（核准）表

工程名称：　　　　　　　　　　　标段：　　　　　　　　　　　编号：

致：＿＿＿＿＿＿＿＿＿＿＿＿＿＿＿＿＿＿＿＿＿＿＿（发包人全称）

　　我方于＿＿＿至＿＿＿期间已完成合同约定的工作，工程已经完工，根据施工合同的约定，现申请支付竣工结算合同款额为（大写）＿＿＿＿＿＿＿＿＿＿＿（小写）＿＿＿＿＿＿＿，请予核准。

序号	名称	申请金额（元）	复核金额（元）	备注
1	竣工结算合同价款总额			
2	累计已实际支付的合同价款			
3	应预留的质量保证金			
4	应支付的竣工结算款金额			

造价人员＿＿＿＿＿＿　承包人代表＿＿＿＿＿＿

承包人（章）

日期＿＿＿＿＿＿

复核意见：

□与实际施工情况不相符，修改意见见附件。

□与实际施工情况相符，具体金额由造价工程师复核。

监理工程师＿＿＿＿＿＿

日　　期＿＿＿＿＿＿

复核意见：

　　你方提出的竣工结算款支付申请经复核，竣工结算款总额为（大写）＿＿＿＿＿＿＿，（小写＿＿＿＿＿＿＿），扣除前期支付以及质量保证金后应支付金额为（大写）＿＿＿＿＿＿＿，（小写＿＿＿＿＿＿＿）。

造价工程师＿＿＿＿＿＿

日　　期＿＿＿＿＿＿

审核意见：

□不同意。

□同意，支付时间为本表签发后的 15 天内。

发包人（章）＿＿＿＿＿＿

发 包 人 代 表＿＿＿＿＿＿

日　　　期＿＿＿＿＿＿

注：1. 在选择栏中的"□"内作标识"√"。

　　2. 本表一式四份，由承包人填报，发包人、监理人、造价咨询人、承包人各存一份。

表-18

最终结清支付申请（核准）表

工程名称：＿＿＿＿＿＿＿　标段：＿＿＿＿＿＿＿　编号：＿＿＿＿＿＿＿

致：＿＿＿＿＿＿＿＿＿＿＿＿＿＿＿＿＿＿＿＿＿＿＿（发包人全称）

我方于＿＿＿＿＿＿至＿＿＿＿＿＿已完成了缺陷修复工作，根据施工合同的约定，现申请支付最终结清合同款额为（大写）＿＿＿＿＿＿＿（小写）＿＿＿＿＿＿，请予核准。

序号	名称	申请金额（元）	复核金额（元）	备注
1	已预留的质量保证金			
2	应增加因发包人原因造成缺陷的修复金额			
3	应扣减承包人不修复缺陷、发包人组织修复的金额			
4	最终应支付的合同价款			

上述 3、4 详见附件清单

造价人员＿＿＿＿＿＿　承包人代表＿＿＿＿＿＿

承包人（章）
日期＿＿＿＿＿＿

复核意见：
　□与实际施工情况不相符，修改意见见附件。
　□与实际施工情况相符，具体金额由造价工程师复核。

监理工程师＿＿＿＿＿＿
日　　期＿＿＿＿＿＿

复核意见：
　你方提出的支付申请经复核，最终应支付金额为（大写）＿＿＿＿＿＿，（小写＿＿＿＿＿＿）。

造价工程师＿＿＿＿＿＿
日　　期＿＿＿＿＿＿

审核意见：
　□不同意。
　□同意，支付时间为本表签发后的 15 天内。

发包人（章）＿＿＿＿＿＿
发包人代表＿＿＿＿＿＿
日　　期＿＿＿＿＿＿

注：1. 在选择栏中的"□"内作标识"√"。如监理人已退场，监理工程师栏可空缺。

　　2. 本表一式四份，由承包人填报，发包人、监理人、造价咨询人、承包人各存一份。

表-19

59

发包人提供材料和工程设备一览表

序号	材料（工程设备）名称、规格、型号	单位	数量	单价（元）	交货方式	送达地点	备注

注：此表由招标人填写，供投标人在投标报价、确定总承包服务费时参考。

表-20

承包人提供主要材料和工程设备一览表
（适用于造价信息差额调整法）

工程名称：　　　　　　　　　　　　标段：　　　　　　　　　第　页共　页

序号	名称、规格、型号	单位	数量	风险系数（%）	基准单价（元）	投标单价（元）	发承包人确认单价（元）	备注

注：1. 此表由招标人填写除"投标单价"栏的内容，投标人在投标时自主确定投标单价。

　　2. 招标人应优先采用工程造价管理机构发布的单价作为基准单价，未发布的，通过市场调查确定其基准单价。

表-21

承包人提供主要材料和工程设备一览表
（适用于价格指数差额调整法）

工程名称：　　　　　　　　　　　　标段：　　　　　　　　　第　页共　页

序号	名称、规格、型号	变值权重 B	基本价格指数 F_0	现行价格指数 F_t	备　注
	定值权重 A		—	—	
	合计	1	—	—	

注：1. "名称、规格、型号"、"基本价格指数"栏由招标人填写，基本价格指数应首先采用工程造价管理机构发布的价格指数，没有时，可采用发布的价格代替。如人工、机械费也采用本法调整，由招标人在"名称"栏填写。

　　2. "变值权重"栏由投标人根据该项人工、机械费和材料、工程设备价值在投标总报价中所占的比例填写，1减去其比例为定值权重。

　　3. "现行价格指数"按约定的付款证书相关周期最后一天的前42天的各项价格指数填写，该指数应首先采用工程造价管理机构发布的价格指数，没有时，可采用发布的价格代替。

表-22

2.2.2　计价表格使用规定

（1）工程计价表宜采用统一格式。各省、自治区、直辖市建设行政主管部门和行业建设主管部门可根据本地区、本行业的实际情况，在《建设工程工程量清单计价规范》（GB 50500—2013）附录 B 至附录 L 计价表格的基础上补充完善。

（2）工程计价表格的设置应满足工程计价的需要，方便使用。

（3）工程量清单的编制应符合下列规定：

1）工程量清单编制使用表格包括：封-1、扉-1、表-01、表-08、表-11、表-12（不含表-12-6～表-12-8）、表-13、表-20、表-21 或表-22。

2）扉页应按规定的内容填写、签字、盖章，由造价员编制的工程量清单应有负责审核的造价工程师签字、盖章。受委托编制的工程量清单，应有造价工程师签字、盖章以及工程造价咨询人盖章。

3）总说明应按下列内容填写：

①工程概况：建设规模、工程特征、计划工期、施工现场实际情况、自然地理条件、环境保护要求等。

②工程招标和专业工程发包范围。

③工程量清单编制依据。

④工程质量、材料、施工等的特殊要求。

⑤其他需要说明的问题。

（4）招标控制价、投标报价、竣工结算的编制应符合下列规定：

1）使用表格：

①招标控制价使用表格包括：封-2、扉-2、表-01、表-02、表-03、表-04、表-08、表-09、表-11、表-12（不含表-12-6～表-12-8）、表-13、表-20、表-21 或表-22。

②投标报价使用的表格包括：封-3、扉-3、表-01、表-02、表-03、表-04、表-08、表-09、表-11、表-12（不含表-12-6～表-12-8）、表-13、表-16、招标文件提供的表-20、表-21 或表-22。

③竣工结算使用的表格包括：封-4、扉-4、表-01、表-05、表-06、表-07、表-08、表-09、表-10、表-11、表-12、表-13、表-14、表-15、表-16、表-17、表-18、表-19、表-20、表-21 或表-22。

2）扉页应按规定的内容填写、签字、盖章，除承包人自行编制的投标报价和竣工结算外，受委托编制的招标控制价、投标报价、竣工结算，由造价员编制的应有负责审核的造价工程师签字、盖章以及工程造价咨询人盖章。

3）总说明应按下列内容填写：

①工程概况：建设规模、工程特征、计划工期、合同工期、实际工期、施工现场及变化情况、施工组织设计的特点、自然地理条件、环境保护要求等。

②编制依据等。

（5）工程造价鉴定应符合下列规定：

1）工程造价鉴定使用表格包括：封-5、扉-5、表-01、表-05～表-20、表-21 或表-22。

2）扉页应按规定内容填写、签字、盖章，应有承担鉴定和负责审核的注册造价工程师签字、盖执业专用章。

3）说明应按《建设工程工程量清单计价规范》（GB 50500—2013）的规定填写。

①鉴定项目委托人名称、委托鉴定的内容。

②委托鉴定的证据材料。

③鉴定的依据及使用的专业技术手段。

④对鉴定过程的说明。

⑤明确的鉴定结论。

⑥其他需说明的事宜。

（6）投标人应按招标文件的要求，附工程量清单综合单价分析表。

上岗工作要点

1. 了解《建设工程工程量清单计价规范》（GB 50500—2013）总则的内容。
2. 熟悉《建设工程工程量清单计价规范》（GB 50500—2013）的术语。
3. 掌握工程量清单计价的内容。
4. 了解工程量清单计价表格的组成，熟练使用工程量清单计价表格。

思 考 题

2-1 工程量清单计价规范主要包括哪些内容？

2-2 工程量清单包括哪些内容？

2-3 工程量清单计价的适用范围。

2-4 工程量清单编制使用哪些表格？

2-5 工程量清单编制总说明的主要内容有哪些？

第3章 工程量清单编制

重 点 提 示

1. 了解清单工程量计算规则，为第5章～第7章的学习打好坚实的基础。
2. 掌握清单工程量计算方法。
3. 掌握工程量清单编制方法。

3.1 清单工程量计算规则

《建设工程工程量清单计价规范》（GB 50500—2008）被拆分为《建设工程工程量清单计价规范》（GB 50500—2013）、《房屋建筑与装饰工程工程量计算规范》（GB 50854—2013）、《仿古建筑工程工程量计算规范》（GB 50855—2013）、《通用安装工程工程量计算规范》（GB 50856—2013）、《市政工程工程量计算规范》（GB 50857—2013）、《园林绿化工程工程量计算规范》（GB 50858—2013）、《矿山工程工程量计算规范》（GB 50859—2013）、《构筑物工程工程量计算规范》（GB 50860—2013）、《城市轨道交通工程工程量计算规范》（GB 50861—2013）。本书侧重介绍其中的建筑工程、装饰工程以及安装工程工程量清单计价规则，接下来以建筑工程工程量清单项目中的土石方工程为例，诠释清单工程量计算规则。

3.1.1 土方工程

（1）项目名称：平整场地
项目编码：010101001
工程量计算规则：按设计图示尺寸以建筑物首层面积计算。
（2）项目名称：挖一般土方
项目编码：010101002
工程量计算规则：按设计图示尺寸以体积计算。
（3）项目名称：挖沟槽土方
项目编码：010101003
工程量计算规则：按设计图示尺寸以基础垫层底面积乘以挖土深度计算。
（4）项目名称：挖基坑土方
项目编码：010101004
工程量计算规则：按设计图示尺寸以基础垫层底面积乘以挖土深度计算。
（5）项目名称：冻土开挖
项目编码：010101005
工程量计算规则：按设计图示尺寸开挖面积乘厚度以体积计算。
（6）项目名称：挖淤泥、流砂

项目编码：010101006

工程量计算规则：按设计图示位置、界限以体积计算。

（7）项目名称：管沟土方

项目编码：010101007

工程量计算规则：1）以米计量，按设计图示以管道中心线长度计算。2）以立方米计量，按设计图示管底垫层面积乘以挖土深度计算；无管底垫层按管外径的水平投影面积乘以挖土深度计算。不扣除各类井的长度，井的土方并入。

> 注：1. 挖土方平均厚度应按自然地面测量标高至设计地坪标高间的平均厚度确定。基础土方开挖深度应按基础垫层底表面标高至交付施工场地标高确定，无交付施工场地标高时，应按自然地面标高确定。
>
> 2. 建筑物场地厚度≤±300mm的挖、填、运、找平，应按上述平整场地项目编码列项。厚度>±300mm的竖向布置挖土或山坡切土应按上述挖一般土方项目编码列项。
>
> 3. 沟槽、基坑、一般土方的划分为：底宽≤7m且底长>3倍底宽为沟槽；底长≤3倍底宽且底面积≤150m²为基坑；超出上述范围则为一般土方。
>
> 4. 挖土方如需截桩头时，应按桩基工程相关项目列项。
>
> 5. 桩间挖土不扣除桩的体积，并在项目特征中加以描述。
>
> 6. 弃、取土运距可以不描述，但应注明由投标人根据施工现场实际情况自行考虑，决定报价。
>
> 7. 土壤的分类应按土壤分类表确定，如土壤类别不能准确划分时，招标人可注明为综合，由投标人根据地勘报告决定报价。
>
> 8. 土方体积应按挖掘前的天然密实体积计算。非天然密实土方应按土方体积折算系数表折算。
>
> 9. 挖沟槽、基坑、一般土方因工作面和放坡增加的工程量（管沟工作面增加的工程量）是否并入各土方工程量中，按各省、自治区、直辖市或行业建设主管部门的规定实施，如并入各土方工程量中，办理工程结算时，按经发包人认可的施工组织设计规定计算，编制工程量清单时，可按规定计算。
>
> 10. 挖方出现流砂、淤泥时，如设计未明确，在编制工程量清单时，其工程数量可为暂估量，结算时应根据实际情况由发包人与承包人双方现场签证确认工程量。
>
> 11. 管沟土方项目适用于管道（给排水、工业、电力、通信）、光（电）缆沟［包括：人（手）孔、接口坑］及连接井（检查井）等。

3.1.2 石方工程

（1）项目名称：挖一般石方

项目编码：010102001

工程量计算规则：按设计图示尺寸以体积计算。

（2）项目名称：挖沟槽石方

项目编码：010102002

工程量计算规则：按设计图示尺寸沟槽底面积乘以挖石深度以体积计算。

（3）项目名称：挖基坑石方

项目编码：010102003

工程量计算规则：按设计图示尺寸基坑底面积乘以挖石深度以体积计算。

（4）项目名称：挖管沟石方

项目编码：010102004

工程量计算规则：1）以米计量，按设计图示以管道中心线长度计算。2）以立方米计量，按设计图示截面积乘以长度计算。

注：1. 挖石应按自然地面测量标高至设计地坪标高的平均厚度确定。基础石方开挖深度应按基础垫层底表面标高至交付施工现场地标高确定，无交付施工场地标高时，应按自然地面标高确定。

2. 厚度＞±300mm的竖向布置挖石或山坡凿石应按上述挖一般石方项目编码列项。

3. 沟槽、基坑、一般石方的划分为：底宽≤7m且底长＞3倍底宽为沟槽；底长≤3倍底宽且底面积≤150m² 为基坑；超出上述范围则为一般石方。

4. 弃碴运距可以不描述，但应注明由投标人根据施工现场实际情况自行考虑，决定报价。

5. 岩石的分类应按岩石分类表确定。

6. 石方体积应按挖掘前的天然密实体积计算。非天然密实石方应按石方体积折算系数表折算。

7. 管沟石方项目适用于管道（给排水、工业、电力、通信）、光（电）缆沟〔包括：人（手）孔、接口坑〕及连接井（检查井）等。

3.1.3 土石方回填

（1）项目名称：回填方

项目编码：010103001

工程量计算规则：按设计图示尺寸以体积计算

1）场地回填：回填面积乘平均回填厚度。

2）室内回填：主墙间面积乘回填厚度，不扣除间隔墙。

3）基础回填：挖方清单项目工程量减去自然地坪以下埋设的基础体（包括基础垫层及其他构筑物）。

（2）项目名称：余方弃置

项目编码：010103002

工程量计算规则：按挖方清单项目工程量减利用回填方体积（正数）计算。

注：1. 填方密实度要求，在无特殊要求情况下，项目特征可描述为满足设计和规范的要求。

2. 填方材料品种可以不描述，但应注明由投标人根据设计要求验方后方可填入，并符合相关工程的质量规范要求。

3. 填方粒径要求，在无特殊要求情况下，项目特征可以不描述。

4. 如需买土回填应在项目特征填方来源中描述，并注明买土方数量。

3.2 清单工程量计算方法

3.2.1 清单工程量计算的思路

（1）根据拟建工程施工图和《规范》列项，并填写项目特征描述。

（2）根据所列项目填写清单项目的项目编码和计量单位。

（3）确定清单工程量项目的主项内容和所包含的附项内容。

（4）根据施工图、项目主项内容和计价规范中的工程量计算规则，计算主项工程量。一般情况下，主项工程量就是清单工程量。

（5）按工程量清单项目的顺序，整理清单工程量的顺序，最终形成分部分项工程量清单与计价表。

3.2.2 清单工程量的计算顺序

为了避免漏算或重算，提高计算的准确程度，工程量的计算应按照一定的顺序进行。具体的计算顺序应根据具体工程和个人习惯来确定，一般有以下几种顺序：

（1）单位工程计算顺序

单位工程计算顺序一般按计价规范清单列项顺序计算，即按照计价规范上的分章或分部分项工程顺序来计算工程量。

（2）单个分部分项工程计算顺序

1）按照顺时针方向计算法。即先从平面图的左上角开始，自左至右，然后再由上而下，最后转回到左上角为止，这样按顺时针方向转圈依次进行计算。例如计算外墙、地面、顶棚等分部分项工程，都可以按照此顺序进行计算。

2）按"先横后竖、先上后下、先左后右"计算法。即在平面图上从左上角开始，按"先横后竖、从上而下、自左到右"的顺序计算工程量。例如房屋的条形基础土方、砖石基础、砖墙砌筑、门窗过梁、墙面抹灰等分部分项工程，均可按这种顺序计算工程量。

3）按图纸分项编号顺序计算法。即按照图纸上所注结构构件、配件的编号顺序进行计算。例如计算混凝土构件、门窗、屋架等分部分项工程，均可以按照此顺序计算。

按一定顺序计算工程量的目的是防止漏项少算或重复多算的现象发生，只要能实现这一目的，采用哪种顺序方法计算都可以。

（3）工程量计算的注意事项

1）严格按照《规范》规定的工程量计算规则计算工程量。

2）注意按一定顺序计算。

3）工程量计量单位必须与《规范》中规定的计量单位相一致。

4）计算口径要一致。根据施工图列出的工程量清单项目的口径（明确清单项目的工程内容与计算范围）必须与清单计价规范中相应清单项目的口径相一致。所以计算工程量除必须熟悉施工图纸外，还必须熟悉每个清单项目所包括的工程内容和范围。

5）力求分层分段计算。要结合施工图纸尽量做到结构按楼层、内装修按楼层分房间、外装修按施工层分立面计算，或按施工方案的要求分段计算，或按使用的材料不同分别进行计算。这样在计算工程量时既可避免漏项，又可为安排施工进度和编制资源计划提供数据。

6）加强自我检查复核。

3.2.3 运用统筹法计算工程量

运用统筹法计算工程量，就是分析工程量计算中各分部分项工程量计算之间的固有规律和相互之间的依赖关系，运用统筹法原理和统筹图图解来合理安排工程量的计算程序，以达到节约时间、简化计算、提高工效、为及时准确地编制工程预算提供科学数据的目的。

实践表明，每个分部分项工程量计算虽有着各自的特点，但都离不开计算"线"、"面"之类的基数，另外，某些分部分项工程的工程量计算结果往往是另一些分部分项工程的工程量计算的基础数据，因此，根据这个特性，运用统筹法原理，对每个分部分项工程的工程量进行分析，然后依据计算过程的内在联系，按先主后次，统筹安排计算程序，可以简化繁琐的计算，形成统筹计算工程量的计算方法。

3.2.3.1 统筹法计算工程量的基本要点

（1）统筹程序，合理安排

工程量计算程序的安排是否合理，关系着计量工作的效率高低，进度快慢。按施工顺序进行计算工程量，往往不能充分利用数据间的内在联系而形成重复计算，浪费时间和精力，有时还易出现计算差错。

（2）利用基数，连续计算

就是以"线"或"面"为基数，利用连乘或加减，算出与它有关的分部分项工程量。这里的"线"和"面"指的是长度和面积，常用的基数为"三线一面"，"三线"是指建筑物的外墙中心线、外墙外边线和内墙净长线，"一面"是指建筑物的底层建筑面积。

（3）一次算出，多次使用

在工程量计算过程中，往往有一些不能用"线"、"面"基数进行连续计算的项目，如木门窗、屋架、钢筋混凝土预制标准构件等。首先，将常用数据一次算出，汇编成土建工程量计算手册（即"册"），其次也要把那些规律较明显的如槽、沟断面等一次算出，也编入册。当需计算有关的工程量时，只要查手册就可快速算出所需要的工程量。这样可以减少按图逐项地进行繁琐而重复的计算，亦能保证计算的及时与准确性。

（4）结合实际，灵活机动

用"线"、"面"、"册"计算工程量，是一般常用的工程量基本计算方法，实践证明，在一般工程上完全可以利用。但在特殊工程上，由于基础断面、墙厚、砂浆强度等级和各楼层的面积不同，就不能完全用"线"或"面"的一个数作为基数，而必须结合实际灵活地计算。

一般常遇到的几种情况及采用的方法如下：

1）分段计算法。当基础断面不同，在计算基础工程量时，就应分段计算。

2）分层计算法。如遇多层建筑物，各楼层的建筑面积或砌体砂浆强度等级不同时，均可分层计算。

3）补加计算法。即在同一分项工程中，遇到局部外形尺寸或结构不同时，为便于利用基数进行计算，可先将其看作相同条件计算，然后再加上多出部分的工程量。如基础深度不同的内外墙基础、宽度不同的散水等工程。

4）补减计算法。与补加计算法相似，只是在原计算结果上减去局部不同部分工程量。如在楼地面工程中，各层楼面除每层盥洗间为水磨石面层外，其余均为水泥砂浆面层，则可先按各楼层均为水泥砂浆面层计算，然后补减盥洗间的水磨石地面工程量。

3.2.3.2 统筹图

运用统筹法计算工程量，就是要根据统筹法原理对《规范》中清单列项和工程量计算规则，设计出"计算工程量程序统筹图"。统筹图以"三线一面"作为基数，连续计算与之有共性关系的分部分项工程量，而与基数无共性关系的分部分项工程量则用"册"或图示尺寸进行计算。

（1）统筹图的主要内容

统筹图主要由计算工程量的主次程序线、基数、分部分项工程量计算式及计算单位组成。主要程序线是指在"线"、"面"基数上连续计算项目的线，次要程序线是指在分部分项项目上连续计算的线。

（2）计算程序的统筹安排

统筹图的计算程序安排是根据下述原则考虑的，即：

1）共性合在一起，个性分别处理。分部分项工程量计算程序的安排，是根据分部分项工程之间共性与个性的关系，采取共性合在一起，个性分别处理的办法。共性合在一起，就是把与墙的长度（包括外墙外边线、外墙中心线、内墙净长线）有关的计算项目，分别纳入各自系统中，把与建筑面积有关的计算项目，分别归于建筑物底层面积和分层面积系统中，把与墙长或建筑面积这些基数联系不起来的计算项目，如楼梯、阳台、门窗、台阶等，则按其个性分别处理，或利用"工程量计算手册"，或另行单独计算。

2）先主后次，统筹安排。用统筹法计算各分项工程量是从"线"、"面"基数的计算开始的。计算顺序必须本着先主后次原则统筹安排，才能达到连续计算的目的。先算的项目要为后算的项目创造条件，后算的项目就能在先算的基础上简化计算，有些项目只和基数有关系，与其他项目之间没有关系，先算后算均可，前后之间要参照定额程序安排，以方便计算。

3）独立项目单独处理。预制混凝土构件、钢窗或木门窗、金属或木构件、钢筋用量、台阶、楼梯、地沟等独立项目的工程量计算，与墙的长度、建筑面积没有关系，不能合在一起，也不能用"线"、"面"基数计算时，需要单独处理。可采用预先编制"手册"的方法解决，只要查阅"手册"即可得出所需的各项工程量。或者利用前面所说的按表格形式填写计算的方法。与"线"、"面"基数没有关系又不能预先编入"手册"的项目，按图示尺寸分别计算。

（3）统筹法计算工程量的步骤

用统筹法计算工程量大体可分为五个步骤，如图 3-1 所示。

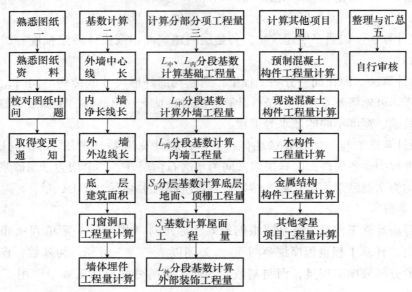

图 3-1　统筹法计算步骤

3.2.4　应用工程量计算软件计算工程量

计算工程量是一个繁杂、耗时的工作，应用工程量计算软件计算工程量是很多工程计量人员的选择，现在已有功能完善、方便实用的工程量计算软件在市场销售，使用这些软件不仅能降低工作强度、提高效率，而且还有利于保证计算精度，取得了较好的应用效果。

按照建模方式不同，工程量计算软件可分为两类：一类为手工建模，即根据设计图纸中的轴距、墙厚、层高等参数把图纸"录入"到计算机中，系统自动完成图形的矢量化，构建工程的建筑、结构、基础等模型，继而计算各分项工程的工程量；另一类是利用设计图电子文档直接读取设计数据的完成建模，以便快速统计工程量，这类软件要依赖设计单位提供工程设计的电子文档。

在软件使用前，应根据实际采用的工程量计算规则，在软件中进行工程量计算规则设置（一般软件都预先设置了各种工程量计算规则供用户选用）。

3.3 工程量清单编制方法

（1）工程量清单应由具有编制能力的招标人或受其委托，具有相应资质的工程造价咨询人编制。

（2）采用工程量清单方式招标。工程量清单必须作为招标文件的组成部分，其准确性和完整性由招标人负责。

（3）工程量清单是工程量清单计价的基础，应作为编制招标控制价、投标报价、计算工程量、支付工程款、调整合同价款、办理竣工结算以及工程索赔等的依据之一。

（4）工程量清单应由分部分项工程量清单、措施项目清单、其他项目清单、规费项目清单、税金项目清单组成。

（5）编制工程量清单应依据：

1）《建设工程工程量清单计价规范》（GB 50500—2013）。

2）国家或省级、行业建设主管部门颁发的计价依据和办法。

3）建设工程设计文件。

4）与建设工程项目有关的标准、规范、技术资料。

5）招标文件及其补充通知、答疑纪要。

6）施工现场情况、工程特点及常规施工方案。

7）其他相关资料。

具体的工程量清单编制表格和方法参见本书第 2 章 2.2 清单计价格式部分的内容。

上岗工作要点

1. 掌握清单工程量的计算思路。
2. 熟悉清单工程量的计算顺序。
3. 了解统筹法在工程量计算中的使用。
4. 了解工程量计算软件在工程量计算中的应用。
5. 掌握工程量清单编制方法，熟练编制工程量清单与计价表格。

思 考 题

3-1 清单工程量计算的思路有哪些？

3-2 清单工程量的计算顺序有哪几种？

3-3 工程量计算应注意哪些事项？

3-4 统筹法计算工程量的基本要点是什么？

3-5 统筹图的主要内容包括哪些？

3-6 统筹法计算工程量的步骤是什么？

3-7 编制工程量清单的依据有哪些？

第4章 工程量清单计价方法

重 点 提 示

1. 掌握人工单价、材料单价、综合单价的编制方法。
2. 了解措施项目清单与其他项目清单的编制方法。

4.1 计价工程量的确定

4.1.1 计价工程量的定义

计价工程量也称报价工程量。它是计算工程投标报价的重要数据。

计价工程量是投标人根据拟建工程施工图、施工方案、清单工程量和所采用定额及相对应的工程量计算规则计算出的，用以确定综合单价的重要数据。

清单工程量作为统一各投标人工程报价的口径，这是十分重要的，也是十分必要的。但是，投标人不能根据清单工程量直接进行报价。这是因为，施工方案不同，其实际发生的工程量是不同的。例如，基础挖方是否要留工作面，留多少，不同的施工方法其实际发生的工程量是不同的；采用的定额不同，其综合单价的综合结果也是不同的。所以在投标报价时，各投标人必然要计算计价工程量。我们就将用于报价的实际工程量称为计价工程量。

4.1.2 计价工程量计算方法

计价工程量是根据所采用的定额和相对应的工程量计算规则计算的，所以，承包商一旦确定采用何种定额时，就应完全按其定额所划分的项目内容和工程量计算规则计算工程量。

计价工程量的计算内容一般要多于清单工程量。因为，计价工程量不但要计算每个清单项目的主项工程量，而且还要计算所包含的附项工程量。这就要根据清单项目的工程内容和定额项目的划分内容具体确定。例如，M5 水泥砂浆砌砖基础项目，不但要计算主项的砖基础项目，还要计算混凝土基础垫层的附项工程量。又如，低压 $\phi 159 \times 5$ 不锈钢管安装项目，除了要计算管道安装主项工程量外，还要计算水压试验、管酸洗、管脱脂、管绝热、镀锌铁皮保护层等 5 个附项工程量。

4.2 人工单价的编制

4.2.1 人工单价的定义

人工单价是指工人一个工作日应该得到的劳动报酬。一个工作日一般指工作 8 小时。

4.2.2 人工单价的内容

人工单价一般包括基本工资、工资性津贴、养老保险费、失业保险费、医疗保险费、住房公积金等。

基本工资是指完成基本工作内容所得的劳动报酬。

工资性津贴是指流动施工津贴、交通补贴、物价补贴、煤（燃）气补贴等。

养老保险费是指工人在工作期间所交养老保险所发生的费用。

失业保险费是指工人在工作期间所交失业保险所发生的费用。

医疗保险费是指工人在工作期间所交医疗保险所发生的费用。

住房公积金是指工人在工作期间所交住房公积金所发生的费用。

4.2.3　人工单价的编制方法

人工单价的编制方法主要有以下几种：

（1）根据劳务市场行情确定人工单价

目前，根据劳务市场行情确定人工单价已经成为计算工程劳务费的主流，这是社会主义市场经济发展的必然结果。根据劳务市场行情确定人工单价应注意以下几个方面的问题。

1）要尽可能掌握劳动力市场价格中长期历史资料，这对于我们以后采用数学模型预测人工单价成为可能。

2）在确定人工单价时要考虑用工的季节性变化。当大量聘用农民工时，要考虑农忙季节时人工单价的变化。

3）在确定人工单价时要采用加权平均的方法综合各劳务市场的劳动力单价。

4）要分析拟建工程的工期对人工单价的影响。如果工期紧，那么人工单价按正常情况确定后要乘以大于1的系数。如果工期有拖长的可能，那么也要考虑工期延长带来的风险。

根据劳务市场行情确定人工单价的数学模型描述如下：

$$人工单价 = \sum_{i=1}^{n}（某劳务市场人工单价 \times 权重）_i \times 季节变化系数 \times 工期风险系数 \quad (4\text{-}1)$$

（2）根据以往承包工程的情况确定

如果在本地以往承包过同类工程，可以根据以往承包的情况确定人工单价。

（3）根据预算定额规定的工日单价确定

凡是分部分项工程项目含有基价的预算定额，都明确规定了人工单价，我们可以以此为依据确定拟投标工程的人工单价。

4.3　材料单价的编制

4.3.1　材料单价的定义

材料单价是指材料从采购起运到工地仓库或堆放场地后的出库价格。

4.3.2　材料单价的构成

由于其采供和供货方式不同，构成材料单价的费用也不相同。一般包括以下三种。

（1）材料供货到工地现场

当材料供应商将材料供货到施工现场或施工现场的仓库时，材料单价由材料原价和采购保管费构成。

（2）在供货地点采购材料

当需要派人到供货地点采购材料时，材料单价由材料原价、运杂费和采购保管费构成。

（3）需二次加工的材料

当某些材料采购回来后，还需要进一步加工的，材料单价除了上述费用外，还包括二次加工费。

4.3.3 材料原价的确定

材料原价是指付给材料供应商的材料单价。当某种材料有两个或两个以上的材料供应商供货且材料原价不同时，要计算加权平均材料原价。

加权平均材料原价的计算公式如下：

$$加权平均材料原价 = \frac{\sum\limits_{i=1}^{n}(材料原价 \times 材料数量)_i}{\sum\limits_{i=1}^{n}(材料数量)_i} \tag{4-2}$$

式中　i——是指不同的材料供应商。

包装费及手续费均已包含在材料原价中。

4.3.4 材料运杂费计算

材料运杂费是指在材料采购后运回工地仓库所发生的各项费用。包括装卸费、运输费和合理的运输损耗费等。

材料装卸费按行业市场价支付。

材料运输费按行业运输价格计算，若供货来源地点不同且供货数量不同时，需要计算加权平均运输费。其计算公式为

$$加权平均运输费 = \frac{\sum\limits_{i=1}^{n}(运输单价 \times 材料数量)_i}{\sum\limits_{i=1}^{n}(材料数量)_i} \tag{4-3}$$

材料运输损耗费是指在运输和装卸材料过程中，不可避免产生的损耗所发生的费用，一般按下列公式计算：

$$材料运输损耗费 = （材料原价 + 装卸费 + 运输费）\times 运输损耗率 \tag{4-4}$$

4.3.5 材料采购保管费计算

材料采购保管费是指施工企业在组织采购材料和保管材料过程中发生的各项费用。包括采购人员的工资、差旅交通费、通讯费、业务费、仓库保管费等各项费用。

采购保管费一般按前面计算的与材料有关的各项费用之和乘以一定的费率计算，通常取1%~3%。计算公式为：

$$材料采购保管费 = （材料原价 + 运杂费）\times 采购保管费率 \tag{4-5}$$

4.3.6 材料单价确定

通过上述分析，我们知道，材料单价的计算公式为：

$$材料单价 = 加权平均价格 + 加权平均材料运杂费 + 采购保管费 \tag{4-6}$$

或

$$材料单价 = （加权平均材料原价 + 加权平均材料运杂费）\times（1 + 采购保管费率） \tag{4-7}$$

4.4 综合单价的编制

4.4.1 综合单价的定义

综合单价是相对各分项单价而言，是在分部分项清单工程量以及相对应的计价工程量项目乘以人工单价、材料单价、机械台班单价、管理费费率、利润率的基础上综合而成的。形成综合单价的过程不是简单地将其汇总的过程，而是根据具体分部分项清单工程量和计价工

程量以及工料机单价等要素的结合，通过具体计算后综合而成的。

4.4.2　确定综合单价的数学模型

我们知道，清单工程量乘以综合单价等于该清单工程量对应各计价工程量发生的全部人工费、材料费、机械费、管理费、利润、风险费之和。其数学模型如下：

$$
\begin{aligned}
清单工程量 \times 综合单价 = \Big[& \sum_{i=1}^{n} (计价工程量 \times 定额用工量 \times 人工单价)_i \\
& + \sum_{j=1}^{n} (计价工程量 \times 定额材料量 \times 材料单价)_j \\
& + \sum_{k=1}^{n} (计价工程量 \times 定额台班量 \times 台班单价)_k \Big] \\
& \times (1 + 管理费率) \times (1 + 利润率) \times (1 + 风险率)
\end{aligned} \tag{4-8}
$$

上述公式整理后，变为综合单价的数学模型，如下：

$$
\begin{aligned}
综合单价 = \Big\{ \Big[& \sum_{i=1}^{n} (计价工程量 \times 定额用工量 \times 人工单价)_i \\
& + \sum_{j=1}^{n} (计价工程量 \times 定额材料量 \times 材料单价)_j \\
& + \sum_{k=1}^{n} (计价工程量 \times 定额台班量 \times 台班单价)_k \Big] \\
& \times (1 + 管理费率) \times (1 + 利润率) \times (1 + 风险率) \Big\} \\
& \div 清单工程量
\end{aligned} \tag{4-9}
$$

4.4.3　综合单价计算方法

综合单价的计算过程是，先用计价工程量乘以定额消耗量得出工料机消耗量，再乘以对应的工料机单价得出主项和附项直接费，然后再计算出计价工程量清单项目费小计，最后再用该小计除以清单工程量得出综合单价，如图 4-1 所示。

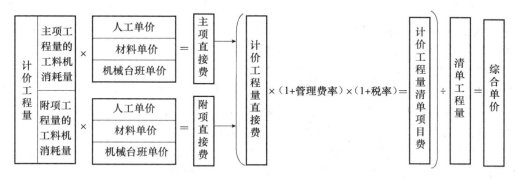

图 4-1　综合单价计算方法示意图

4.5　措施项目清单编制

4.5.1　措施项目费的定义

措施项目费是指工程量清单中，除分部分项工程量清单项目费以外，为保证工程顺利进行，按照国家现行规定的建设工程施工及验收规范、规程要求，必须配套的工程内容所需的费用。例如，临时设施费、脚手架搭拆费等。

4.5.2　措施项目费计算方法

措施项目费的计算方法一般有以下几种：

（1）定额分析法

定额分析法是指，凡是可以套用定额的项目，通过先计算工程量，然后再套用定额分析出工料机消耗量，最后根据各项单价和费率计算出措施项目费的方法。例如，脚手架搭拆费可以根据施工图算出的搭设的工程量，然后套用定额、选定单价和费率，计算出除规费和税金之外的全部费用。

（2）系数计算法

系数计算法是采用与措施项目有直接关系的分部分项清单项目费为计算基础，乘以措施项目费系数，求得措施项目费。例如，临时设施费可以按分部分项清单项目费乘以选定的系数（或百分率）计算出该项费用。计算措施项目费的各项系数是根据已完工程的统计资料，通过分析计算得到的。

（3）方案分析法

方案分析法是通过编制具体的措施实施方案，对方案所涉及的各项费用进行分析计算后，汇总成某个措施项目费。

4.6　其他项目清单编制

4.6.1　其他项目清单的定义

其他项目费是指暂列金额、暂估价（材料暂估单价、专业工程暂估价）、总承包服务费、计日工等估算金额的总和，包括人工费、材料费、机械台班费、管理费、利润和风险费。

4.6.2　其他项目费的确定

其他项目费由招标人部分、投标人部分两部分内容组成。

4.6.2.1　招标人部分

（1）暂列金额

暂列金额主要指考虑可能发生的工程量变化和费用增加而预留的金额。引起工程量变化和费用增加的原因很多，一般主要有以下几个方面：

1）清单编制人员错算、漏算引起的工程量增加。

2）设计深度不够、设计质量较低造成的设计变更引起的工程量增加。

3）在施工过程中应业主要求，经设计或监理工程师同意的工程变更增加的工程量。

4）其他原因引起应由业主承担的增加费用，如风险费用和索赔费用。

暂列金额由清单编制人根据业主意图和拟建工程实际情况计算确定。设计质量较高，已成熟的工程设计，一般预留工程造价的3%～5%作为暂列金额。在初步设计阶段，工程设计不成熟，一般要暂列工程造价的10%～15%作为暂列金额。

暂列金额作为工程造价的组成部分计入工程造价。但暂列金额应根据发生的情况和必须通过监理工程师批准方能使用。未使用部分归业主所有。

（2）暂估价

暂估价包括材料暂估单价和专业工程暂估单价两部分。

暂估价是招标人在工程量清单中提供的用于支付必然发生但暂时不能确定价格的材料的单价以及专业工程的金额。

（3）其他

其他系指招标人可增加的新项目。例如，指定分包工程费，即由于某些项目或单位工程专业性较强，必须由专业队伍施工，就需要增加该项费用。其费用数额应通过向专业施工承包商询价（或招标）确定。

4.6.2.2 投标人部分

工程量清单计价规范中列举了总承包服务费、计日工两项内容。如果招标文件对承包商的工作内容还有其他要求，也应列出项目。例如，机械设备的场外运输，为业主代培技术工人等。

投标人部分的清单内容设置，除总承包服务费只需简单列项外，其他项目应该量化描述。例如，设备场外运输时，需要标明台数、每台的规格、重量、运距等。又如，计日工要表明各类人工、材料、机械的消耗量。

上岗工作要点

1. 了解计价工程量的计算方法。
2. 在实际工作中，掌握人工单价、材料单价和综合单价的编制方法。
3. 在实际工作中，了解措施项目清单的编制方法。

思 考 题

4-1　计价工程量确定的意义是什么？

4-2　人工单价的内容包括哪些？

4-3　人工单价的编制方法主要有哪几个方面？

4-4　综合单价的定义是什么？

4-5　措施项目费的计算方法有哪些？

4-6　引起工程量变化和费用增加的原因很多，一般主要有哪些方面？

4-7　材料采购保管费的定义以及其计算公式是什么？

第5章 建筑工程工程量清单计价编制

重 点 提 示

掌握土石方工程，桩与地基基础工程，砌筑工程，混凝土及钢筋混凝土工程，金属结构工程，木结构工程，门窗工程，屋面及防水工程以及保温、防腐、隔热工程的工程量清单项目设置及工程量计算规则以及它们在实际工程中的应用。

5.1 土石方工程

5.1.1 土方工程

1. 平整场地（项目编码：010101001，计量单位：m^2）

（1）工程内容

平整场地的工程内容包括：土方挖填、场地找平、运输。

（2）项目特征

平整场地的项目特征包括：土壤类别、弃土运距、取土运距。

（3）计算规则

按设计图示尺寸以建筑物首层面积计算。

2. 挖一般土方（项目编码：010101002，计量单位：m^3）

（1）工程内容

挖一般土方的工程内容包括：排地表水、土方开挖、围护（挡土板）及拆除、基底钎探、运输。

（2）项目特征

挖一般土方的项目特征包括：土壤类别、挖土深度、弃土运距。

（3）计算规则

按设计图示尺寸以体积计算。

3. 挖沟槽土方（项目编码：010101003，计量单位：m^3）

（1）工程内容

挖沟槽土方的工程内容包括：排地表水、土方开挖、围护（挡土板）及拆除、基底钎探、运输。

（2）项目特征

挖沟槽土方的项目特征包括：土壤类别、挖土深度、弃土运距。

（3）计算规则

按设计图示尺寸以基础垫层底面积乘以挖土深度计算。

4. 挖基坑土方（项目编码：010101004，计量单位：m^3）

（1）工程内容

挖基坑土方的工程内容包括：排地表水、土方开挖、围护（挡土板）及拆除、基底钎探、运输。

（2）项目特征

挖基坑土方的项目特征包括：土壤类别、挖土深度、弃土运距。

（3）计算规则

按设计图示尺寸以基础垫层底面积乘以挖土深度计算。

5. 冻土开挖（项目编码：010101005，计量单位：m³）

（1）工程内容

冻土开挖的工程内容包括：爆破、开挖、清理、运输。

（2）项目特征

冻土开挖的项目特征包括：冻土厚度、弃土运距。

（3）计算规则

按设计图示尺寸开挖面积乘厚度以体积计算。

6. 挖淤泥、流砂（项目编码：010101006，计量单位：m³）

（1）工程内容

挖淤泥、流砂的工程内容包括：开挖、运输。

（2）项目特征

挖淤泥、流砂的项目特征包括：挖掘深度，弃淤泥、流砂距离。

（3）计算规则

按设计图示位置、界限以体积计算。

7. 管沟土方（项目编码：010101007，计量单位：m／m³）

（1）工程内容

管沟土方的工程内容包括：排地表水，土方开挖，围护（挡土板）、支撑，运输，回填。

（2）项目特征

管沟土方的项目特征包括：土壤类别、管外径、挖沟深度、回填要求。

（3）计算规则

1）以米计量，按设计图示以管道中心线长度计算。

2）以立方米计量，按设计图示管底垫层面积乘以挖土深度计算；无管底垫层按管外径的水平投影面积乘以挖土深度计算。不扣除各类井的长度，井的土方并入。

注：1. 挖土方平均厚度应按自然地面测量标高至设计地坪标高间的平均厚度确定。基础土方开挖深度应按基础垫层底表面标高至交付施工场地标高确定，无交付施工场地标高时，应按自然地面标高确定。

2. 建筑物场地厚度≤±300mm的挖、填、运、找平，应按上述平整场地项目编码列项。厚度＞±300mm的竖向布置挖土或山坡切土应按上述挖一般土方项目编码列项。

3. 沟槽、基坑、一般土方的划分为：底宽≤7m且底长＞3倍底宽为沟槽；底长≤3倍底宽且底面积≤150m²为基坑；超出上述范围则为一般土方。

4. 挖土方如需截桩头时，应按桩基工程相关项目列项。

5. 桩间挖土不扣除桩的体积，并在项目特征中加以描述。

6. 弃、取土运距可以不描述，但应注明由投标人根据施工现场实际情况自行考虑，决定报价。

7. 土壤的分类应按土壤分类表确定，如土壤类别不能准确划分时，招标人可注明为综合，由投标人根据地勘报告决定报价。

8. 土方体积应按挖掘前的天然密实体积计算。非天然密实土方应按土方体积折算系数表折算。

9. 挖沟槽、基坑、一般土方因工作面和放坡增加的工程量（管沟工作面增加的工程量）是否并入各土方工程量中，按各省、自治区、直辖市或行业建设主管部门的规定实施，如并入各土方工程量中，办理工程结算时，按经发包人认可的施工组织设计规定计算，编制工程量清单时，可按规定计算。

10. 挖方出现流砂、淤泥时，如设计未明确，在编制工程量清单时，其工程数量可为暂估量，结算时应根据实际情况由发包人与承包人双方现场签证确认工程量。

11. 管沟土方项目适用于管道（给排水、工业、电力、通信）、光（电）缆沟〔包括：人（手）孔、接口坑〕及连接井（检查井）等。

5.1.2 石方工程

1. 挖一般石方（项目编码：010102001，计量单位：m³）

（1）工程内容

挖一般石方的工程内容包括：排地表水、凿石、运输。

（2）项目特征

挖一般石方的项目特征包括：岩石类别、开凿深度、弃碴运距。

（3）计算规则

按设计图示尺寸以体积计算。

2. 挖沟槽石方（项目编码：010102002，计量单位：m³）

（1）工程内容

挖沟槽石方的工程内容包括：排地表水、凿石、运输。

（2）项目特征

挖沟槽石方的项目特征包括：岩石类别、开凿深度、弃碴运距。

（3）计算规则

按设计图示尺寸沟槽底面积乘以挖石深度以体积计算。

3. 挖基坑石方（项目编码：010102003，计量单位：m³）

（1）工程内容

挖基坑石方的工程内容包括：排地表水、凿石、运输。

（2）项目特征

挖基坑石方的项目特征包括：岩石类别、开凿深度、弃碴运距。

（3）计算规则

按设计图示尺寸基坑底面积乘以挖石深度以体积计算。

4. 挖管沟石方（项目编码：010102004，计量单位：m/m³）

（1）工程内容

挖管沟石方的工程内容包括：排地表水、凿石、回填、运输。

（2）项目特征

挖管沟石方的项目特征包括：岩石类别、管外径、挖沟深度。

（3）计算规则

1）以米计量，按设计图示以管道中心线长度计算。

2）以立方米计量，按设计图示截面积乘以长度计算。

注：1. 挖石应按自然地面测量标高至设计地坪标高的平均厚度确定。基础石方开挖深度应按基础垫层

底表面标高至交付施工现场地标高确定，无交付施工场地标高时，应按自然地面标高确定。

2. 厚度 > ±300mm 的竖向布置挖石或山坡凿石应按上述挖一般石方项目编码列项。

3. 沟槽、基坑、一般石方的划分为：底宽≤7m 且底长 >3 倍底宽为沟槽；底长≤3 倍底宽且底面积≤150m² 为基坑；超出上述范围则为一般石方。

4. 弃碴运距可以不描述，但应注明由投标人根据施工现场实际情况自行考虑，决定报价。

5. 岩石的分类应按岩石分类表确定。

6. 石方体积应按挖掘前的天然密实体积计算。非天然密实石方应按石方体积折算系数表折算。

7. 管沟石方项目适用于管道（给排水、工业、电力、通信）、光（电）缆沟［包括：人（手）孔、接口坑］及连接井（检查井）等。

5.1.3 土石方回填

1. 回填方（项目编码：010103001，计量单位：m³）

（1）工程内容

回填方的工程内容包括：运输、回填、压实。

（2）项目特征

回填方的项目特征包括：密实度要求，填方材料品种，填方粒径要求，填方来源、运距。

（3）计算规则

按设计图示尺寸以体积计算

1）场地回填：回填面积乘平均回填厚度

2）室内回填：主墙间面积乘回填厚度，不扣除间隔墙

3）基础回填：挖方清单项目工程量减去自然地坪以下埋设的基础体（包括基础垫层及其他构筑物）。

2. 余方弃置（项目编码：010103002，计量单位：m³）

（1）工程内容

余方弃置的工程内容包括：余方点装料运输至弃置点。

（2）项目特征

余方弃置的项目特征包括：废弃料品种、运距。

（3）计算规则

按挖方清单项目工程量减利用回填方体积（正数）计算

注：1. 填方密实度要求，在无特殊要求情况下，项目特征可描述为满足设计和规范的要求。

2. 填方材料品种可以不描述，但应注明由投标人根据设计要求验方后方可填入，并符合相关工程的质量规范要求。

3. 填方粒径要求，在无特殊要求情况下，项目特征可以不描述。

4. 如需买土回填应在项目特征填方来源中描述，并注明买土方数量。

【例 5-1】 某建筑物基础的平面图、剖面图见图 5-1，已知室外设计地坪以下工程量：垫层体积 2.4m³，砖基础体积 16.24m³。计算该建筑物平整场地、挖土方、回填土、房心回填土、余（亏）土运输工程量（不考虑挖填土方的运输）。图中尺寸以 mm 计量。放坡系数 $K = 0.33$，工作面宽度 $c = 300$mm。

解：平整场地面积

$$F = (a + 4) \times (b + 4) = (3.4 \times 2 + 0.24 + 4) \times (6.375 + 0.24 + 4) = 117.19 (\text{m}^2)$$

挖地槽体积（按垫层下表面放坡计算）

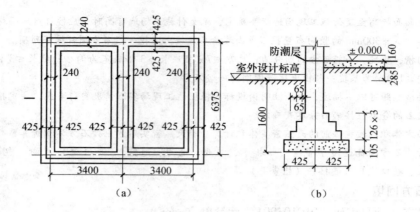

图 5-1　基础平面图、剖面图

(a) 基础平面图；(b) 剖面图

$$V_1 = H(a + 2c + KH)L$$
$$= 1.6 \times (0.85 + 2 \times 0.3 + 0.33 \times 1.6) \times \left[(6.425 + 6.375) \times 2 + (6.375 - 0.425 \times 2) \right]$$
$$= 98.36(\text{m}^3)$$

基础回填土体积

$$V_2 = 挖土体积 - 室外地坪以下埋设的砌筑量$$
$$= 98.36 - 2.4 - 16.24$$
$$= 79.72(\text{m}^3)$$

房心回填土体积

$$V_3 = 室内地面面积 \times h$$
$$= (3.4 - 0.24) \times (6.375 - 0.24) \times 2 \times 0.285$$
$$= 11.05(\text{m}^3)$$

余（亏）土运输体积

$$V_4 = 挖土体积 - 基础回填土体积 - 房心回填土体积$$
$$= 98.36 - 79.72 - 11.05$$
$$= 7.59(\text{m}^3)$$

【例 5-2】　图 5-2 为某建筑平面图，墙体厚 240mm，台阶上部雨篷伸出宽度与阳台一致，阳台是全封闭。按要求平整场地，土壤类别为 Ⅲ 类（坚土）大部分场地挖填找平厚度在 ±30cm 以内，就地找平，但局部有 23m² 挖土，平均厚度为 50cm，有 5m 弃土运输。计算人工平整场地工程量。

解：分析

$$简单图形(矩形): 长 \times 宽 = \text{m}^2 \tag{5-1}$$
$$复杂图形: S_1 = \text{m}^2 \tag{5-2}$$
$$部分地区: S_1 + L_外 \times 2 + 16 = \text{m}^2 \tag{5-3}$$

式中　长、宽——底层平面图外边线的长与宽（m）；

　　　S_1——一层（底层）建筑面积（基本数据）（m²）；

　　　$L_外$——一层外墙外边线长（基本数据）（m）；

　　　16——四个角的面积：$2 \times 2 \times 4 = 16$（m²）。

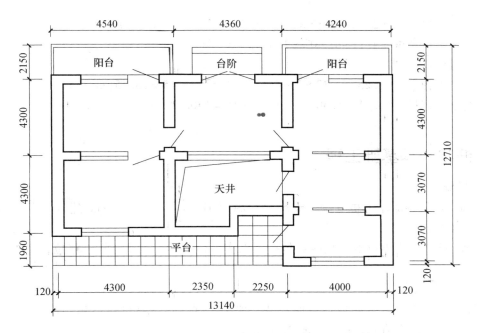

图 5-2　某建筑平面图

人工平整场地工程量

$$S = (13.14 + 4.00) \times (12.71 + 4.00) - (4.36 - 4.00) \times (2.15 - 0.12)$$
$$- (4.30 + 2.35 + 2.25) \times (1.96 - 0.12)$$
$$= 269.30(\text{m}^2)$$

用统筹计算方法如下：

人工平整场地工程量

$$S = 13.14 \times 12.71 - 4.36 \times (2.15 - 0.12) - (4.3 + 2.35 + 2.25) \times (1.96 - 0.12)$$
$$+ (13.14 + 12.71 + 2.15 - 0.12) \times 2 \times 2 + 16$$
$$= 269.30(\text{m}^2)$$

【例 5-3】　一地坑示意图如图 5-3 所示，计算挖该地坑二、三类土的工程量。

解： 分析

采用加权平均法计算放坡系数，二类土放坡系数为 1:0.5，放坡起点 1.2m；三类土放坡系数为 1:0.33，放坡起点为 1.5m，加权平均放坡系数

$$= \frac{\sum\limits_{j=1}^{n} f_i x_j}{\sum\limits_{i=1}^{n} x_i} = \frac{f_1 x_1 + f_2 x_2 + \cdots + f_n x_n}{x_1 + x_2 \cdots + x_n}$$

$$= \frac{0.5 \times 1.5 + 0.33 \times 1.8}{1.5 + 1.8} = 0.407$$

断面计算：

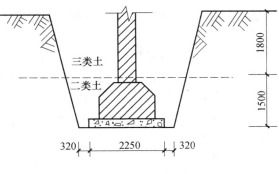

图 5-3　某地坑示意图

81

二类土上口宽度 = 2.25 + 0.32 × 2 + 0.407 × 1.5 × 2 = 4.11(m)

三类土上口宽度 = 4.11 + 0.407 × 1.8 × 2 = 5.58(m)

工程量计算：

二类土工程量 = (2.25 + 0.32 × 2 + 4.11) × 1.5 ÷ 2 × 15 = 78.75(m³)

三类土工程量 = (4.11 + 5.58) × 1.8 ÷ 2 × 15 = 130.82(m³)

5.2 桩与地基基础工程

5.2.1 打桩

1. 预制钢筋混凝土方桩（项目编码：010301001，计量单位：m/m³/根）

（1）工程内容

预制钢筋混凝土方桩的工程内容包括：工作平台搭拆，桩机竖拆、移位，沉桩，接桩，送桩。

（2）项目特征

预制钢筋混凝土方桩的项目特征包括：地层情况，送桩深度、桩长，桩截面，桩倾斜度，沉桩方法，接桩方式，混凝土强度等级。

（3）计算规则

1）以米计量，按设计图示尺寸以桩长（包括桩尖）计算。

2）以立方米计量，按设计图示截面积乘以桩长（包括桩尖）以实体积计算。

3）以根计量，按设计图示数量计算。

2. 预制钢筋混凝土管桩（项目编码：010301002，计量单位：m/m³/根）

（1）工程内容

预制钢筋混凝土管桩的工程内容包括：工作平台搭拆，桩机竖拆、移位，沉桩，接桩，送桩，桩尖制作安装，填充材料、刷防护材料。

（2）项目特征

预制钢筋混凝土管桩的项目特征包括：地层情况，送桩深度、桩长，桩外径、壁厚，桩倾斜度，沉桩方法，桩尖类型，混凝土强度等级，填充材料种类，防护材料种类。

（3）计算规则

1）以米计量，按设计图示尺寸以桩长（包括桩尖）计算。

2）以立方米计量，按设计图示截面积乘以桩长（包括桩尖）以实体积计算。

3）以根计量，按设计图示数量计算。

3. 钢管桩（项目编码：010301003，计量单位：t/根）

（1）工程内容

钢管桩的工程内容包括：工作平台搭拆，桩机竖拆、移位，沉桩，接桩，送桩，切割钢管、精割盖帽，管内取土，填充材料、刷防护材料。

（2）项目特征

钢管桩的项目特征包括：地层情况，送桩深度、桩长，材质，管径、壁厚，桩倾斜度，沉桩方法，填充材料种类，防护材料种类。

（3）计算规则

1）以吨计量，按设计图示尺寸以质量计算。

2）以根计量，按设计图示数量计算。

4. 截（凿）桩头（项目编码：010301004，计量单位：m^3/根）

（1）工程内容

截（凿）桩头的工程内容包括：截桩头、凿平、废料外运。

（2）项目特征

截（凿）桩头的项目特征包括：桩类型，桩头截面、高度，混凝土强度等级，有无钢筋。

（3）计算规则

1）以立方米计量，按设计桩截面乘以桩头长度以体积计算。

2）以根计量，按设计图示数量计算。

注：1. 地层情况按规定，并根据岩土工程勘察报告按单位工程各地层所占比例（包括范围值）进行描述。对无法准确描述的地层情况，可注明由投标人根据岩土工程勘察报告自行决定报价。

2. 项目特征中的桩截面、混凝土强度等级、桩类型等可直接用标准图代号或设计桩型进行描述。

3. 预制钢筋混凝土方桩、预制钢筋混凝土管桩项目以成品桩编制，应包括成品桩购置费，如果用现场预制，应包括现场预制桩的所有费用。

4. 打试验桩和打斜桩应按相应项目单独列项，并应在项目特征中注明试验桩或斜桩（斜率）。

5. 预制钢筋混凝土管桩桩顶与承台的连接构造按混凝土及钢筋混凝土工程相关项目列项。

5.2.2 灌注桩

1. 泥浆护壁成孔灌注桩（项目编码：010302001，计量单位：m/m^3/根）

（1）工程内容

泥浆护壁成孔灌注桩的工程内容包括：护筒埋设，成孔、固壁，混凝土制作、运输、灌注、养护，土方，废泥浆外运，打桩场地硬化及泥浆池、泥浆沟。

（2）项目特征

泥浆护壁成孔灌注桩的项目特征包括：地层情况，空桩长度、桩长，桩径，成孔方法，护筒类型、长度，混凝土种类、强度等级。

（3）计算规则

1）以米计量，按设计图示尺寸以桩长（包括桩尖）计算。

2）以立方米计量，按不同截面在桩上范围内以体积计算。

3）以根计量，按设计图示数量计算。

2. 沉管灌注桩（项目编码：010302002，计量单位：m/m^3/根）

（1）工程内容

沉管灌注桩的工程内容包括：打（沉）拔钢管，桩尖制作、安装，混凝土制作、运输、灌注、养护。

（2）项目特征

沉管灌注桩的项目特征包括：地层情况，空桩长度、桩长，复打长度，桩径，沉管方法，桩尖类型，混凝土种类、强度等级。

（3）计算规则

1）以米计量，按设计图示尺寸以桩长（包括桩尖）计算。

2）以立方米计量，按不同截面在桩上范围内以体积计算。

3）以根计量，按设计图示数量计算。

3. 干作业成孔灌注桩（项目编码：010302003，计量单位：m/m³/根）

（1）工程内容

干作业成孔灌注桩的工程内容包括：成孔、扩孔，混凝土制作、运输、灌注、振捣、养护。

（2）项目特征

干作业成孔灌注桩的项目特征包括：地层情况，空桩长度、桩长，桩径，扩孔直径、高度，成孔方法，混凝土种类、强度等级。

（3）计算规则

1）以米计量，按设计图示尺寸以桩长（包括桩尖）计算。

2）以立方米计量，按不同截面在桩上范围内以体积计算。

3）以根计量，按设计图示数量计算。

4. 挖孔桩土（石）方（项目编码：010302004，计量单位：m³）

（1）工程内容

挖孔桩土（石）方的工程内容包括：排地表水，挖土、凿石，基底钎探，运输。

（2）项目特征

挖孔桩土（石）方的项目特征包括：地层情况、挖孔深度、弃土（石）运距。

（3）计算规则

按设计图示尺寸（含护壁）截面积乘以挖孔深度以立方米计算。

5. 人工挖孔灌注桩（项目编码：010302005，计量单位：m³/根）

（1）工程内容

人工挖孔灌注桩的工程内容包括：护壁制作，混凝土制作、运输、灌注、振捣、养护。

（2）项目特征

人工挖孔灌注桩的项目特征包括：桩芯长度，桩芯直径、扩底直径、扩底高度，护壁厚度、高度，护壁混凝土种类、强度等级，桩芯混凝土种类、强度等级。

（3）计算规则

1）以立方米计量，按桩芯混凝土体积计算。

2）以根计量，按设计图示数量计算。

6. 钻孔压浆桩（项目编码：010302006，计量单位：m/根）

（1）工程内容

钻孔压浆桩的工程内容包括：钻孔、下注浆管、投放骨料、浆液制作、运输、压浆。

（2）项目特征

钻孔压浆桩的项目特征包括：地层情况，空钻长度、桩长，钻孔直径，水泥强度等级。

（3）计算规则

1）以米计量，按设计图示尺寸以桩长计算。

2）以根计量，按设计图示数量计算。

7. 灌注桩后压浆（项目编码：010302007，计量单位：孔）

（1）工程内容

灌注桩后压浆的工程内容包括：注浆导管制作、安装，浆液制作运输、压浆。

（2）项目特征

灌注桩后压浆的项目特征包括：注浆导管材料、规格，注浆导管长度，单孔注浆量，水泥强度等级。

（3）计算规则

按设计图示以注浆孔数计算。

> 注：1. 地层情况按规定，并根据岩土工程勘察报告按单位工程各地层所占比例（包括范围值）进行描述。对无法准确描述的地层情况，可注明由投标人根据岩土工程勘察报告自行决定报价。
> 2. 项目特征中的桩长应包括桩尖，空桩长度＝孔深－桩长，孔深为自然地面至设计桩底的深度。
> 3. 项目特征中的桩截面（桩径）、混凝土强度等级、桩类型等可直接用标准图代号或设计桩型进行描述。
> 4. 泥浆护壁成孔灌注桩是指在泥浆护壁条件下成孔，采用水下灌注混凝土的桩。其成孔方法包括冲击钻成孔、冲抓锥成孔、回旋钻成孔、潜水钻成孔、泥浆护壁的旋挖成孔等。
> 5. 沉管灌注桩的沉管方法包括锤击沉管法、振动沉管法、振动冲击沉管法、内夯沉管法等。
> 6. 干作业成孔灌注桩是指不用泥浆护壁和套管护壁的情况下，用钻机成孔后，下钢筋笼，灌注混凝土的桩，适用于地下水位以上的土层使用。其成孔方法包括螺旋钻成孔、螺旋钻成孔扩底、干作业的旋挖成孔等。
> 7. 混凝土种类：指清水混凝土、彩色混凝土、水下混凝土等，如在同一地区既使用预拌（商品）混凝土，又允许现场搅拌混凝土时，也应注明（下同）。
> 8. 混凝土灌注桩的钢筋笼制作、安装，按混凝土及钢筋混凝土工程相关项目编码列项。

5.2.3　地基处理

1. 换填垫层（项目编码：010201001，计量单位：m^3）

（1）工程内容

换填垫层的工程内容包括：分层铺填，碾压、振密或夯实，材料运输。

（2）项目特征

换填垫层的项目特征包括：材料种类及配比、压实系数、掺加剂品种。

（3）计算规则

按设计图示尺寸以体积计算。

2. 铺设土工合成材料（项目编码：010201002，计量单位：m^2）

（1）工程内容

铺设土工合成材料的工程内容包括：挖填锚固沟、铺设、固定、运输。

（2）项目特征

铺设土工合成材料的项目特征包括：部位、品种、规格。

（3）计算规则

按设计图示尺寸以面积计算。

3. 预压地基（项目编码：010201003，计量单位：m^2）

（1）工程内容

预压地基的工程内容包括：设置排水竖井、盲沟、滤水管，铺设砂垫层、密封膜，堆载、卸载或抽气设备安拆、抽真空，材料运输。

（2）项目特征

预压地基的项目特征包括：排水竖井种类、断面尺寸、排列方式、间距、深度，预压方法，预压荷载、时间，砂垫层厚度。

（3）计算规则

按设计图示处理范围以面积计算。

4. 强夯地基 （项目编码：010201004，计量单位：m²）

（1）工程内容

强夯地基的工程内容包括：铺设夯填材料、强夯、夯填材料运输。

（2）项目特征

强夯地基的项目特征包括：夯击能量，夯击遍数，夯击点布置形式、间距，地耐力要求，夯填材料种类。

（3）计算规则

按设计图示处理范围以面积计算。

5. 振冲密实 （不填料） （项目编码：010201005，计量单位：m²）

（1）工程内容

振冲密实 （不填料） 的工程内容包括：振冲加密、泥浆运输。

（2）项目特征

振冲密实 （不填料） 的项目特征包括：地层情况、振密深度、孔距。

（3）计算规则

按设计图示处理范围以面积计算。

6. 振冲桩 （填料） （项目编码：010201006，计量单位：m/m³）

（1）工程内容

振冲桩 （填料） 的工程内容包括：振冲成孔、填料、振实，材料运输，泥浆运输。

（2）项目特征

振冲桩 （填料） 的项目特征包括：地层情况，空桩长度、桩长，桩径，填充材料种类。

（3）计算规则

1）以米计量，按设计图示尺寸以桩长计算。

2）以立方米计量，按设计桩截面乘以桩长以体积计算。

7. 砂石桩 （项目编码：010201007，计量单位：m/m³）

（1）工程内容

砂石桩的工程内容包括：成孔，填充、振实，材料运输。

（2）项目特征

砂石桩的项目特征包括：地层情况，空桩长度、桩长，桩径，成孔方法，材料种类、级配。

（3）计算规则

1. 以米计量，按设计图示尺寸以桩长 （包括桩尖） 计算。

2. 以立方米计量，按设计桩截面乘以桩长 （包括桩尖） 以体积计算。

8. 水泥粉煤灰碎石桩 （项目编码：010201008，计量单位：m）

（1）工程内容

水泥粉煤灰碎石桩的工程内容包括：成孔，混合料制作、灌注、养护，材料运输。

（2）项目特征

水泥粉煤灰碎石桩的项目特征包括：地层情况，空桩长度、桩长，桩径，成孔方法，混合料强度等级。

（3）计算规则

按设计图示尺寸以桩长 （包括桩尖） 计算。

9. 深层搅拌桩（项目编码：010201009，计量单位：m）

（1）工程内容

深层搅拌桩的工程内容包括：预搅下钻、水泥浆制作、喷浆搅拌提升成桩，材料运输。

（2）项目特征

深层搅拌桩的项目特征包括：地层情况，空桩长度、桩长，桩截面尺寸，水泥强度等级、掺量。

（3）计算规则

按设计图示尺寸以桩长计算。

10. 粉喷桩（项目编码：010201010，计量单位：m）

（1）工程内容

粉喷桩的工程内容包括：预搅下钻、喷粉搅拌提升成桩，材料运输。

（2）项目特征

粉喷桩的项目特征包括：地层情况，空桩长度、桩长，桩径，粉体种类、掺量，水泥强度等级、石灰粉要求。

（3）计算规则

按设计图示尺寸以桩长计算。

11. 夯实水泥土桩（项目编码：010201011，计量单位：m）

（1）工程内容

夯实水泥土桩的工程内容包括：成孔、夯底，水泥土拌合、填料、夯实，材料运输。

（2）项目特征

夯实水泥土桩的项目特征包括：地层情况，空桩长度、桩长，桩径，成孔方法，水泥强度等级，混合料配比。

（3）计算规则

按设计图示尺寸以桩长（包括桩尖）计算。

12. 高压喷射注浆桩（项目编码：010201012，计量单位：m）

（1）工程内容

高压喷射注浆桩的工程内容包括：成孔，水泥浆制作、高压喷射注浆，材料运输。

（2）项目特征

高压喷射注浆桩的项目特征包括：地层情况，空桩长度、桩长，桩截面，注浆类型、方法，水泥强度等级。

（3）计算规则

按设计图示尺寸以桩长计算。

13. 石灰桩（项目编码：010201013，计量单位：m）

（1）工程内容

石灰桩的工程内容包括：成孔，混合料制作、运输、夯填。

（2）项目特征

石灰桩的项目特征包括：地层情况，空桩长度、桩长，桩径，成孔方法，掺和料种类、配合比。

（3）计算规则

按设计图示尺寸以桩长（包括桩尖）计算。

14. 灰土（土）挤密桩（项目编码：010201014，计量单位：m）

（1）工程内容

灰土（土）挤密桩的工程内容包括：成孔，灰土拌和、运输、填充、夯实。

（2）项目特征

灰土（土）挤密桩的项目特征包括：地层情况，空桩长度、桩长，桩径，成孔方法，灰土级配。

（3）计算规则

按设计图示尺寸以桩长（包括桩尖）计算。

15. 柱锤冲扩桩（项目编码：010201015，计量单位：m）

（1）工程内容

柱锤冲扩桩的工程内容包括：安、拔套管，冲孔、填料、夯实，桩体材料制作、运输。

（2）项目特征

柱锤冲扩桩的项目特征包括：地层情况，空桩长度、桩长，桩径，成孔方法，桩体材料种类、配合比。

（3）计算规则

按设计图示尺寸以桩长计算。

16. 注浆地基（项目编码：010201016，计量单位：m/m³）

（1）工程内容

注浆地基的工程内容包括：成孔，注浆导管制作、安装，浆液制作、压浆，材料运输。

（2）项目特征

注浆地基的项目特征包括：地层情况，空钻深度、注浆深度，注浆间距，浆液种类及配比，注浆方法，水泥强度等级。

（3）计算规则

1）以米计量，按设计图示尺寸以钻孔深度计算。

2）以立方米计量，按设计图示尺寸以加固体积计算。

17. 褥垫层（项目编码：010201017，计量单位：m²/m³）

（1）工程内容

褥垫层的工程内容包括：材料拌合、运输、铺设、压实。

（2）项目特征

褥垫层的项目特征包括：厚度，材料品种及比例。

（3）计算规则

1）以平方米计量，按设计图示尺寸以铺设面积计算。

2）以立方米计量，按设计图示尺寸以体积计算。

注：1. 地层情况按规定，并根据岩土工程勘察报告按单位工程各地层所占比例（包括范围值）进行描述。对无法准确描述的地层情况，可注明由投标人根据岩土工程勘察报告自行决定报价。

2. 项目特征中的桩长应包括桩尖，空桩长度＝孔深－桩长，孔深为自然地面至设计桩底的深度。

3. 高压喷射注浆类型包括旋喷、摆喷、定喷，高压喷射注浆方法包括单管法、双重管法、三重管法。

4. 如采用泥浆护壁成孔，工作内容包括土方、废泥浆外运，如采用沉管灌注成孔，工作内容包括桩尖制作、安装。

5.2.4 基坑与边坡支护

1. 地下连续墙（项目编码：010202001，计量单位：m³）

（1）工程内容

地下连续墙的工程内容包括：导墙挖填、制作、安装、拆除，挖土成槽、固壁、清底置换，混凝土制作、运输、灌注、养护，接头处理，土方、废泥浆外运，打桩场地硬化及泥浆池、泥浆沟。

（2）项目特征

地下连续墙的项目特征包括：地层情况，导墙类型、截面，墙体厚度，成槽深度，混凝土类别、强度等级，接头形式。

（3）计算规则

按设计图示墙中心线长乘以厚度乘以槽深以体积计算。

2. 咬合灌注桩（项目编码：010202002，计量单位：m/根）

（1）工程内容

咬合灌注桩的工程内容包括：成孔、固壁，混凝土制作、运输、灌注、养护，套管压拔，土方、废泥浆外运，打桩场地硬化及泥浆池、泥浆沟。

（2）项目特征

咬合灌注桩的项目特征包括：地层情况，桩长，桩径，混凝土类别、强度等级，部位。

（3）计算规则

1）以米计量，按设计图示尺寸以桩长计算。

2）以根计量，按设计图示数量计算。

3. 圆木桩（项目编码：010202003，计量单位：m/根）

（1）工程内容

圆木桩的工程内容包括：工作平台搭拆，桩机移位，桩靴安装，沉桩。

（2）项目特征

圆木桩的项目特征包括：地层情况、桩长、材质、尾径、桩倾斜度。

（3）计算规则

1）以米计量，按设计图示尺寸以桩长（包括桩尖）计算。

2）以根计量，按设计图示数量计算。

4. 预制钢筋混凝土板桩（项目编码：010202004，计量单位：m/根）

（1）工程内容

预制钢筋混凝土板桩的工程内容包括：工作平台搭拆、桩机移位、沉桩、板桩连接。

（2）项目特征

预制钢筋混凝土板桩的项目特征包括：地层情况，送桩深度、桩长，桩截面，沉桩方式，连接方式，混凝土强度等级。

（3）计算规则

1）以米计量，按设计图示尺寸以桩长（包括桩尖）计算。

2）以根计量，按设计图示数量计算。

5. 型钢桩（项目编码：010202005，计量单位：t/根）

（1）工程内容

型钢桩的工程内容包括：工作平台搭拆、桩机移位、打（拔）桩、接桩、刷防护材料。

（2）项目特征

型钢桩的项目特征包括：地层情况或部位，送桩深度、桩长，规格型号，桩倾斜度，防护材料种类，是否拔出。

（3）计算规则

1）以吨计量，按设计图示尺寸以质量计算

2）以根计量，按设计图示数量计算。

6. 钢板桩（项目编码：010202006，计量单位：t/m²）

（1）工程内容

钢板桩的工程内容包括：工作平台搭拆、桩机移位、打拔钢板桩。

（2）项目特征

钢板桩的项目特征包括：地层情况、桩长、板桩厚度。

（3）计算规则

1）以吨计量，按设计图示尺寸以质量计算

2）以平方米计量，按设计图示墙中心线长乘以桩长以面积计算。

7. 锚杆（锚索）（项目编码：010202007，计量单位：m/根）

（1）工程内容

锚杆（锚索）的工程内容包括：钻孔、浆液制作、运输、压浆，锚杆（锚索）制作、安装，张拉锚固，锚杆（锚索）施工平台搭设、拆除。

（2）项目特征

锚杆（锚索）的项目特征包括：地层情况，锚杆（索）类型、部位，钻孔深度，钻孔直径，杆体材料品种、规格、数量，预应力，浆液种类、强度等级。

（3）计算规则

1）以米计量，按设计图示尺寸以钻孔深度计算。

2）以根计量，按设计图示数量计算。

8. 土钉（项目编码：010202008，计量单位：m/根）

（1）工程内容

土钉的工程内容包括：钻孔、浆液制作、运输、压浆，土钉制作、安装，土钉施工平台搭设、拆除。

（2）项目特征

土钉的项目特征包括：地层情况，钻孔深度，钻孔直径，置入方法，杆体材料品种、规格、数量，浆液种类、强度等级。

（3）计算规则

1）以米计量，按设计图示尺寸以钻孔深度计算

2）以根计量，按设计图示数量计算。

9. 喷射混凝土、水泥砂浆（项目编码：010202009，计量单位：m²）

（1）工程内容

喷射混凝土、水泥砂浆的工程内容包括：修整边坡，混凝土（砂浆）制作、运输、喷射、养护，钻排水孔、安装排水管，喷射施工平台搭设、拆除。

（2）项目特征

喷射混凝土、水泥砂浆的项目特征包括：部位，厚度，材料种类，混凝土（砂浆）类

别、强度等级。

（3）计算规则

按设计图示尺寸以面积计算。

10. 钢筋混凝土支撑（项目编码：010202010，计量单位：m³）

（1）工程内容

钢筋混凝土支撑的工程内容包括：模板（支架或支撑）制作、安装、拆除、堆放、运输及清理模内杂物、刷隔离剂等，混凝土制作、运输、浇筑、振捣、养护。

（2）项目特征

钢筋混凝土支撑的项目特征包括：部位、混凝土种类、混凝土强度等级。

（3）计算规则

按设计图示尺寸以体积计算。

11. 钢支撑（项目编码：010202011，计量单位：t）

（1）工程内容

钢支撑的工程内容包括：支撑、铁件制作（摊销、租赁），支撑、铁件安装，探伤，刷漆，拆除，运输。

（2）项目特征

钢支撑的项目特征包括：部位，钢材品种、规格，探伤要求。

（3）计算规则

按设计图示尺寸以质量计算。不扣除孔眼质量，焊条、铆钉、螺栓等不另增加质量。

注：1. 地层情况按规定，并根据岩土工程勘察报告按单位工程各地层所占比例（包括范围值）进行描述。对无法准确描述的地层情况，可注明由投标人根据岩土工程勘察报告自行决定报价。

2. 土钉置入方法包括钻孔置入、打入或射入等。

3. 混凝土种类：指清水混凝土、彩色混凝土等，如在同一地区既使用预拌（商品）混凝土，又允许现场搅拌混凝土时，也应注明（下同）。

4. 地下连续墙和喷射混凝土（砂浆）的钢筋网、咬合灌注桩的钢筋笼及钢筋混凝土支撑的钢筋制作、安装，按混凝土及钢筋混凝土工程相关项目列项。本分部未列的基坑与边坡支护的排桩按桩基工程相关项目列项。水泥土墙、坑内加固按地基处理与边坡支护工程相关项目列项。砖、石挡土墙、护坡按砌筑工程相关项目列项。混凝土挡土墙按混凝土及钢筋混凝土工程中相关项目列项。

【例5-4】 某桩基础示意图如图5-4所示，采用人工挖孔扩底灌注桩，共计150根，计算人工挖孔灌注桩工程量。

解： 分析

$$圆台体积：V_1 = \frac{1}{3}\pi h(R^2 + r^2 + Rr) \qquad (5-4)$$

$$圆柱体积：V_2 = \pi R^2 h \qquad (5-5)$$

$$球缺体积：V_3 = \frac{1}{6}\pi h(3a^2 + h^2) \qquad (5-6)$$

（1）圆台体积：$V_1 = \frac{1}{3} \times 3.1416 \times 1.2 \times (0.6^2 + 0.48^2 + 0.6 \times 0.48) \times 7.2$

$= 7.95 （m^3）$

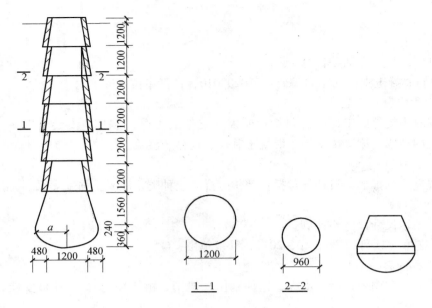

图 5-4　桩基础示意图

（2）扩大部分圆锥台体积：$V_1' = \dfrac{1}{3} \times 3.1416 \times 1.56 \times (0.6^2 + 0.9^2 + 0.6 \times 0.9) \times 1.2$

$= 3.35$（m³）

（3）扩大部分圆柱体积：$V_2 = 3.1416 \times 0.9^2 \times 0.24 = 0.61$（m³）

（4）球缺体积：$V_3 = \dfrac{1}{6} \times 3.1416 \times 0.36 \times (3 \times 0.9^2 + 0.3^2) \times 1.2 = 0.51$（m³）

（5）总体积：$V = (7.95 + 3.35 + 0.61 + 0.51) \times 150 = 1863$（m³）

【例 5-5】　某工程打预制方桩：断面 400mm×400mm，桩 18m（6+6+6），硫磺胶泥接头，承台大样见图 5-5，计算单桩工程量。

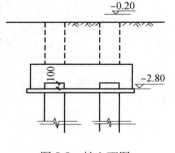

图 5-5　桩立面图

解：分析

已知接头 2 个，送桩深度为：2.8−0.1−0.2 = 2.5（m）

方桩制作：0.4×0.4×18×1.02 = 2.94（m³）

方桩场外运输：0.4×0.4×18×1.019 = 2.93（m³）

方桩场内运输：0.4×0.4×18×1.015 = 2.92（m³）

方桩硫磺胶泥接头：0.4×0.4×2 = 0.32（m³）

打桩：0.4×0.4×18×1.015 = 2.92（m³）

送桩：0.4×0.4×2.5 = 0.4（m³）

【例 5-6】　一工程设计室外地坪 −0.6m，螺旋钻孔灌注混凝土桩，混凝土 C20，共 228 根（其中补桩 30 根，试桩 5 根），根据图 5-6 计算桩成孔（汽车式钻机）、灌注混凝土桩工程量。

解：（1）螺旋钻孔机成孔公式为：V = 实钻孔长×设计桩断面（桩断面不同时分段计算），钻孔体积：V = （圆柱体 + 圆台体 + 倒圆台体）×根数。

圆柱体积 $V_1 = \pi R^2 h$

$= \pi \times (0.41/2)^2 \times (0.66 + 4.08 + 0.305)$

$= 0.666$（m³）

92

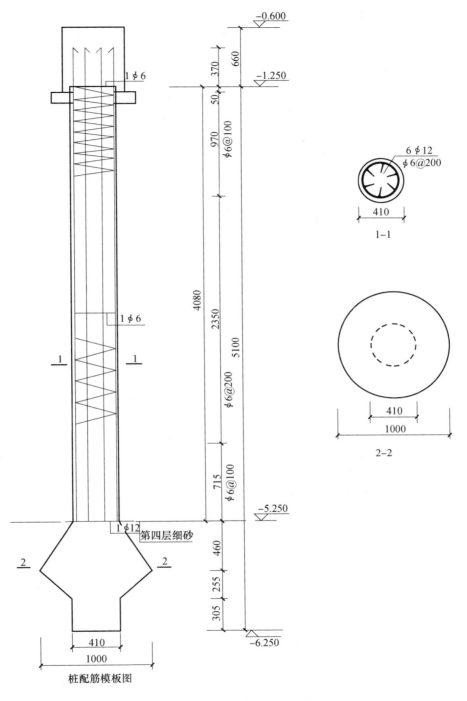

图 5-6　螺旋钻孔灌注混凝土桩

圆台体积 $V_2 = \dfrac{1}{3}\pi h\ (R^2 + r^2 + Rr)$

$\quad = \dfrac{1}{3} \times 3.\,1416 \times 0.\,46 \times\ (0.\,50 \times 0.\,50 + 0.\,205 \times 0.\,205 + 0.\,50 \times 0.\,205)$

$$= 0.188 \ (\text{m}^3)$$

倒圆台体积 $V_3 = \dfrac{1}{3} \times 3.1416 \times 0.255 \times (0.50 \times 0.50 + 0.205 \times 0.205 + 0.50 \times 0.205)$

$$= 0.104 \ (\text{m}^3)$$

螺旋钻孔工程量 $V = (V_1 + V_2 + V_3) \times 193$

$$= (0.666 + 0.188 + 0.104) \times 193$$

$$= 184.89 \ (\text{m}^3)$$

补桩钻孔工程量 $V = 0.899 \times 29 = 26.07 \ (\text{m}^3)$

试桩钻孔工程量 $V = 0.899 \times 6 = 5.39 \ (\text{m}^3)$

（2）钻孔桩灌注混凝土工程量计算公式为 $V =$ （设计桩长 + 0.25） × 设计断面（桩断面不同时分段计算），按图 5-6 计算混凝土灌注工程量：

$$V = （圆柱体 + 圆台体 + 倒圆台体） \times 根数 \tag{5-7}$$

桩圆柱体积 $V_1 = \pi R^2 h$

$$= \pi \times (0.41/2)^2 \times (0.305 + 4.08 + 0.255)$$

$$= 0.612 \ (\text{m}^3)$$

圆台体积 $V_2 = \dfrac{1}{3} \pi h (R^2 + r^2 + Rr)$

$$= \dfrac{1}{3} \times 3.1416 \times 0.46 \times (0.50 \times 0.50 + 0.205 \times 0.205 + 0.50 \times 0.205)$$

$$= 0.188 \ (\text{m}^3)$$

倒圆台体积 $V_3 = \dfrac{1}{3} \times 3.1416 \times 0.255 \times (0.50 \times 0.50 + 0.205 \times 0.205 + 0.50 \times 0.205)$

$$= 0.104 \ (\text{m}^3)$$

C20 混凝土灌注桩工程量 $V = (V_1 + V_2 + V_3) \times 193$

$$= (0.612 + 0.188 + 0.104) \times 193$$

$$= 174.47 \ (\text{m}^3)$$

C20 混凝土灌注桩补桩工程量 $V = 0.849 \times 30 = 25.47 \ (\text{m}^3)$

C20 混凝土灌注桩试桩工程量 $V = 0.849 \times 5 = 4.25 \ (\text{m}^3)$

5.3　砌筑工程

5.3.1　砖砌体

1. 砖基础（项目编码：010401001，计量单位：m³）

（1）工程内容

砖基础的工程内容包括：砂浆制作、运输，砌砖，防潮层铺设，材料运输。

（2）项目特征

砖基础的项目特征包括：砖品种、规格、强度等级，基础类型，砂浆强度等级，防潮层材料种类。

（3）计算规则

按设计图示尺寸以体积计算。包括附墙垛基础宽出部分体积，扣除地梁（圈梁）、构造柱所占体积，不扣除基础大放脚 T 形接头处的重叠部分及嵌入基础内的钢筋、铁件、管道、基础砂浆防潮层和单个面积≤0.3m² 的孔洞所占体积,靠墙暖气沟的挑檐不增加。

基础长度:外墙按外墙中心线,内墙按内墙净长线计算。

2. 砖砌挖孔桩护壁(项目编码:010401002,计量单位:m³)

(1)工程内容

砖砌挖孔桩护壁的工程内容包括:砂浆制作、运输,砌砖,材料运输。

(2)项目特征

砖砌挖孔桩护壁的项目特征包括:砖品种、规格、强度等级,砂浆强度等级。

(3)计算规则

按设计图示尺寸以立方米计算。

3. 实心砖墙(项目编码:010401003,计量单位:m³)

(1)工程内容

实心砖墙的工程内容包括:砂浆制作、运输,砌砖,刮缝,砖压顶砌筑,材料运输。

(2)项目特征

实心砖墙的项目特征包括:砖品种、规格、强度等级,墙体类型,砂浆强度等级、配合比。

(3)计算规则

按设计图示尺寸以体积计算。扣除门窗、洞口、嵌入墙内的钢筋混凝土柱、梁、圈梁、挑梁、过梁及凹进墙内的壁龛、管槽、暖气槽、消火栓箱所占体积,不扣除梁头、板头、檩头、垫木、木楞头、沿缘木、木砖、门窗走头、砖墙内加固钢筋、木筋、铁件、钢管及单个面积≤0.3m² 的孔洞所占的体积。凸出墙面的腰线、挑檐、压顶、窗台线、虎头砖、门窗套的体积亦不增加。凸出墙面的砖垛并入墙体体积内计算。

1)墙长度:外墙按中心线、内墙按净长计算。

2)墙高度:

① 外墙:斜(坡)屋面无檐口天棚者算至屋面板底;有屋架且室内外均有天棚者算至屋架下弦底另加200mm;无天棚者算至屋架下弦底另加300mm,出檐宽度超600mm时按实砌高度计算;与钢筋混凝土楼板隔层者算至板顶。平屋顶算至钢筋混凝土板底。

② 内墙:位于屋架下弦者,算至屋架下弦底;无屋架者算至天棚底另加100mm;有钢筋混凝土楼板隔层者算至楼板顶;有框架梁时算至梁底。

③ 女儿墙:从屋面板上表面算至女儿墙顶面(如有混凝土压顶时算至压顶下表面)。

④ 内、外山墙:按其平均高度计算。

3)框架间墙:不分内外墙按墙体净尺寸以体积计算。

4)围墙:高度算至压顶上表面(如有混凝土压顶时算至压顶下表面),围墙柱并入围墙体积内。

4. 多孔砖墙(项目编码:010401004,计量单位:m³)

(1)工程内容

多孔砖墙的工程内容包括:砂浆制作、运输,砌砖,刮缝,砖压顶砌筑,材料运输。

(2)项目特征

多孔砖墙的项目特征包括:砖品种、规格、强度等级,墙体类型,砂浆强度等级、配合比。

(3)计算规则

按设计图示尺寸以体积计算。扣除门窗、洞口、嵌入墙内的钢筋混凝土柱、梁、圈梁、挑梁、过梁及凹进墙内的壁龛、管槽、暖气槽、消火栓箱所占体积，不扣除梁头、板头、檩头、垫木、木楞头、沿缘木、木砖、门窗走头、砖墙内加固钢筋、木筋、铁件、钢管及单个面积≤0.3m²的孔洞所占的体积。凸出墙面的腰线、挑檐、压顶、窗台线、虎头砖、门窗套的体积亦不增加。凸出墙面的砖垛并入墙体体积内计算。

1) 墙长度：外墙按中心线、内墙按净长计算。

2) 墙高度：

① 外墙：斜（坡）屋面无檐口天棚者算至屋面板底；有屋架且室内外均有天棚者算至屋架下弦底另加200mm；无天棚者算至屋架下弦底另加300mm，出檐宽度超600mm时按实砌高度计算；与钢筋混凝土楼板隔层者算至板顶。平屋顶算至钢筋混凝土板底。

② 内墙：位于屋架下弦者，算至屋架下弦底；无屋架者算至天棚底另加100mm；有钢筋混凝土楼板隔层者算至楼板顶；有框架梁时算至梁底。

③ 女儿墙：从屋面板上表面算至女儿墙顶面（如有混凝土压顶时算至压顶下表面）。

④ 内、外山墙：按其平均高度计算。

3) 框架间墙：不分内外墙按墙体净尺寸以体积计算。

4) 围墙：高度算至压顶上表面（如有混凝土压顶时算至压顶下表面），围墙柱并入围墙体积内。

5. 空心砖墙（项目编码：010401005，计量单位：m³）

（1）工程内容

空心砖墙的工程内容包括：砂浆制作、运输，砌砖，刮缝，砖压顶砌筑，材料运输。

（2）项目特征

空心砖墙的项目特征包括：砖品种、规格、强度等级，墙体类型，砂浆强度等级、配合比。

（3）计算规则

按设计图示尺寸以体积计算。扣除门窗、洞口、嵌入墙内的钢筋混凝土柱、梁、圈梁、挑梁、过梁及凹进墙内的壁龛、管槽、暖气槽、消火栓箱所占体积，不扣除梁头、板头、檩头、垫木、木楞头、沿缘木、木砖、门窗走头、砖墙内加固钢筋、木筋、铁件、钢管及单个面积≤0.3m²的孔洞所占的体积。凸出墙面的腰线、挑檐、压顶、窗台线、虎头砖、门窗套的体积亦不增加。凸出墙面的砖垛并入墙体体积内计算。

1) 墙长度：外墙按中心线、内墙按净长计算。

2) 墙高度：

① 外墙：斜（坡）屋面无檐口天棚者算至屋面板底；有屋架且室内外均有天棚者算至屋架下弦底另加200mm；无天棚者算至屋架下弦底另加300mm，出檐宽度超600mm时按实砌高度计算；与钢筋混凝土楼板隔层者算至板顶。平屋顶算至钢筋混凝土板底。

② 内墙：位于屋架下弦者，算至屋架下弦底；无屋架者算至天棚底另加100mm；有钢筋混凝土楼板隔层者算至楼板顶；有框架梁时算至梁底。

③ 女儿墙：从屋面板上表面算至女儿墙顶面（如有混凝土压顶时算至压顶下表面）。

④ 内、外山墙：按其平均高度计算。

3) 框架间墙：不分内外墙按墙体净尺寸以体积计算。

4) 围墙：高度算至压顶上表面（如有混凝土压顶时算至压顶下表面），围墙柱并入围墙体积内。

6. 空斗墙（项目编码：010401006，计量单位：m³）

（1）工程内容

空斗墙的工程内容包括：砂浆制作、运输，砌砖，装填充料，刮缝，材料运输。

（2）项目特征

空斗墙的项目特征包括：砖品种、规格、强度等级，墙体类型，砂浆强度等级、配合比。

（3）计算规则

按设计图示尺寸以空斗墙外形体积计算。墙角、内外墙交接处、门窗洞口立边、窗台砖、屋檐处的实砌部分体积并入空斗墙体积内。

7. 空花墙（项目编码：010401007，计量单位：m³）

（1）工程内容

空花墙的工程内容包括：砂浆制作、运输，砌砖，装填充料，刮缝，材料运输。

（2）项目特征

空花墙的项目特征包括：砖品种、规格、强度等级，墙体类型，砂浆强度等级、配合比。

（3）计算规则

按设计图示尺寸以空花部分外形体积计算，不扣除空洞部分体积。

8. 填充墙（项目编码：010401008，计量单位：m³）

（1）工程内容

填充墙的工程内容包括：砂浆制作、运输，砌砖，装填充料，刮缝，材料运输。

（2）项目特征

填充墙的项目特征包括：砖品种、规格、强度等级，墙体类型，填充材料种类及厚度，砂浆强度等级、配合比。

（3）计算规则

按设计图示尺寸以填充墙外形体积计算。

9. 实心砖柱（项目编码：010401009，计量单位：m³）

（1）工程内容

实心砖柱的工程内容包括：砂浆制作、运输，砌砖，刮缝，材料运输。

（2）项目特征

实心砖柱的项目特征包括：砖品种、规格、强度等级，柱类型，砂浆强度等级、配合比。

（3）计算规则

按设计图示尺寸以体积计算。扣除混凝土及钢筋混凝土梁垫、梁头、板头所占体积。

10. 多孔砖柱（项目编码：010401010，计量单位：m³）

（1）工程内容

多孔砖柱的工程内容包括：砂浆制作、运输，砌砖，刮缝，材料运输。

（2）项目特征

多孔砖柱的项目特征包括：砖品种、规格、强度等级，柱类型，砂浆强度等级、配合比。

（3）计算规则

按设计图示尺寸以体积计算。扣除混凝土及钢筋混凝土梁垫、梁头、板头所占体积。

11. 砖检查井（项目编码：010401011，计量单位：座）

（1）工程内容

砖检查井的工程内容包括：砂浆制作、运输，铺设垫层，底板混凝土制作、运输、浇筑、振捣、养护，砌砖，刮缝，井池底、壁抹灰，抹防潮层，材料运输。

（2）项目特征

砖检查井的项目特征包括：井截面、深度，砖品种、规格、强度等级，垫层材料种类、厚度，底板厚度，井盖安装，混凝土强度等级，砂浆强度等级，防潮层材料种类。

（3）计算规则

按设计图示数量计算。

12. 零星砌砖（项目编码：010401012，计量单位：$m^3/m^2/m/$个）

（1）工程内容

零星砌砖的工程内容包括：砂浆制作、运输，砌砖，刮缝，材料运输。

（2）项目特征

零星砌砖的项目特征包括：零星砌砖名称、部位，砖品种、规格、强度等级，砂浆强度等级、配合比。

（3）计算规则

1）以立方米计量，按设计图示尺寸截面积乘以长度计算。

2）以平方米计量，按设计图示尺寸水平投影面积计算。

3）以米计量，按设计图示尺寸长度计算。

4）以个计量，按设计图示数量计算。

13. 砖散水、地坪（项目编码：010401013，计量单位：m^2）

（1）工程内容

砖散水、地坪的工程内容包括：土方挖、运、填，地基找平、夯实，铺设垫层，砌砖散水、地坪，抹砂浆面层。

（2）项目特征

砖散水、地坪的项目特征包括：砖品种、规格、强度等级，垫层材料种类、厚度，散水、地坪厚度，面层种类、厚度，砂浆强度等级。

（3）计算规则

按设计图示尺寸以面积计算。

14. 砖地沟、明沟（项目编码：010401014，计量单位：m）

（1）工程内容

砖地沟、明沟的工程内容包括：土方挖、运、填，铺设垫层，底板混凝土制作、运输、浇筑、振捣、养护，砌砖，刮缝、抹灰，材料运输。

（2）项目特征

砖地沟、明沟的项目特征包括：砖品种、规格、强度等级，沟截面尺寸，垫层材料种类、厚度，混凝土强度等级，砂浆强度等级。

（3）计算规则

以米计量，按设计图示以中心线长度计算。

注：1.“砖基础”项目适用于各种类型砖基础：柱基础、墙基础、管道基础等。

　　2. 基础与墙（柱）身使用同一种材料时，以设计室内地面为界（有地下室者，以地下室室内设计地面为界），以下为基础，以上为墙（柱）身。基础与墙身使用不同材料时，位于设计室内地面高度≤±300mm时，以不同材料为分界线，高度＞±300mm时，以设计室内地面为分界线。

　　3. 砖围墙以设计室外地坪为界，以下为基础，以上为墙身。

　　4. 框架外表面的镶贴砖部分，按零星项目编码列项。

　　5. 附墙烟囱、通风道、垃圾道应按设计图示尺寸以体积（扣除孔洞所占体积）计算并入所依附的墙体体积内。当设计规定孔洞内需抹灰时，应按零星抹灰项目编码列项。

　　6. 空斗墙的窗间墙、窗台下、楼板下、梁头下等的实砌部分，按零星砌砖项目编码列项。

　　7.“空花墙”项目适用于各种类型的空花墙，使用混凝土花格砌筑的空花墙，实砌墙体与混凝土花格应分别计算，混凝土花格按混凝土及钢筋混凝土中预制构件相关项目编码列项。

　　8. 台阶、台阶挡墙、梯带、锅台、炉灶、蹲台、池槽、池槽腿、砖胎模、花台、花池、楼梯栏板、阳台栏板、地垄墙、≤0.3m²的孔洞填塞等，应按零星砌砖项目编码列项。砖砌锅台与炉灶可按外形尺寸以个计算，砖砌台阶可按水平投影面积以平方米计算，小便槽、地垄墙可按长度计算、其他工程以立方米计算。

　　9. 砖砌体内钢筋加固，应按混凝土及钢筋混凝土工程相关项目编码列项。

　　10. 砖砌体勾缝按墙、柱面装饰与隔断、幕墙工程相关项目编码列项。

　　11. 检查井内的爬梯按混凝土及钢筋混凝土工程相关项目编码列项；井内的混凝土构件按混凝土及钢筋混凝土工程中混凝土及钢筋混凝土预制构件编码列项。

　　12. 如施工图设计标注做法见标准图集时，应在项目特征描述中注明标注图集的编码、页号及节点大样。

5.3.2　砌块砌体

1. 砌块墙（项目编码：010402001，计量单位：m³）

（1）工程内容

砌块墙的工程内容包括：砂浆制作、运输，砌砖、砌块，勾缝，材料运输。

（2）项目特征

砌块墙的项目特征包括：砌块品种、规格、强度等级，墙体类型，砂浆强度等级。

（3）计算规则

按设计图示尺寸以体积计算。扣除门窗洞口、过人洞、空圈、嵌入墙内的钢筋混凝土柱、梁、圈梁、挑梁、过梁及凹进墙内的壁龛、管槽、暖气槽、消火栓箱所占体积，不扣除梁头、板头、檩头、垫木、木楞头、沿缘木、木砖、门窗走头、砌块墙内加固钢筋、木筋、铁件、钢管及单个面积≤0.3m²孔洞所占的体积。凸出墙面的腰线、挑檐、压顶、窗台线、虎头砖、门窗套的体积亦不增加。凸出墙面的砖垛并入墙体体积内计算。

1）墙长度：外墙按中心线、内墙按净长计算。

2）墙高度：

①外墙：斜（坡）屋面无檐口天棚者算至屋面板底；有屋架且室内外均有天棚者算至屋架下弦底另加200mm；无天棚者算至屋架下弦底另加300mm，出檐宽度超过600mm时按实砌高度计算；与钢筋混凝土楼板隔层者算至板顶；平屋面算至钢筋混凝土板底。

②内墙：位于屋架下弦者，算至屋架下弦底；无屋架者算至天棚底另加100mm；有钢筋混凝土楼板隔层者算至楼板顶；有框架梁时算至梁底。

③女儿墙：从屋面板上表面算至女儿墙顶面（如有混凝土压顶时算至压顶下表面）。

④内、外山墙：按其平均高度计算。

3）框架间墙：不分内外墙按墙体净尺寸以体积计算。

4）围墙：高度算至压顶上表面（如有混凝土压顶时算至压顶下表面），围墙柱并入围墙体积内。

2. 砌块柱（项目编码：010402002，计量单位：m³）

（1）工程内容

砌块柱的工程内容包括：砂浆制作、运输，砌砖、砌块，勾缝，材料运输。

（2）项目特征

砌块柱的项目特征包括：砌块品种、规格、强度等级，墙体类型，砂浆强度等级。

（3）计算规则

按设计图示尺寸以体积计算。扣除混凝土及钢筋混凝土梁垫、梁头、板头所占体积。

注：1. 砌体内加筋、墙体拉结的制作、安装，应按混凝土及钢筋混凝土工程中相关项目编码列项。

2. 砌块排列应上、下错缝搭砌，如果搭错缝长度满足不了规定的压搭要求，应采取压砌钢筋网片的措施，具体构造要求按设计规定。若设计无规定时，应注明由投标人根据工程实际情况自行考虑；钢筋网片按金属结构工程中相应编码列项。

3. 砌体垂直灰缝宽 >30mm 时，采用 C20 细石混凝土灌实。灌注的混凝土应按混凝土及钢筋混凝土工程中相关项目编码列项。

5.3.3 石砌体

1. 石基础（项目编码：010403001，计量单位：m³）

（1）工程内容

石基础的工程内容包括：砂浆制作、运输，吊装，砌石，防潮层铺设，材料运输。

（2）项目特征

石基础的项目特征包括：石料种类、规格，基础类型，砂浆强度等级。

（3）计算规则

按设计图示尺寸以体积计算。包括附墙垛基础宽出部分体积，不扣除基础砂浆防潮层及单个面积≤0.3m² 的孔洞所占体积，靠墙暖气沟的挑檐不增加体积。

基础长度：外墙按中心线，内墙按净长计算。

2. 石勒脚（项目编码：010403002，计量单位：m³）

（1）工程内容

石勒脚的工程内容包括：砂浆制作、运输，吊装，砌石，石表面加工，勾缝，材料运输。

（2）项目特征

石勒脚的项目特征包括：石料种类、规格，石表面加工要求，勾缝要求，砂浆强度等级、配合比。

（3）计算规则

按设计图示尺寸以体积计算，扣除单个面积 >0.3m² 的孔洞所占的体积。

按设计图示尺寸以体积计算。扣除门窗洞口、过人洞、空圈、嵌入墙内的钢筋混凝土柱、梁、圈梁、挑梁、过梁及凹进墙内的壁龛、管槽、暖气槽、消火栓箱所占体积，不扣除梁头、板头、檩头、垫木、木楞头、沿缘木、木砖、门窗走头、石墙内加固钢筋、木筋、铁件、钢管及单个面积≤0.3m² 的孔洞所占的体积。凸出墙面的腰线、挑檐、压顶、窗台线、虎头砖、门窗套的体积亦不增加。凸出墙面的砖垛并入墙体体积内计算。

1）墙长度：外墙按中心线、内墙按净长计算。

2）墙高度：

① 外墙：斜（坡）屋面无檐口天棚者算至屋面板底；有屋架且室内外均有天棚者算至屋架下弦底另加200mm；无天棚者算至屋架下弦底另加300mm，出檐宽度超过600mm时按实砌高度计算；平屋顶算至钢筋混凝土板底。

② 内墙：位于屋架下弦者，算至屋架下弦底；无屋架者算至天棚底另加100mm；有钢筋混凝土楼板隔层者算至楼板顶；有框架梁时算至梁底。

③ 女儿墙：从屋面板上表面算至女儿墙顶面（如有混凝土压顶时算至压顶下表面）。

④ 内、外山墙：按其平均高度计算。

3）围墙：高度算至压顶上表面（如有混凝土压顶时算至压顶下表面），围墙柱并入围墙体积内。

3. 石墙（项目编码：010403003，计量单位：m³）

（1）工程内容

石墙的工程内容包括：砂浆制作、运输，吊装，砌石，石表面加工，勾缝，材料运输。

（2）项目特征

石墙的项目特征包括：石料种类、规格，石表面加工要求，勾缝要求，砂浆强度等级、配合比。

（3）计算规则

按设计图示尺寸以体积计算，扣除单个面积>0.3m²的孔洞所占的体积。

按设计图示尺寸以体积计算。扣除门窗洞口、过人洞、空圈、嵌入墙内的钢筋混凝土柱、梁、圈梁、挑梁、过梁及凹进墙内的壁龛、管槽、暖气槽、消火栓箱所占体积，不扣除梁头、板头、檩头、垫木、木楞头、沿缘木、木砖、门窗走头、石墙内加固钢筋、木筋、铁件、钢管及单个面积≤0.3m²的孔洞所占的体积。凸出墙面的腰线、挑檐、压顶、窗台线、虎头砖、门窗套的体积亦不增加。凸出墙面的砖垛并入墙体体积内计算。

1）墙长度：外墙按中心线、内墙按净长计算。

2）墙高度：

① 外墙：斜（坡）屋面无檐口天棚者算至屋面板底；有屋架且室内外均有天棚者算至屋架下弦底另加200mm；无天棚者算至屋架下弦底另加300mm，出檐宽度超过600mm时按实砌高度计算；平屋顶算至钢筋混凝土板底。

② 内墙：位于屋架下弦者，算至屋架下弦底；无屋架者算至天棚底另加100mm；有钢筋混凝土楼板隔层者算至楼板顶；有框架梁时算至梁底。

③ 女儿墙：从屋面板上表面算至女儿墙顶面（如有混凝土压顶时算至压顶下表面）。

④ 内、外山墙：按其平均高度计算。

3）围墙：高度算至压顶上表面（如有混凝土压顶时算至压顶下表面），围墙柱并入围墙体积内。

4. 石挡土墙（项目编码：010403004，计量单位：m³）

（1）工程内容

石挡土墙的工程内容包括：砂浆制作、运输，吊装，砌石，变形缝、泄水孔、压顶抹灰，滤水层，勾缝，材料运输。

（2）项目特征

石挡土墙的项目特征包括：石料种类、规格，石表面加工要求，勾缝要求，砂浆强度等级、配合比。

（3）计算规则

按设计图示尺寸以体积计算。

5. 石柱（项目编码：010403005，计量单位：m³）

（1）工程内容

石柱的工程内容包括：砂浆制作、运输，吊装，砌石，石表面加工，勾缝，材料运输。

（2）项目特征

石柱的项目特征包括：石料种类、规格，石表面加工要求，勾缝要求，砂浆强度等级、配合比。

（3）计算规则

按设计图示尺寸以体积计算。

6. 石栏杆（项目编码：010403006，计量单位：m）

（1）工程内容

石栏杆的工程内容包括：砂浆制作、运输，吊装，砌石，石表面加工，勾缝，材料运输。

（2）项目特征

石栏杆的项目特征包括：石料种类、规格，石表面加工要求，勾缝要求，砂浆强度等级、配合比。

（3）计算规则

按设计图示以长度计算。

7. 石护坡（项目编码：010403007，计量单位：m³）

（1）工程内容

石护坡的工程内容包括：砂浆制作、运输，吊装，砌石，石表面加工，勾缝，材料运输。

（2）项目特征

石护坡的项目特征包括：垫层材料种类、厚度，石料种类、规格，护坡厚度、高度，石表面加工要求，勾缝要求，砂浆强度等级、配合比。

（3）计算规则

按设计图示尺寸以体积计算。

8. 石台阶（项目编码：010403008，计量单位：m³）

（1）工程内容

石台阶的工程内容包括：铺设垫层，石料加工，砂浆制作、运输，砌石，石表面加工，勾缝，材料运输。

（2）项目特征

石台阶的项目特征包括：垫层材料种类、厚度，石料种类、规格，护坡厚度、高度，石表面加工要求，勾缝要求，砂浆强度等级、配合比。

（3）计算规则

按设计图示尺寸以体积计算。

9. 石坡道（项目编码：010403009，计量单位：m²）

（1）工程内容

石坡道的工程内容包括：铺设垫层，石料加工，砂浆制作、运输，砌石，石表面加工，勾缝，材料运输。

（2）项目特征

石坡道的项目特征包括：垫层材料种类、厚度，石料种类、规格，护坡厚度、高度，石表面加工要求，勾缝要求，砂浆强度等级、配合比。

（3）计算规则

按设计图示以水平投影面积计算。

10. 石地沟、明沟（项目编码：010403010，计量单位：m）

（1）工程内容

石地沟、明沟的工程内容包括：土方挖、运，砂浆制作、运输，铺设垫层，砌石，石表面加工，勾缝，回填，材料运输。

（2）项目特征

石地沟、明沟的项目特征包括：沟截面尺寸，土壤类别、运距，垫层材料种类、厚度，石料种类、规格，石表面加工要求，勾缝要求，砂浆强度等级、配合比。

（3）计算规则

按设计图示以中心线长度计算。

注：1. 石基础、石勒脚、石墙的划分：基础与勒脚应以设计室外地坪为界。勒脚与墙身应以设计室内地面为界。石围墙内外地坪标高不同时，应以较低地坪标高为界，以下为基础；内外标高之差为挡土墙时，挡土墙以上为墙身。

2. "石基础"项目适用于各种规格（粗料石、细料石等）、各种材质（砂石、青石等）和各种类型（柱基、墙基、直形、弧形等）基础。

3. "石勒脚""石墙"项目适用于各种规格（粗料石、细料石等）、各种材质（砂石、青石、大理石、花岗石等）和各种类型（直形、弧形等）勒脚和墙体。

4. "石挡土墙"项目适用于各种规格（粗料石、细料石、块石、毛石、卵石等）、各种材质（砂石、青石、石灰石等）和各种类型（直形、弧形、台阶形等）挡土墙。

5. "石柱"项目适用于各种规格、各种石质、各种类型的石柱。

6. "石栏杆"项目适用于无雕饰的一般石栏杆。

7. "石护坡"项目适用于各种石质和各种石料（粗料石、细料石、片石、块石、毛石、卵石等）。

8. "石台阶"项目包括石梯带（垂带），不包括石梯膀，石梯膀应按石挡土墙项目编码列项。

9. 如施工图设计标注做法见标准图集时，应在项目特征描述中注明标注图集的编码、页号及节点大样。

5.3.4 垫层

垫层（项目编码：010404001，计量单位：m³）

（1）工程内容

垫层的工程内容包括：垫层材料的拌制、垫层铺设、材料运输。

（2）项目特征

垫层的项目特征包括：垫层材料种类、配合比、厚度。

（3）计算规则

按设计图示尺寸以立方米计算。

注：除混凝土垫层应按混凝土及钢筋混凝土工程中相关项目编码列项外，没有包括垫层要求的清单项

目应按垫层项目编码列项。

【例5-7】 图5-7为某工程砌筑的等高式标准砖大放脚基础。已知基础墙高$h = 1.7m$、基础长$l = 27.50m$，计算砖基础工程量。

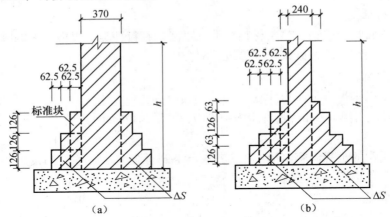

图5-7　大放脚砖基础示意图

（a）等高式大放脚砖基础；（b）不等高式大放脚砖基础

解：已知：$d = 0.37m$，$h = 1.7m$，$l = 27.50m$，$n = 3$

分析：

$$
\begin{aligned}
V_{砖基} &= （基础墙厚 \times 基础墙高 + 大放脚增加面积）\times 基础长 \\
&= （d \times h + \Delta S）\times l \\
&= [dh + 0.126 \times 0.0625n（n+1）] l \\
&= [dh + 0.007875n（n+1）] l
\end{aligned}
\tag{5-8}
$$

式中　　　　　0.007875——一个大放脚标准块面积；

　0.007875n（n+1）——全部大放脚的面积；

　　　　　　　　　n——大放脚层数；

　　　　　　　　　d——基础墙厚（m）；

　　　　　　　　　h——基础墙高（m）；

　　　　　　　　　l——基础长（m）。

$$
\begin{aligned}
V_{砖基} &= （0.37 \times 1.7 + 0.007875 \times 3 \times 4）\times 27.50 \\
&= 0.7235 \times 27.50 \\
&= 19.90（m^3）
\end{aligned}
$$

【例5-8】 某小型住宅平面图和基础剖面图如图5-8所示，该住宅为现浇钢筋混凝土平顶砖墙结构，室内净高3.0m，门窗采用用平拱砖过梁，外门M-1洞口尺寸为$1.2m \times 2.4m$，内门M-2洞口尺寸为$1.0m \times 2.3m$，窗洞高均为1.5m，内外墙均为1砖混水墙，用M2.5水泥混合砂浆砌筑。试计算砌筑工程量。

解：（1）计算应扣除的工程量：

外门M-1：$1.2 \times 2.4 \times 2 \times 0.24 = 1.38（m^3）$

内门M-2：$1.0 \times 2.3 \times 2 \times 0.24 = 1.10（m^3）$

窗：$（1.8 \times 2 + 1.1 \times 2 + 1.6 \times 6）\times 1.5 \times 0.24 = 5.544（m^3）$

砖平拱过梁

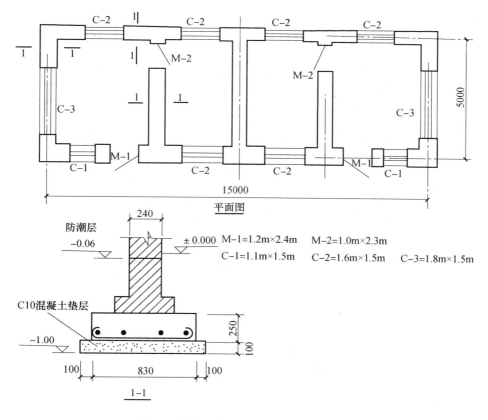

图 5-8　某小型住宅平面图和基础剖面图

M-1：（1.2 + 0.1）× 0.24 × 0.24 × 2 = 0.150（m³）

M-2：（1.0 + 0.1）× 0.24 × 0.24 × 2 = 0.127（m³）

窗：（1.8 × 2 + 0.1 × 2）× 0.365 × 0.24 +（1.1 + 0.1）× 2 × 0.24 × 0.24 +（1.6 + 0.1）× 6 × 0.365 × 0.24 = 1.365（m³）

共扣减的工程量：

1.38 + 1.10 + 5.544 + 0.150 + 0.127 + 1.365 = 9.67（m³）

（2）计算砖墙毛体积：

墙长

外墙：（15 + 5）× 2 = 40（m）

内墙：（5 − 0.24）× 3 = 14.28（m）

总长：40 + 14.28 = 54.28（m）

墙高内外墙均为 3.0m，砖墙毛体积：

54.28 × 3.0 × 0.24 = 39.08（m³）

（3）砌筑工程量

内外砖墙：39.08 − 9.67 = 29.41（m³）

砖平拱：0.150 + 0.127 + 1.365 = 1.64（m³）

砖基础：54.28 ×（0.24 × 0.65 + 0.01575）= 9.32（m³）

【例 5-9】　某建筑采用 M5 水泥砂浆砌砖基础，如图 5-9 所示，计算其工程量（墙厚均约为240mm）。

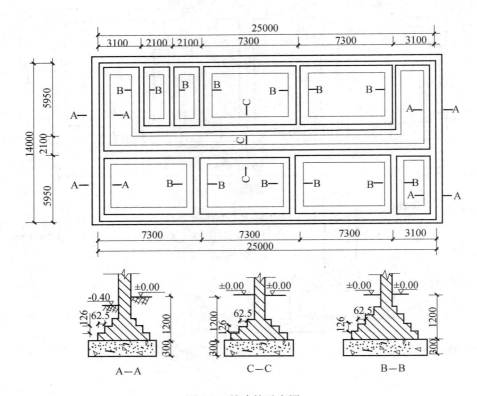

图 5-9　某建筑示意图

解： 外墙中心线长：（25 + 14）×2 = 78（m）

内墙净长：（5.95-0.24）×8 = 45.68（m）

即 B-B 基础长。

C-C 基础长为：（25-0.24）+（7.3 + 2.1）×2 = 43.56（m）

砖基础体积：

A-A 基础：0.24 ×（1.2 + 0.394）×78 = 29.84（m³）

B-B 基础：0.24 ×（1.2 + 0.656）×45.68 = 20.35（m³）

C-C 基础：0.24 ×（1.2 + 0.394）×43.56 = 16.66（m³）

故总的工程量为：

29.84 + 20.35 + 16.66 = 66.85（m³）

【例 5-10】 图 5-10 为一挑檐示意图，计算挑檐及砖砌腰线的工程量。

解： 挑檐工程量：

$V = 0.063 × 0.065 ×（100 + 0.063 × 4）+$
$0.126 × 0.065 ×（100 + 0.126 × 4）+$
$0.19 × 0.13 ×（100 + 0.19 × 4）$
$= 0.41 + 0.82 + 2.49$
$= 3.72（m³）$

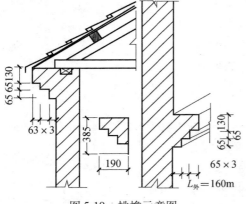

图 5-10　挑檐示意图

106

砖砌腰线工程量：

$$V = \frac{0.385 \times 0.19}{2} \times (160 + 0.19 \times 4)$$
$$= 5.88 \ (m^3)$$

5.4 混凝土及钢筋混凝土工程

5.4.1 现浇混凝土

5.4.1.1 现浇混凝土基础

1. 垫层（项目编码：010501001，计量单位：m^3）

（1）工程内容

垫层的工程内容包括：模板及支撑制作、安装、拆除、堆放、运输及清理模内杂物、刷隔离剂等，混凝土制作、运输、浇筑、振捣、养护。

（2）项目特征

垫层的项目特征包括：混凝土类别，混凝土强度等级。

（3）计算规则

按设计图示尺寸以体积计算。不扣除伸入承台基础的桩头所占体积。

2. 带形基础（项目编码：010501002，计量单位：m^3）

工程内容、项目特征、计算规则同垫层。

3. 独立基础（项目编码：010501003，计量单位：m^3）

工程内容、项目特征、计算规则同垫层。

4. 满堂基础（项目编码：010501004，计量单位：m^3）

工程内容、项目特征、计算规则同垫层。

5. 桩承台基础（项目编码：010501005，计量单位：m^3）

工程内容、项目特征、计算规则同垫层。

6. 设备基础（项目编码：010501006，计量单位：m^3）

（1）工程内容

设备基础的工程内容包括：模板及支撑制作、安装、拆除、堆放、运输及清理模内杂物、刷隔离剂等，混凝土制作、运输、浇筑、振捣、养护。

（2）项目特征

设备基础的项目特征包括：混凝土类别、混凝土强度等级、灌浆材料及其强度等级。

（3）计算规则

按设计图示尺寸以体积计算。不扣除伸入承台基础的桩头所占体积。

注：1. 有肋带形基础、无肋带形基础应按本上述相关项目列项，并注明肋高。

2. 箱式满堂基础中柱、梁、墙、板按现浇混凝土柱、现浇混凝土梁、现浇混凝土墙、现浇混凝土板相关项目分别编码列项；箱式满堂基础底板按上述满堂基础项目列项。

3. 框架式设备基础中柱、梁、墙、板分别按现浇混凝土柱、现浇混凝土梁、现浇混凝土墙、现浇混凝土板相关项目编码列项；基础部分按上述相关项目编码列项。

4. 如为毛石混凝土基础，项目特征应描述毛石所占比例。

5.4.1.2 现浇混凝土柱

1. 矩形柱（项目编码：010502001，计量单位：m^3）

（1）工程内容

矩形柱的工程内容包括：模板及支架（撑）制作、安装、拆除、堆放、运输及清理模内杂物、刷隔离剂等，混凝土制作、运输、浇筑、振捣、养护。

（2）项目特征

矩形柱的项目特征包括：混凝土种类、混凝土强度等级。

（3）计算规则

按设计图示尺寸以体积计算。

柱高：

1）有梁板的柱高，应自柱基上表面（或楼板上表面）至上一层楼板上表面之间的高度计算。

2）无梁板的柱高，应自柱基上表面（或楼板上表面）至柱帽下表面之间的高度计算。

3）框架柱的柱高：应自柱基上表面至柱顶高度计算。

4）构造柱按全高计算，嵌接墙体部分（马牙槎）并入柱身体积。

5）依附柱上的牛腿和升板的柱帽，并入柱身体积计算。

2. 构造柱（项目编码：010502002，计量单位：m^3）

工程内容、项目特征、计算规则同矩形柱。

3. 异形柱（项目编码：010502003，计量单位：m^3）

（1）工程内容

异形柱的工程内容包括：模板及支架（撑）制作、安装、拆除、堆放、运输及清理模内杂物、刷隔离剂等，混凝土制作、运输、浇筑、振捣、养护。

（2）项目特征

异形柱的项目特征包括：柱形状、混凝土种类、混凝土强度等级。

（3）计算规则

按设计图示尺寸以体积计算。

柱高：

1）有梁板的柱高，应自柱基上表面（或楼板上表面）至上一层楼板上表面之间的高度计算。

2）无梁板的柱高，应自柱基上表面（或楼板上表面）至柱帽下表面之间的高度计算。

3）框架柱的柱高：应自柱基上表面至柱顶高度计算。

4）构造柱按全高计算，嵌接墙体部分（马牙槎）并入柱身体积。

5）依附柱上的牛腿和升板的柱帽，并入柱身体积计算。

注：混凝土种类：指清水混凝土、彩色混凝土等，如在同一地区既使用预拌（商品）混凝土，又允许现场搅拌混凝土时，也应注明（下同）。

5.4.1.3 现浇混凝土梁

1. 基础梁（项目编码：010503001，计量单位：m^3）

（1）工程内容

基础梁的工程内容包括：模板及支架（撑）制作、安装、拆除、堆放、运输及清理模内杂物、刷隔离剂等，混凝土制作、运输、浇筑、振捣、养护。

（2）项目特征

基础梁的项目特征包括：混凝土种类、混凝土强度等级。

（3）计算规则

按设计图示尺寸以体积计算。伸入墙内的梁头、梁垫并入梁体积内。

梁长：

1）梁与柱连接时，梁长算至柱侧面。

2）主梁与次梁连接时，次梁长算至主梁侧面。

2. 矩形梁（项目编码：010503002，计量单位：m^3）

工程内容、项目特征、计算规则同基础梁。

3. 异形梁（项目编码：010503003，计量单位：m^3）

工程内容、项目特征、计算规则同基础梁。

4. 圈梁（项目编码：010503004，计量单位：m^3）

工程内容、项目特征、计算规则同基础梁。

5. 过梁（项目编码：010503005，计量单位：m^3）

工程内容、项目特征、计算规则同基础梁。

6. 弧形、拱形梁（项目编码：010503006，计量单位：m^3）

工程内容、项目特征、计算规则同基础梁。

5.4.1.4 现浇混凝土墙

1. 直形墙（项目编码：010504001，计量单位：m^3）

（1）工程内容

直形墙的工程内容包括：模板及支架（撑）制作、安装、拆除、堆放、运输及清理模内杂物、刷隔离剂等，混凝土制作、运输、浇筑、振捣、养护。

（2）项目特征

直形墙的项目特征包括：混凝土种类、混凝土强度等级。

（3）计算规则

按设计图示尺寸以体积计算。扣除门窗洞口及单个面积＞0.3m^2的孔洞所占体积，墙垛及突出墙面部分并入墙体体积计算内。

2. 弧形墙（项目编码：010504002，计量单位：m^3）

工程内容、项目特征、计算规则同直形墙。

3. 短肢剪力墙（项目编码：010504003，计量单位：m^3）

工程内容、项目特征、计算规则同直形墙。

4. 挡土墙（项目编码：010504004，计量单位：m^3）

工程内容、项目特征、计算规则同直形墙。

注：短肢剪力墙是指截面厚度不大于300mm、各肢截面高度与厚度之比的最大值大于4但不大于8的剪力墙；各肢截面高度与厚度之比的最大值大于4的剪力墙按柱项目编码列项。

5.4.1.5 现浇混凝土板

1. 有梁板（项目编码：010505001，计量单位：m^3）

（1）工程内容

有梁板的工程内容包括：模板及支架（撑）制作、安装、拆除、堆放、运输及清理模内杂物、刷隔离剂等，混凝土制作、运输、浇筑、振捣、养护。

（2）项目特征

有梁板的项目特征包括：混凝土种类、混凝土强度等级。

（3）计算规则

按设计图示尺寸以体积计算，不扣除单个面积≤0.3m²的柱、垛以及孔洞所占体积。压形钢板混凝土楼板扣除构件内压形钢板所占体积。有梁板（包括主、次梁与板）按梁、板体积之和计算，无梁板按板和柱帽体积之和计算，各类板伸入墙内的板头并入板体积内，薄壳板的肋、基梁并入薄壳体积内计算。

2. 无梁板（项目编码：010505002，计量单位：m³）

工程内容、项目特征、计算规则同有梁板。

3. 平板（项目编码：010505003，计量单位：m³）

工程内容、项目特征、计算规则同有梁板。

4. 拱板（项目编码：010505004，计量单位：m³）

工程内容、项目特征、计算规则同有梁板。

5. 薄壳板（项目编码：010505005，计量单位：m³）

工程内容、项目特征、计算规则同有梁板。

6. 栏板（项目编码：010505006，计量单位：m³）

工程内容、项目特征、计算规则同有梁板。

7. 天沟（檐沟）、挑檐板（项目编码：010505007，计量单位：m³）

（1）工程内容

天沟（檐沟）、挑檐板的工程内容包括：模板及支架（撑）制作、安装、拆除、堆放、运输及清理模内杂物、刷隔离剂等，混凝土制作、运输、浇筑、振捣、养护。

（2）项目特征

天沟（檐沟）、挑檐板的项目特征包括：混凝土种类、混凝土强度等级。

（3）计算规则

按设计图示尺寸以体积计算。

8. 雨篷、悬挑板、阳台板（项目编码：010505008，计量单位：m³）

（1）工程内容

雨篷、悬挑板、阳台板的工程内容包括：模板及支架（撑）制作、安装、拆除、堆放、运输及清理模内杂物、刷隔离剂等，混凝土制作、运输、浇筑、振捣、养护。

（2）项目特征

雨篷、悬挑板、阳台板的项目特征包括：混凝土种类、混凝土强度等级。

（3）计算规则

按设计图示尺寸以墙外部分体积计算。包括伸出墙外的牛腿和雨篷反挑檐的体积。

9. 空心板（项目编码：010505009，计量单位：m³）

（1）工程内容

空心板的工程内容包括：模板及支架（撑）制作、安装、拆除、堆放、运输及清理模内杂物、刷隔离剂等，混凝土制作、运输、浇筑、振捣、养护。

（2）项目特征

空心板的项目特征包括：混凝土种类、混凝土强度等级。

（3）计算规则

按设计图示尺寸以体积计算。空心板（GBF高强薄壁蜂巢芯板等）应扣除空心部分体积。

10. 其他板（项目编码：010505010，计量单位：m³）

（1）工程内容

其他板的工程内容包括：模板及支架（撑）制作、安装、拆除、堆放、运输及清理模内杂物、刷隔离剂等，混凝土制作、运输、浇筑、振捣、养护。

（2）项目特征

其他板的项目特征包括：混凝土种类、混凝土强度等级。

（3）计算规则

按设计图示尺寸以体积计算。

> 注：现浇挑檐、天沟板、雨篷、阳台与板（包括屋面板、楼板）连接时，以外墙外边线为分界线；与圈梁（包括其他梁）连接时，以梁外边线为分界线。外边线以外为挑檐、天沟、雨篷或阳台。

5.4.1.6 现浇混凝土楼梯

1. 直形楼梯（项目编码：010506001，计量单位：m²/m³）

（1）工程内容

直形楼梯的工程内容包括：模板及支架（撑）制作、安装、拆除、堆放、运输及清理模内杂物、刷隔离剂等，混凝土制作、运输、浇筑、振捣、养护。

（2）项目特征

直形楼梯的项目特征包括：混凝土种类、混凝土强度等级。

（3）计算规则

1）以平方米计量，按设计图示尺寸以水平投影面积计算。不扣除宽度≤500mm的楼梯井，伸入墙内部分不计算。

2）以立方米计量，按设计图示尺寸以体积计算。

2. 弧形楼梯（项目编码：010506002，计量单位：m²/m³）

工程内容、项目特征、计算规则同直形楼梯。

> 注：整体楼梯（包括直形楼梯、弧形楼梯）水平投影面积包括休息平台、平台梁、斜梁和楼梯的连接梁。当整体楼梯与现浇楼板无梯梁连接时，以楼梯的最后一个踏步边缘加300mm为界。

5.4.1.7 现浇混凝土其他构件

1. 散水、坡道（项目编码：010507001，计量单位：m²）

（1）工程内容

散水、坡道的工程内容包括：地基夯实，铺设垫层，模板及支撑制作、安装、拆除、堆放、运输及清理模内杂物、刷隔离剂等，混凝土制作、运输、浇筑、振捣、养护，变形缝填塞。

（2）项目特征

散水、坡道的项目特征包括：垫层材料种类、厚度，面层厚度，混凝土种类，混凝土强度等级，变形缝填塞材料种类。

（3）计算规则

按设计图示尺寸以水平投影面积计算。不扣除单个≤0.3m²的孔洞所占面积。

2. 室外地坪（项目编码：010507002，计量单位：m²）

（1）工程内容

室外地坪的工程内容包括：地基夯实，铺设垫层，模板及支撑制作、安装、拆除、堆放、运输及清理模内杂物、刷隔离剂等，混凝土制作、运输、浇筑、振捣、养护，变形缝填塞。

（2）项目特征

室外地坪的项目特征包括：地坪厚度、混凝土强度等级。

（3）计算规则

按设计图示尺寸以水平投影面积计算。不扣除单个≤0.3m² 的孔洞所占面积。

3. 电缆沟、地沟（项目编码：010507003，计量单位：m）

（1）工程内容

电缆沟、地沟的工程内容包括：挖填、运土石方，铺设垫层，模板及支撑制作、安装、拆除、堆放、运输及清理模内杂物、刷隔离剂等，混凝土制作、运输、浇筑、振捣、养护，刷防护材料。

（2）项目特征

电缆沟、地沟的项目特征包括：土壤类别，沟截面净空尺寸，垫层材料种类、厚度，混凝土种类，混凝土强度等级，防护材料种类。

（3）计算规则

按设计图示以中心线长计算。

4. 台阶（项目编码：010507004，计量单位：m²/m³）

（1）工程内容

台阶的工程内容包括：模板及支撑制作、安装、拆除、堆放、运输及清理模内杂物、刷隔离剂等，混凝土制作、运输、浇筑、振捣、养护。

（2）项目特征

台阶的项目特征包括：踏步高、宽，混凝土种类，混凝土强度等级。

（3）计算规则

1）以平方米计量，按设计图示尺寸水平投影面积计算。

2）以立方米计量，按设计图示尺寸以体积计算。

5. 扶手、压顶（项目编码：010507005，计量单位：m/m³）

（1）工程内容

扶手、压顶的工程内容包括：模板及支架（撑）制作、安装、拆除、堆放、运输及清理模内杂物、刷隔离剂等，混凝土制作、运输、浇筑、振捣、养护。

（2）项目特征

扶手、压顶的项目特征包括：断面尺寸、混凝土种类、混凝土强度等级。

（3）计算规则

1）以米计量，按设计图示的中心线延长米计算。

2）以立方米计量，按设计图示尺寸以体积计算。

6. 化粪池、检查井（项目编码：010507006，计量单位：m³/座）

（1）工程内容

化粪池、检查井的工程内容包括：模板及支架（撑）制作、安装、拆除、堆放、运输及清理模内杂物、刷隔离剂等，混凝土制作、运输、浇筑、振捣、养护。

（2）项目特征

化粪池、检查井的项目特征包括：部位，混凝土强度等级，防水、抗渗要求。

（3）计算规则

1）按设计图示尺寸以体积计算。

2）以座计量，按设计图示数量计算。

7. 其他构件（项目编码：010507007，计量单位：m³）

（1）工程内容

其他构件的工程内容包括：模板及支架（撑）制作、安装、拆除、堆放、运输及清理模内杂物、刷隔离剂等，混凝土制作、运输、浇筑、振捣、养护。

（2）项目特征

其他构件的项目特征包括：构件的类型、构件规格、部位、混凝土种类、混凝土强度等级。

（3）计算规则

1）按设计图示尺寸以体积计算。

2）以座计量，按设计图示数量计算。

注：1. 现浇混凝土小型池槽、垫块、门框等，应按上述其他构件项目编码列项。

2. 架空式混凝土台阶，按现浇楼梯计算。

5.4.1.8 后浇带

后浇带（项目编码：010508001，计量单位：m³）

（1）工程内容

后浇带的工程内容包括：模板及支架（撑）制作、安装、拆除、堆放、运输及清理模内杂物、刷隔离剂等，混凝土制作、运输、浇筑、振捣、养护及混凝土交接面、钢筋等的清理。

（2）项目特征

后浇带的项目特征包括：混凝土类别、混凝土强度等级。

（3）计算规则

按设计图示尺寸以体积计算。

5.4.2 预制混凝土

5.4.2.1 预制混凝土柱

1. 矩形柱（项目编码：010509001，计量单位：m³/根）

（1）工程内容

矩形柱的工程内容包括：模板制作、安装、拆除、堆放、运输及清理模内杂物、刷隔离剂等，混凝土制作、运输、浇筑、振捣、养护，构件运输、安装，砂浆制作、运输，接头灌缝、养护。

（2）项目特征

矩形柱的项目特征包括：图代号，单件体积，安装高度，混凝土强度等级，砂浆（细石混凝土）强度等级、配合比。

（3）计算规则

1）以立方米计量，按设计图示尺寸以体积计算。

2）以根计量，按设计图示尺寸以数量计算。

2. 异形柱（项目编码：010509002，计量单位：m³/根）

工程内容、项目特征、计算规则同矩形柱。

注：以根计量，必须描述单件体积。

5.4.2.2 预制混凝土梁

1. 矩形梁（项目编码：010510001，计量单位：m³/根）

（1）工程内容

矩形梁的工程内容包括：模板制作、安装、拆除、堆放、运输及清理模内杂物、刷隔离剂等，混凝土制作、运输、浇筑、振捣、养护，构件运输、安装，砂浆制作、运输，接头灌缝、养护。

（2）项目特征

矩形梁的项目特征包括：图代号，单件体积，安装高度，混凝土强度等级，砂浆（细石混凝土）强度等级、配合比。

（3）计算规则

1）以立方米计量，按设计图示尺寸以体积计算。

2）以根计量，按设计图示尺寸以数量计算。

2. 异形梁（项目编码：010510002，计量单位：m³/根）

工程内容、项目特征、计算规则同矩形梁。

3. 过梁（项目编码：010510003，计量单位：m³/根）

工程内容、项目特征、计算规则同矩形梁。

4. 拱形梁（项目编码：010510004，计量单位：m³/根）

工程内容、项目特征、计算规则同矩形梁。

5. 鱼腹式吊车梁（项目编码：010510005，计量单位：m³/根）

工程内容、项目特征、计算规则同矩形梁。

6. 其他梁（项目编码：010510006，计量单位：m³/根）

工程内容、项目特征、计算规则同矩形梁。

注：以根计量，必须描述单件体积。

5.4.2.3 预制混凝土屋架

1. 折线型（项目编码：010511001，计量单位：m³/榀）

（1）工程内容

折线型屋架的工程内容包括：模板制作、安装、拆除、堆放、运输及清理模内杂物、刷隔离剂等，混凝土制作、运输、浇筑、振捣、养护，构件运输、安装，砂浆制作、运输，接头灌缝、养护。

（2）项目特征

折线型屋架的项目特征包括：图代号，单件体积，安装高度，混凝土强度等级，砂浆（细石混凝土）强度等级、配合比。

（3）计算规则

1）以立方米计量，按设计图示尺寸以体积计算。

2）以榀计量，按设计图示尺寸以数量计算。

2. 组合（项目编码：010511002，计量单位：m³/榀）

工程内容、项目特征、计算规则同折线型屋架。

3. 薄腹（项目编码：010511003，计量单位：m³/榀）

工程内容、项目特征、计算规则同折线型屋架。

4. 门式刚架（项目编码：010511004，计量单位：m³/榀）

114

工程内容、项目特征、计算规则同折线型屋架。

5. 天窗架（项目编码：010511005，计量单位：m³/榀）

工程内容、项目特征、计算规则同折线型屋架。

注：1. 以榀计量，必须描述单件体积。

    2. 三角形屋架按上述折线型屋架项目编码列项。

5.4.2.4 预制混凝土板

1. 平板（项目编码：010512001，计量单位：m³/块）

（1）工程内容

平板的工程内容包括：模板制作、安装、拆除、堆放、运输及清理模内杂物、刷隔离剂等，混凝土制作、运输、浇筑、振捣、养护，构件运输、安装，砂浆制作、运输，接头灌缝、养护。

（2）项目特征

平板的项目特征包括：图代号，单件体积，安装高度，混凝土强度等级，砂浆（细石混凝土）强度等级、配合比。

（3）计算规则

1）以立方米计量，按设计图示尺寸以体积计算。不扣除单个面积≤300mm×300mm的孔洞所占体积，扣除空心板空洞体积。

2）以块计量，按设计图示尺寸以数量计算。

2. 空心板（项目编码：010512002，计量单位：m³/块）

工程内容、项目特征、计算规则同平板。

3. 槽形板（项目编码：010512003，计量单位：m³/块）

工程内容、项目特征、计算规则同平板。

4. 网架板（项目编码：010512004，计量单位：m³/块）

工程内容、项目特征、计算规则同平板。

5. 折线板（项目编码：010512005，计量单位：m³/块）

工程内容、项目特征、计算规则同平板。

6. 带肋板（项目编码：010512006，计量单位：m³/块）

工程内容、项目特征、计算规则同平板。

7. 大型板（项目编码：010512007，计量单位：m³/块）

工程内容、项目特征、计算规则同平板。

8. 沟盖板、井盖板、井圈（项目编码：010512008，计量单位：m³/块/套）

（1）工程内容

沟盖板、井盖板、井圈的工程内容包括：模板制作、安装、拆除、堆放、运输及清理模内杂物、刷隔离剂等，混凝土制作、运输、浇筑、振捣、养护，构件运输、安装，砂浆制作、运输，接头灌缝、养护。

（2）项目特征

沟盖板、井盖板、井圈的项目特征包括：单件体积，安装高度，混凝土强度等级，砂浆强度等级、配合比。

（3）计算规则

1）以立方米计量，按设计图示尺寸以体积计算。

2）以块计量，按设计图示尺寸以数量计算。

注：1. 以块、套计量，必须描述单件体积。

2. 不带肋的预制遮阳板、雨篷板、挑檐板、拦板等，应按平板项目编码列项。

3. 预制F形板、双T形板、单肋板和带反挑檐的雨篷板、挑檐板、遮阳板等，应按带肋板项目编码列项。

4. 预制大型墙板、大型楼板、大型屋面板等，应按大型板项目编码列项。

5.4.2.5　预制混凝土楼梯

楼梯（项目编码：010513001，计量单位：m³/段）

（1）工程内容

楼梯的工程内容包括：模板制作、安装、拆除、堆放、运输及清理模内杂物、刷隔离剂等，混凝土制作、运输、浇筑、振捣、养护，构件运输、安装，砂浆制作、运输，接头灌缝、养护。

（2）项目特征

楼梯的项目特征包括：楼梯类型、单件体积、混凝土强度等级、砂浆（细石混凝土）强度等级。

（3）计算规则

1）以立方米计量，按设计图示尺寸以体积计算。扣除空心踏步板空洞体积。

2）以段计量，按设计图示数量计算。

注：以块计量，必须描述单件体积。

5.4.2.6　其他预制构件

1. 垃圾道、通风道、烟道 ［项目编码：010514001，计量单位：m³/m²/根（块、套）］

（1）工程内容

垃圾道、通风道、烟道的工程内容包括：模板制作、安装、拆除、堆放、运输及清理模内杂物、刷隔离剂等，混凝土制作、运输、浇筑、振捣、养护，构件运输、安装，砂浆制作、运输，接头灌缝、养护。

（2）项目特征

垃圾道、通风道、烟道的项目特征包括：单件体积，混凝土强度等级，砂浆强度等级。

（3）计算规则

1）以立方米计量，按设计图示尺寸以体积计算。不扣除单个面积≤300mm×300mm的孔洞所占体积，扣除烟道、垃圾道、通风道的孔洞所占体积。

2）以平方米计量，按设计图示尺寸以面积计算。不扣除单个面积≤300mm×300mm的孔洞所占面积。

3）以根计量，按设计图示尺寸以数量计算。

2. 其他构件 ［项目编码：010514002，计量单位：m³/m²/根（块、套）］

（1）工程内容

其他构件的工程内容包括：模板制作、安装、拆除、堆放、运输及清理模内杂物、刷隔离剂等，混凝土制作、运输、浇筑、振捣、养护，构件运输、安装，砂浆制作、运输，接头灌缝、养护。

（2）项目特征

其他构件的项目特征包括：单件体积、构件的类型、混凝土强度等级、砂浆强度等级。

（3）计算规则

1）以立方米计量，按设计图示尺寸以体积计算。不扣除单个面积≤300mm×300mm的孔洞所占体积，扣除烟道、垃圾道、通风道的孔洞所占体积。

2）以平方米计量，按设计图示尺寸以面积计算。不扣除单个面积≤300mm×300mm的孔洞所占面积。

3）以根计量，按设计图示尺寸以数量计算。

注：1. 以块、根计量，必须描述单件体积。

　　2. 预制钢筋混凝土小型池槽、压顶、扶手、垫块、隔热板、花格等，按其他构件项目编码列项。

5.4.3　钢筋工程

5.4.3.1　钢筋工程

1. 现浇构件钢筋（项目编码：010515001，计量单位：t）

（1）工程内容

现浇构件钢筋的工程内容包括：钢筋制作、运输，钢筋安装，焊接（绑扎）。

（2）项目特征

现浇构件钢筋的项目特征包括：钢筋种类、规格。

（3）计算规则

按设计图示钢筋（网）长度（面积）乘单位理论质量计算。

2. 预制构件钢筋（项目编码：010515002，计量单位：t）

（1）工程内容

预制构件钢筋的工程内容包括：钢筋制作、运输，钢筋安装，焊接（绑扎）。

（2）项目特征

预制构件钢筋的项目特征包括：钢筋种类、规格。

（3）计算规则

按设计图示钢筋（网）长度（面积）乘单位理论质量计算。

3. 钢筋网片（项目编码：010515003，计量单位：t）

（1）工程内容

钢筋网片的工程内容包括：钢筋网制作、运输，钢筋网安装，焊接（绑扎）。

（2）项目特征

钢筋网片的项目特征包括：钢筋种类、规格。

（3）计算规则

按设计图示钢筋（网）长度（面积）乘单位理论质量计算。

4. 钢筋笼（项目编码：010515004，计量单位：t）

（1）工程内容

钢筋笼的工程内容包括：钢筋笼制作、运输，钢筋笼安装，焊接（绑扎）。

（2）项目特征

钢筋笼的项目特征包括：钢筋种类、规格。

（3）计算规则

按设计图示钢筋（网）长度（面积）乘单位理论质量计算。

5. 先张法预应力钢筋（项目编码：010515005，计量单位：t）

（1）工程内容

先张法预应力钢筋的工程内容包括：钢筋制作、运输，钢筋张拉。

（2）项目特征

先张法预应力钢筋的项目特征包括：钢筋种类、规格，锚具种类。

（3）计算规则

按设计图示钢筋长度乘单位理论质量计。

6. 后张法预应力钢筋（项目编码：010515006，计量单位：t）

（1）工程内容

后张法预应力钢筋的工程内容包括：钢筋、钢丝、钢绞线制作、运输，钢筋、钢丝、钢绞线安装，预埋管孔道铺设，锚具安装，砂浆制作、运输，孔道压浆、养护。

（2）项目特征

后张法预应力钢筋的项目特征包括：钢筋种类、规格，钢丝种类、规格，钢绞线种类、规格，锚具种类，砂浆强度等级。

（3）计算规则

按设计图示钢筋（丝束、绞线）长度乘单位理论质量计算。

1）低合金钢筋两端均采用螺杆锚具时，钢筋长度按孔道长度减 0.35m 计算，螺杆另行计算。

2）低合金钢筋一端采用镦头插片、另一端采用螺杆锚具时，钢筋长度按孔道长度计算，螺杆另行计算。

3）低合金钢筋一端采用镦头插片、另一端采用帮条锚具时，钢筋增加 0.15m 计算；两端均采用帮条锚具时，钢筋长度按孔道长度增加 0.3m 计算。

4）低合金钢筋采用后张混凝土自锚时，钢筋长度按孔道长度增加 0.35m 计算。

5）低合金钢筋（钢绞线）采用 JM、XM、QM 型锚具，孔道长度 ≤20m 时，钢筋长度增加 1m 计算，孔道长度 >20m 时，钢筋长度增加 1.8m 计算。

6）碳素钢丝采用锥形锚具，孔道长度 ≤20m 时，钢丝束长度按孔道长度增加 1m 计算，孔道长度 >20m 时，钢丝束长度按孔道长度增加 1.8m 计算。

7）碳素钢丝采用镦头锚具时，钢丝束长度按孔道长度增加 0.35m 计算。

7. 预应力钢丝（项目编码：010515007，计量单位：t）

工程内容、项目特征、计算规则同后张法预应力钢筋。

8. 预应力钢绞线（项目编码：010515008，计量单位：t）

工程内容、项目特征、计算规则同后张法预应力钢筋。

9. 支撑钢筋（铁马）（项目编码：010515009，计量单位：t）

（1）工程内容

支撑钢筋（铁马）的工程内容包括：钢筋制作、焊接、安装。

（2）项目特征

支撑钢筋（铁马）的项目特征包括：钢筋种类、规格。

（3）计算规则

按钢筋长度乘单位理论质量计算。

10. 声测管（项目编码：010515010，计量单位：t）

（1）工程内容

声测管的工程内容包括：检测管截断、封头，套管制作、焊接，定位、固定。

（2）项目特征

声测管的项目特征包括：材质、规格型号。

（3）计算规则

按设计图示尺寸以质量计算。

注：1. 现浇构件中伸出构件的锚固钢筋应并入钢筋工程量内。除设计标明的搭接外，其他施工搭接不
　　　计算工程量，在综合单价中综合考虑。

　　2. 现浇构件中固定位置的支撑钢筋、双层钢筋用的"铁马"在编制工程量清单时，如果设计未明
　　　确，其工程数量可为暂估量，结算时按现场签证数量计算。

5.4.3.2　螺栓、铁件

1. 螺栓（项目编码：010516001，计量单位：t）

（1）工程内容

螺栓的工程内容包括：螺栓、铁件制作、运输，螺栓、铁件安装。

（2）项目特征

螺栓的项目特征包括：螺栓种类、规格。

（3）计算规则

按设计图示尺寸以质量计算。

2. 预埋铁件（项目编码：010516002，计量单位：t）

（1）工程内容

预埋铁件的工程内容包括：螺栓、铁件制作、运输，螺栓、铁件安装。

（2）项目特征

预埋铁件的项目特征包括：钢材种类、规格、铁件尺寸。

（3）计算规则

按设计图示尺寸以质量计算。

3. 机械连接（项目编码：010516003，计量单位：个）

（1）工程内容

机械连接的工程内容包括：钢筋套丝、套筒连接。

（2）项目特征

机械连接的项目特征包括：连接方式、螺纹套筒种类、规格。

（3）计算规则

按数量计算。

注：编制工程量清单时，如果设计未明确，其工程数量可为暂估量，实际工程量按现场签证数量计算。

【例5-11】　图5-11为某带型混凝土基础示意图，试计算其钢筋用量。

解：（1）$\phi 20$：$[(30 + 0.6 - 0.035 \times 2 + 0.2) \times 2 + (13.3 + 0.6 - 0.035 \times 2 + 0.2) \times 3 + (10 \times 2 + 0.6 - 0.035 \times 2 + 0.2) + (6.65 + 0.6 - 0.035 \times 2 + 0.2)] \times 4 \times 2.47$

$= [61.46 + 42.09 + 20.73 + 7.38] \times 4 \times 2.47$

$= 131.66 \times 4 \times 2.47$

$= 1300.80$（kg）

（2）$\phi 18$：$[(30 + 0.6 - 0.035 \times 2 + 0.2) \times 2 + (13.3 + 0.6 - 0.035 \times 2 + 0.2) \times 3 + (10 \times 2 + 0.6 - 0.035 \times 2 + 0.2) + (6.65 + 0.6 - 0.035 \times 2 + 0.2)] \times 8 \times 2$

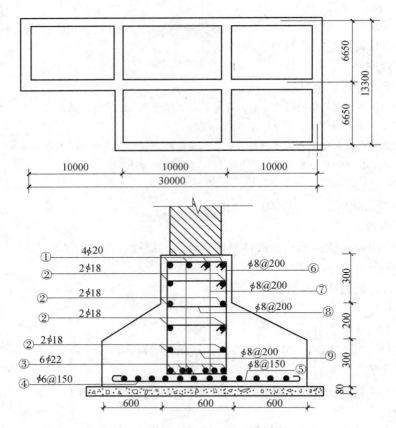

图 5-11　带型混凝土基础示意图

$$= 131.66 \times 8 \times 2$$
$$= 2106.56 \ （kg）$$

（3）$\phi 22$：［（30 + 0.6 − 0.035 × 2 + 0.2）×2 + （13.3 + 0.6 − 0.035 × 2 + 0.2）×3 + （10 × 2 + 0.6 − 0.035 × 2 + 0.2）+（6.65 + 0.6 − 0.035 × 2 + 0.2）］×6 × 2.98

　　　　= 131.66 × 6 × 2.98

　　　　= 2354.08 （kg）

（4）$\phi 6$：［（30 + 0.6 − 0.035 × 2 + 0.2）×2 + （13.3 + 0.6 − 0.035 × 2 + 0.2）×3 + （10 × 2 + 0.6 − 0.035 × 2 + 0.2）+（6.65 + 0.6 − 0.035 × 2 + 0.2）］×

　　　　［（1.8 − 0.035 × 2）÷0.15 + 1］×0.395

　　　　= 131.66 × 12.53 × 0.395

　　　　= 651.63 （kg）

（5）$\phi 8$：（1.8 − 0.035 × 2 + 6.25 × 0.006 × 2）×｛［（30 + 0.6 − 0.035 × 2 + 0.2）×2 + （13.3 + 0.6 − 0.035 × 2 + 0.2）×3 + （10 × 2 + 0.6 − 0.035 × 2 + 0.2）+ （6.65 + 0.6 − 0.035 × 2 + 0.2）］÷0.15 + 1｝×0.222

　　　　= 1.805 × 878.73 × 0.222

　　　　= 352.12 （kg）

【例 5-12】　如图 5-12 所示，为一雨篷平面示意图，计算其钢筋用量。

解：（1）$\phi 18$：（2.66 − 0.025 × 2 + 3.5 × 0.018）×6 × 2.0 = 32.08 （kg）

（2）$\phi 6$：［（0.33 + 0.24）×2 − 0.015 × 8］×［2.66 ÷ 0.2 + 1］×0.222

120

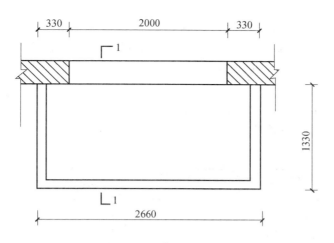

图 5-12　雨篷平面示意图

$$= 3.24 \ （kg）$$

（3）$\phi 6$：$[0.24 - 0.015 \times 2 + 6.25 \times 0.006 \times 2] \times [2.66 \div 0.2 + 1] \times 0.222$
$$= 0.90 \ （kg）$$

（4）$\phi 6$：$（2.66 - 0.025 \times 2）\times （1.33 \div 0.15 + 1）\times 0.222$
$$= 5.72 \ （kg）$$

（5）$\phi 6$：$（1.33 - 0.025 \times 2）\times （2.66 \div 0.15 + 1）\times 0.222$
$$= 5.32 \ （kg）$$

【例 5-13】　某一现浇模板平面图如图 5-13（a）所示，其中板厚 80mm。计算该现源浇板工程量。

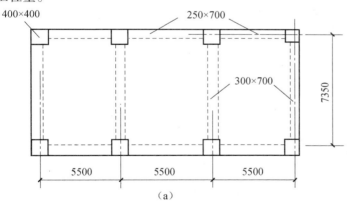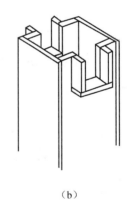

（a）　　　　　　　　　　　　　　　（b）

图 5-13　现浇模板示意图
（a）平面图；（b）立面图

解：在支柱模板时，预留梁的洞口，如图 5-13（b）所示。所求模板工程即求梁、板的模板接触面，不包括柱模板（柱模板只支到板底标高）。

$S_{梁} = [（5.5\text{-}0.2 \times 2）\times 2 \times （0.75\text{-}0.08）+（5.5\text{-}0.2 \times 2）\times 0.3] \times 6 + [（7.35\text{-}0.2 \times 2）\times 2 \times （0.7 - 0.08）+（7.35\text{-}0.2 \times 2）\times 0.3] \times 4$

$= 8.36 \times 6 + 10.71 \times 4$

$= 93.0 \ （m^2）$

$$S_{板} = (5.5 \times 3 + 0.2 \times 2) \times (7.35 + 0.2 \times 2) - [0.4 \times 0.4 \times 8 + (5.5 - 0.2 \times 2) \times 0.3 \times 6 +$$
$$(7.35 - 0.2 \times 2) \times 0.3 \times 4] + (5.5 \times 3 + 0.2 \times 2 + 7.35 + 0.2 \times 2) \times 2 \times 0.08$$
$$= 130.975 - 18.8 + 3.94$$
$$= 116.12 \ (m^2)$$

$$S_{模} = 93.0 + 116.12 = 209.12 \ (m^2)$$

【**例 5-14**】 根据图 5-14 所示尺寸，计算梁、板工程量。

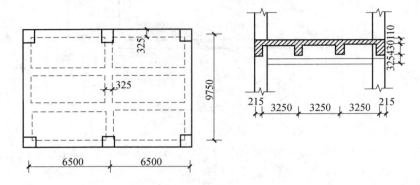

图 5-14 某建筑示意图

解： 板的工程量 $= (6.5 \times 2 + 0.43) \times (9.75 + 0.43) \times 0.11$
$$= 15.04 \ (m^3)$$

主梁工程量 $= 0.325 \times 0.755 \times (9.75 - 0.43) \times 3$
$$= 6.86 \ (m^3)$$

次梁工程量 $= 0.325 \times 0.43 \times (13 - 0.43) \times 2$
$$= 3.51 \ (m^3)$$

5.5 金属结构工程

5.5.1 钢网架

1. 钢网架（项目编码：010601001，计量单位：t）

（1）工程内容

钢网架的工程内容包括：拼装、安装、探伤、补刷油漆。

（2）项目特征

钢网架的项目特征包括：钢材品种、规格，网架节点形式、连接方式，网架跨度、安装高度，探伤要求，防火要求。

（3）计算规则

按设计图示尺寸以质量计算。不扣除孔眼的质量，焊条、铆钉、螺栓等不另增加质量。

5.5.2 钢屋架、钢托架、钢桁架、钢架桥

1. 钢屋架（项目编码：010602001，计量单位：榀/t）

（1）工程内容

钢屋架的工程内容包括：拼装、安装、探伤、补刷油漆。

（2）项目特征

钢屋架的项目特征包括：钢材品种、规格，单榀质量，屋架跨度、安装高度，螺栓种类，探伤要求，防火要求。

（3）计算规则

1）以榀计量，按设计图示数量计算。

2）以吨计量，按设计图示尺寸以质量计算。不扣除孔眼的质量，焊条、铆钉、螺栓等不另增加质量。

2. 钢托架 （项目编码：010602002，计量单位：t）

（1）工程内容

钢托架的工程内容包括：拼装、安装、探伤、补刷油漆。

（2）项目特征

钢托架的项目特征包括：钢材品种、规格，单榀质量，安装高度，螺栓种类，探伤要求，防火要求。

（3）计算规则

按设计图示尺寸以质量计算。不扣除孔眼的质量，焊条、铆钉、螺栓等不另增加质量。

3. 钢桁架 （项目编码：010602003，计量单位：t）

（1）工程内容

钢桁架的工程内容包括：拼装、安装、探伤、补刷油漆。

（2）项目特征

钢桁架的项目特征包括：钢材品种、规格，单榀质量，安装高度，螺栓种类，探伤要求，防火要求。

（3）计算规则

按设计图示尺寸以质量计算。不扣除孔眼的质量，焊条、铆钉、螺栓等不另增加质量。

4. 钢架桥 （项目编码：010602004，计量单位：t）

（1）工程内容

钢架桥的工程内容包括：拼装、安装、探伤、补刷油漆。

（2）项目特征

钢架桥的项目特征包括：桥架类型，钢材品种、规格，单榀质量，安装高度，螺栓种类，探伤要求。

（3）计算规则

按设计图示尺寸以质量计算。不扣除孔眼的质量，焊条、铆钉、螺栓等不另增加质量。

注：以榀计量，按标准图设计的应注明标准图代号，按非标准图设计的项目特征必须描述单榀屋架的质量。

5.5.3 钢柱

1. 实腹钢柱 （项目编码：010603001，计量单位：t）

（1）工程内容

实腹钢柱的工程内容包括：拼装、安装、探伤、补刷油漆。

（2）项目特征

实腹钢柱的项目特征包括：柱类型，钢材品种、规格，单根柱质量，螺栓种类，探伤要求，防火要求。

（3）计算规则

按设计图示尺寸以质量计算。不扣除孔眼的质量，焊条、铆钉、螺栓等不另增加质量，依附在钢柱上的牛腿及悬臂梁等并入钢柱工程量内。

2. 空腹钢柱（项目编码：010603002，计量单位：t）

工程内容、项目特征、计算规则同实腹钢柱。

3. 钢管柱（项目编码：010603003，计量单位：t）

（1）工程内容

钢管柱的工程内容包括：拼装、安装、探伤、补刷油漆。

（2）项目特征

钢管柱的项目特征包括：钢材品种、规格，单根柱质量，螺栓种类，探伤要求，防火要求。

（3）计算规则

按设计图示尺寸以质量计算。不扣除孔眼的质量，焊条、铆钉、螺栓等不另增加质量，钢管柱上的节点板、加强环、内衬管、牛腿等并入钢管柱工程量内。

> 注：1. 实腹钢柱类型指十字、T、L、H形等。
>
> 　　2. 空腹钢柱类型指箱形、格构等。
>
> 　　3. 型钢混凝土柱浇筑钢筋混凝土，其混凝土和钢筋应按混凝土及钢筋混凝土工程中相关项目编码列项。

5.5.4 钢梁

1. 钢梁（项目编码：010604001，计量单位：t）

（1）工程内容

钢梁的工程内容包括：拼装、安装、探伤、补刷油漆。

（2）项目特征

钢梁的项目特征包括：梁类型，钢材品种、规格，单根质量，螺栓种类，安装高度，探伤要求，防火要求。

（3）计算规则

按设计图示尺寸以质量计算。不扣除孔眼的质量，焊条、铆钉、螺栓等不另增加质量，制动梁、制动板、制动桁架、车挡并入钢吊车梁工程量内。

2. 钢吊车梁（项目编码：010604002，计量单位：t）

（1）工程内容

钢吊车梁的工程内容包括：拼装、安装、探伤、补刷油漆。

（2）项目特征

钢吊车梁的项目特征包括：钢材品种、规格，单根质量，螺栓种类，安装高度，探伤要求，防火要求。

（3）计算规则

按设计图示尺寸以质量计算。不扣除孔眼的质量，焊条、铆钉、螺栓等不另增加质量，制动梁、制动板、制动桁架、车挡并入钢吊车梁工程量内。

> 注：1. 梁类型指H、L、T形、箱形、格构式等。
>
> 　　2. 型钢混凝土梁浇筑钢筋混凝土，其混凝土和钢筋应按混凝土及钢筋混凝土工程中相关项目编码

列项。

5.5.5 钢板楼板、墙板

1. 钢板楼板（项目编码：010605001，计量单位：m²）

（1）工程内容

钢板楼板的工程内容包括：拼装、安装、探伤、补刷油漆。

（2）项目特征

钢板楼板的项目特征包括：钢材品种、规格，钢板厚度，螺栓种类，防火要求。

（3）计算规则

按设计图示尺寸以铺设水平投影面积计算。不扣除单个面积≤0.3m²柱、垛及孔洞所占面积。

2. 钢板墙板（项目编码：010605002，计量单位：m²）

（1）工程内容

钢板墙板的工程内容包括：拼装、安装、探伤、补刷油漆。

（2）项目特征

钢板墙板的项目特征包括：钢材品种、规格，钢板厚度、复合板厚度，螺栓种类，复合板夹芯材料种类、层数、型号、规格，防火要求。

（3）计算规则

按设计图示尺寸以铺挂展开面积计算。不扣除单个面积≤0.3m²的梁、孔洞所占面积，包角、包边、窗台泛水等不另加面积。

注：1. 钢板楼板上浇筑钢筋混凝土，其混凝土和钢筋应按混凝土及钢筋混凝土工程中相关项目编码列项。

2. 压型钢楼板按本表中钢板楼板项目编码列项。

5.5.6 钢构件

1. 钢支撑、钢拉条（项目编码：010606001，计量单位：t）

（1）工程内容

钢支撑、钢拉条的工程内容包括：拼装、安装、探伤、补刷油漆。

（2）项目特征

钢支撑、钢拉条的项目特征包括：钢材品种、规格，构件类型，安装高度，螺栓种类，探伤要求，防火要求。

（3）计算规则

按设计图示尺寸以质量计算。不扣除孔眼的质量，焊条、铆钉、螺栓等不另增加质量。

2. 钢檩条（项目编码：010606002，计量单位：t）

（1）工程内容

钢檩条的工程内容包括：拼装、安装、探伤、补刷油漆。

（2）项目特征

钢檩条的项目特征包括：钢材品种、规格，构件类型，单根质量，安装高度，螺栓种类，探伤要求，防火要求。

（3）计算规则

按设计图示尺寸以质量计算。不扣除孔眼的质量，焊条、铆钉、螺栓等不另增加质量。

3. 钢天窗架（项目编码：010606003，计量单位：t）

（1）工程内容

钢天窗架的工程内容包括：拼装、安装、探伤、补刷油漆。

（2）项目特征

钢天窗架的项目特征包括：钢材品种、规格，单榀质量，安装高度，螺栓种类，探伤要求，防火要求。

（3）计算规则

按设计图示尺寸以质量计算。不扣除孔眼的质量，焊条、铆钉、螺栓等不另增加质量。

4. 钢挡风架（项目编码：010606004，计量单位：t）

（1）工程内容

钢挡风架的工程内容包括：拼装、安装、探伤、补刷油漆。

（2）项目特征

钢挡风架的项目特征包括：钢材品种、规格，单榀质量，螺栓种类，探伤要求，防火要求。

（3）计算规则

按设计图示尺寸以质量计算。不扣除孔眼的质量，焊条、铆钉、螺栓等不另增加质量。

5. 钢墙架（项目编码：010606005，计量单位：t）

工程内容、项目特征、计算规则同钢挡风架。

6. 钢平台（项目编码：010606006，计量单位：t）

（1）工程内容

钢平台的工程内容包括：拼装、安装、探伤、补刷油漆。

（2）项目特征

钢平台的项目特征包括：钢材品种、规格，螺栓种类，防火要求。

（3）计算规则

按设计图示尺寸以质量计算。不扣除孔眼的质量，焊条、铆钉、螺栓等不另增加质量。

7. 钢走道（项目编码：010606007，计量单位：t）

工程内容、项目特征、计算规则同钢平台。

8. 钢梯（项目编码：010606008，计量单位：t）

（1）工程内容

钢梯的工程内容包括：拼装、安装、探伤、补刷油漆。

（2）项目特征

钢梯的项目特征包括：钢材品种、规格，钢梯形式，螺栓种类，防火要求。

（3）计算规则

按设计图示尺寸以质量计算。不扣除孔眼的质量，焊条、铆钉、螺栓等不另增加质量。

9. 钢护栏（项目编码：010606009，计量单位：t）

（1）工程内容

钢护栏的工程内容包括：拼装、安装、探伤、补刷油漆。

（2）项目特征

钢护栏的项目特征包括：钢材品种、规格，防火要求。

（3）计算规则

按设计图示尺寸以质量计算。不扣除孔眼的质量，焊条、铆钉、螺栓等不另增加质量。

10. 钢漏斗（项目编码：010606010，计量单位：t）

（1）工程内容

钢漏斗的工程内容包括：拼装、安装、探伤、补刷油漆。

（2）项目特征

钢漏斗的项目特征包括：钢材品种、规格，漏斗、天沟形式，安装高度，探伤要求。

（3）计算规则

按设计图示尺寸以质量计算，不扣除孔眼的质量，焊条、铆钉、螺栓等不另增加质量，依附漏斗或天沟的型钢并入漏斗或天沟工程量内。

11. 钢板天沟（项目编码：010606011，计量单位：t）

工程内容、项目特征、计算规则同钢漏斗。

12. 钢支架（项目编码：010606012，计量单位：t）

（1）工程内容

钢支架的工程内容包括：拼装、安装、探伤、补刷油漆。

（2）项目特征

钢支架的项目特征包括：钢材品种、规格，安装高度，防火要求。

（3）计算规则

按设计图示尺寸以质量计算，不扣除孔眼的质量，焊条、铆钉、螺栓等不另增加质量。

13. 零星钢构件（项目编码：010606013，计量单位：t）

（1）工程内容

零星钢构件的工程内容包括：拼装、安装、探伤、补刷油漆。

（2）项目特征

零星钢构件的项目特征包括：构件名称，钢材品种、规格。

（3）计算规则

按设计图示尺寸以质量计算，不扣除孔眼的质量，焊条、铆钉、螺栓等不另增加质量。

注：1. 钢墙架项目包括墙架柱、墙架梁和连接杆件。
   2. 钢支撑、钢拉条类型指单式、复式；钢檩条类型指型钢式、格构式；钢漏斗形式指方形、圆形；天沟形式指矩形沟或半圆形沟。
   3. 加工铁件等小型构件，按零星钢构件项目编码列项。

5.5.7　金属制品

1. 成品空调金属百页护栏（项目编码：010607001，计量单位：m²）

（1）工程内容

成品空调金属百页护栏的工程内容包括：安装、校正、预埋铁件及安螺栓。

（2）项目特征

成品空调金属百页护栏的项目特征包括：材料品种、规格，边框材质。

127

（3）计算规则

按设计图示尺寸以框外围展开面积计算。

2. 成品栅栏（项目编码：010607002，计量单位：m²）

（1）工程内容

成品栅栏的工程内容包括：安装、校正、预埋铁件、安螺栓及金属立柱。

（2）项目特征

成品栅栏的项目特征包括：材料品种、规格，边框及立柱型钢品种、规格。

（3）计算规则

按设计图示尺寸以框外围展开面积计算。

3. 成品雨篷（项目编码：010607003，计量单位：m/m²）

（1）工程内容

成品雨篷的工程内容包括：安装、校正、预埋铁件及安螺栓。

（2）项目特征

成品雨篷的项目特征包括：材料品种、规格，雨篷宽度，凉衣杆品种、规格。

（3）计算规则

1）以米计量，按设计图示接触边以米计算。

2）以平方米计量，按设计图示尺寸以展开面积计算。

4. 金属网栏（项目编码：010607004，计量单位：m²）

（1）工程内容

金属网栏的工程内容包括：制作、运输、安装、刷油漆。

（2）项目特征

金属网栏的项目特征包括：安装、校正、安螺栓及金属立柱。

（3）计算规则

按设计图示尺寸以框外围展开面积计算。

5. 砌块墙钢丝网加固（项目编码：010607005，计量单位：m²）

（1）工程内容

砌块墙钢丝网加固的工程内容包括：铺贴、铆固。

（2）项目特征

砌块墙钢丝网加固的项目特征包括：材料品种、规格，加固方式。

（3）计算规则

按设计图示尺寸以面积计算。

6. 后浇带金属网（项目编码：010607006，计量单位：m²）

工程内容、项目特征、计算规则同砌块墙钢丝网加固。

注：抹灰钢丝网加固按砌块墙钢丝网加固项目编码列项。

【例 5-15】 某工程钢支架示意图如图 5-15 所示，计算钢支撑制作工程量。

解：工程量计算：

角钢（∟ 140×14）：$4.0 \times 2 \times 2 \times 29.5 = 472.0$（kg）

钢板（$\delta 10$）：$0.85 \times 0.4 \times 78.5 = 26.7$（kg）

钢板（$\delta 10$）：$0.18 \times 0.1 \times 3 \times 2 \times 78.5 = 8.478$（kg）

钢板（$\delta 12$）：$(0.175 + 0.43) \times 0.54 \times 2 \times 94.2 = 61.55$（kg）

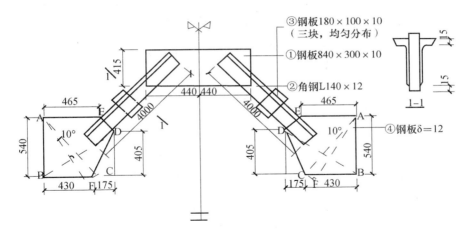

图 5-15　某工程钢支架示意图

工程量合计：$472.0 + 26.7 + 8.478 + 61.55 = 568.73$ （kg）

【例 5-16】　某钢栏杆如图 5-16 所示，计算其制作工程量。

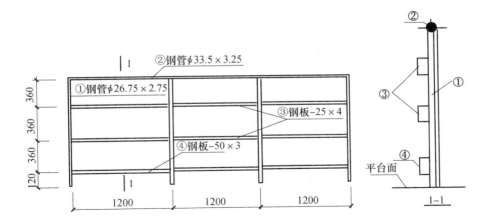

图 5-16　钢栏杆示意图

解：工程量计算：

钢管（$\phi 26.75 \times 2.75$）$= (0.12 + 0.36 \times 3) \times 4 \times 1.63 = 7.82$ （kg）

钢管（$\phi 33.5 \times 3.25$）$= 1.2 \times 3 \times 2.42 = 8.71$ （kg）

扁钢（—25×4）$= 1.2 \times 6 \times 0.785 = 5.65$ （kg）

扁钢（—50×3）$= 1.2 \times 3 \times 1.18 = 4.25$ （kg）

工程量合计：$7.82 + 8.71 + 5.65 + 4.25 = 26.43$ （kg）

【例 5-17】　图 5-17 为一柱间支架示意图，计算其制作工程量。

解：角钢每米重 $= 0.00795 \times$ 厚 $\times$ （长边 + 短边 - 厚）

$= 0.00795 \times 6.42 \times$ （$75 + 50 - 6.42$）

$= 6.05$ （kg/m）

钢板重量 $= 7.85 \times 8 = 62.8$ （kg/m^2）

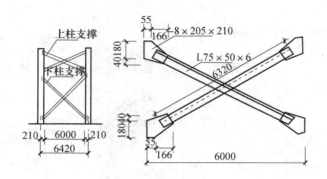

图 5-17　柱间支架示意图

钢支撑工程量：角钢：$6.32 \times 2 \times 6.05 = 76.47$（kg）

钢板：$(0.205 \times 0.21 \times 4) \times 62.8 = 10.81$（kg）

柱间支撑制作工程量 $= 76.47 + 10.81 = 87.28$（kg）

5.6　木结构工程

5.6.1　木屋架

1. 木屋架（项目编码：010701001，计量单位：榀/m³）

（1）工程内容

木屋架的工程内容包括：制作、运输、安装、刷防护材料。

（2）项目特征

木屋架的项目特征包括：跨度，材料品种、规格，刨光要求，拉杆及夹板种类，防护材料种类。

（3）计算规则

1）以榀计量，按设计图示数量计算。

2）以立方米计量，按设计图示的规格尺寸以体积计算。

2. 钢木屋架（项目编码：010701002，计量单位：榀）

（1）工程内容

钢木屋架的工程内容包括：制作、运输、安装、刷防护材料。

（2）项目特征

钢木屋架的项目特征包括：跨度，木材品种、规格，刨光要求，钢材品种、规格，防护材料种类。

（3）计算规则

以榀计量，按设计图示数量计算。

> 注：1. 屋架的跨度应以上、下弦中心线两交点之间的距离计算。
>
> 　　2. 带气楼的屋架和马尾、折角以及正交部分的半屋架，按相关屋架相目编码列项。
>
> 　　3. 以榀计量，按标准图设计的应注明标准图代号，按非标准图设计的项目特征必须按上述要求予以描述。

5.6.2　木构件

1. 木柱（项目编码：010702001，计量单位：m³）

（1）工程内容

130

木柱的工程内容包括：制作、运输、安装、刷防护材料。

（2）项目特征

木柱的项目特征包括：构件规格尺寸、木材种类、刨光要求、防护材料种类。

（3）计算规则

按设计图示尺寸以体积计算。

2. 木梁（项目编码：010702002，计量单位：m³）

工程内容、项目特征、计算规则木柱。

3. 木檩（项目编码：010702003，计量单位：m³/m）

（1）工程内容

木檩的工程内容包括：制作、运输、安装、刷防护材料。

（2）项目特征

木檩的项目特征包括：构件规格尺寸、木材种类、刨光要求、防护材料种类。

（3）计算规则

1）以立方米计量，按设计图示尺寸以体积计算。

2）以米计量，按设计图示尺寸以长度计算。

4. 木楼梯（项目编码：010702004，计量单位：m²）

（1）工程内容

木楼梯的工程内容包括：制作、运输、安装、刷防护材料。

（2）项目特征

木楼梯的项目特征包括：楼梯形式、木材种类、刨光要求、防护材料种类。

（3）计算规则

按设计图示尺寸以水平投影面积计算。不扣除宽度≤300mm的楼梯井，伸入墙内部分不计算。

5. 其他木构件（项目编码：010702005，计量单位：m³/m）

（1）工程内容

其他木构件的工程内容包括：制作、运输、安装、刷防护材料。

（2）项目特征

其他木构件的项目特征包括：构件名称、构件规格尺寸、木材种类、刨光要求、防护材料种类。

（3）计算规则

1）以立方米计量，按设计图示尺寸以体积计算。

2）以米计量，按设计图示尺寸以长度计算。

注：1. 木楼梯的栏杆（栏板）、扶手，应按其他工程中的相关项目编码列项。

2. 以米计量，项目特征必须描述构件规格尺寸。

5.6.3 屋面木基层

屋面木基层（项目编码：010703001，计量单位：m²）

（1）工程内容

屋面木基层的工程内容包括：椽子制作、安装，望板制作、安装，顺水条和挂瓦条制作、安装，刷防护材料。

（2）项目特征

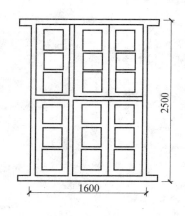

图 5-18　单层玻璃窗

屋面木基层的项目特征包括：椽子断面尺寸及椽距，望板材料种类、厚度，防护材料种类。

（3）计算规则

按设计图示尺寸以斜面积计算。不扣除房上烟囱、风帽底座、风道、小气窗、斜沟等所占面积。小气窗的出檐部分不增加面积。

【例5-18】　图5-18为一单层玻璃窗示意图，其中框料为60mm×90mm，墙厚230mm。该窗上有窗帘盒，下有木窗台板，钉单面贴脸，中腰枋带有披水条，计算其工程量。

解：（1）窗按三扇无亮窗计算：$1.6 \times 2.5 = 4.0$（m²）

（2）窗帘盒：$1.6 + 0.3 = 1.9$（m²）

（3）窗台板因未规定长度和宽度，按长度增加100mm，宽度增加50mm计算：

$(1.6 + 0.1) \times (0.23 - 0.09 + 0.06) = 0.34$（m²）

（4）贴脸：$(1.6 + 2.5) \times 2 = 8.0$（m）

（5）披水条长度等于窗宽，即1.6m，不论是框上带有的还是另钉上去的，工程量均相同。

【例5-19】　某屋架示意图如下（图5-19），计算15m跨度方木屋架工程量。

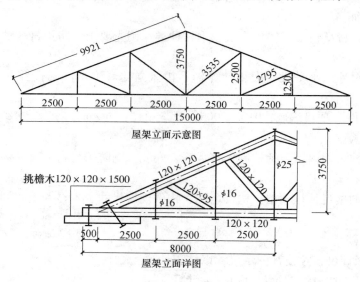

图 5-19　某屋架示意图

解：计算竣工木料工程量：

上弦工程量 $= 9.921 \times 0.12 \times 0.21 \times 2 = 0.50$（m³）

下弦工程量 $= (15 + 0.5 \times 2) \times 0.12 \times 0.21 = 0.40$（m³）

斜撑工程量 $= 3.535 \times 0.12 \times 0.12 \times 2 = 0.10$（m³）

斜撑工程量 $= 2.795 \times 0.12 \times 0.12 \times 2 = 0.08$（m³）

挑檐木 $= 0.12 \times 0.12 \times 1.5 \times 2 = 0.04$（m³）

方木竣工木料工程量合计：

0. 50 + 0. 40 + 0. 10 + 0. 08 + 0. 04 = 1. 12（m³）

【例 5-20】 某屋面风檐板如图 5-20 所示，计算风檐板及搏风板工程量。

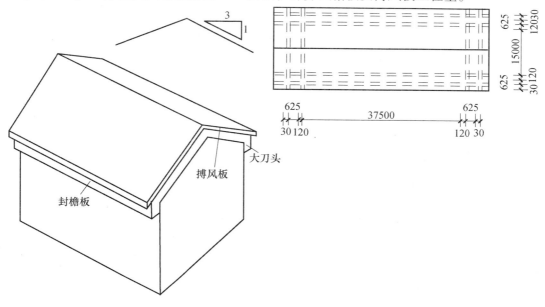

图 5-20 屋面风檐板示意图

解：风檐板工程量 =（37. 5 + 0. 15 × 2 + 0. 625 × 2）× 2 = 78. 1（m）

搏风板工程量 =（15 + 0. 15 × 2 + 0. 625 × 2）× 1. 0541 × 2 + 0. 625 × 4

$$= 34. 89 + 2. 5$$

$$= 37. 39（m）$$

【例 5-21】 某门窗如图 5-21 所示，计算框上装玻璃部分工程量及门、窗工程量。

解：框上装玻璃工程量：

$$S_1 = 1. 01 × 0. 56 = 0. 57（m^2）$$

门的工程量：

$$S_2 = 2. 14 × 1. 01 = 2. 16（m^2）$$

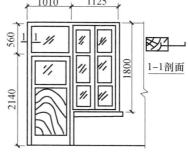

图 5-21 某门窗示意图

窗的工程量：

$$S_3 = 1. 8 × 1. 125 = 2. 03（m^2）$$

5.7 门窗工程

5.7.1 门

5.7.1.1 木门

1. 木质门（项目编码：010801001，计量单位：樘/m²）

（1）工程内容

木质门的工程内容包括：门安装、玻璃安装、五金安装。

133

（2）项目特征

木质门的项目特征包括：门代号及洞口尺寸，镶嵌玻璃品种、厚度。

（3）计算规则

1）以樘计量，按设计图示数量计算。

2）以平方米计量，按设计图示洞口尺寸以面积计算。

2. 木质门带套（项目编码：010801002，计量单位：樘/m²）

工程内容、项目特征、计算规则同木质门。

3. 木质连窗门（项目编码：010801003，计量单位：樘/m²）

工程内容、项目特征、计算规则同木质门。

4. 木质防火门（项目编码：010801004，计量单位：樘/m²）

工程内容、项目特征、计算规则同木质门。

5. 木门框（项目编码：010801005，计量单位：樘/m）

（1）工程内容

木门框的工程内容包括：木门框制作、安装，运输，刷防护材料。

（2）项目特征

木门框的项目特征包括：门代号及洞口尺寸、框截面尺寸、防护材料种类。

（3）计算规则

1）以樘计量，按设计图示数量计算。

2）以米计量，按设计图示框的中心线以延长米计算。

6. 门锁安装（项目编码：010801006，计量单位：个/套）

（1）工程内容

门锁安装的工程内容包括：安装。

（2）项目特征

门锁安装的项目特征包括：锁品种、锁规格。

（3）计算规则

按设计图示数量计算。

注：1. 木质门应区分镶板木门、企口木板门、实木装饰门、胶合板门、夹板装饰门、木纱门、全玻门（带木质扇框）、木质半玻门（带木质扇框）等项目，分别编码列项。

　　2. 木门五金应包括：折页、插销、门碰珠、弓背拉手、搭机、木螺丝、弹簧折页（自动门）、管子拉手（自由门、地弹门）、地弹簧（地弹门）、角铁、门轧头（地弹门、自由门）等。

　　3. 木质门带套计量按洞口尺寸以面积计算，不包括门套的面积，但门套应计算在综合单价中。

　　4. 以樘计量，项目特征必须描述洞口尺寸；以平方米计量，项目特征可不描述洞口尺寸。

　　5. 单独制作安装木门框按木门框项目编码列项。

5.7.1.2　金属门

1. 金属（塑钢）门（项目编码：010802001，计量单位：樘/m²）

（1）工程内容

金属（塑钢）门的工程内容包括：门安装、五金安装、玻璃安装。

（2）项目特征

金属（塑钢）门的项目特征包括：门代号及洞口尺寸，门框或扇外围尺寸，门框、扇材质，玻璃品种、厚度。

134

（3）计算规则

1）以樘计量，按设计图示数量计算。

2）以平方米计量，按设计图示洞口尺寸以面积计算。

2．彩板门（项目编码：010802002，计量单位：樘/m²）

（1）工程内容

彩板门的工程内容包括：门安装、五金安装、玻璃安装。

（2）项目特征

彩板门的项目特征包括：门代号及洞口尺寸、门框或扇外围尺寸。

（3）计算规则

1）以樘计量，按设计图示数量计算。

2）以平方米计量，按设计图示洞口尺寸以面积计算。

3．钢质防火门（项目编码：010802003，计量单位：樘/m²）

（1）工程内容

钢质防火门的工程内容包括：门安装、五金安装、玻璃安装。

（2）项目特征

钢质防火门的项目特征包括：门代号及洞口尺寸，门框或扇外围尺寸，门框、扇材质。

（3）计算规则

1）以樘计量，按设计图示数量计算。

2）以平方米计量，按设计图示洞口尺寸以面积计算。

4．防盗门（项目编码：010802004，计量单位：樘/m²）

（1）工程内容

防盗门的工程内容包括：门安装、五金安装。

（2）项目特征

防盗门的项目特征包括：门代号及洞口尺寸，门框或扇外围尺寸，门框、扇材质。

（3）计算规则

1）以樘计量，按设计图示数量计算。

2）以平方米计量，按设计图示洞口尺寸以面积计算。

注：1．金属门应区分金属平开门、金属推拉门、金属地弹门、全玻门（带金属扇框）、金属半玻门（带扇框）等项目，分别编码列项。

2．铝合金门五金包括：地弹簧、门锁、拉手、门插、门铰、螺丝等。

3．金属门五金包括L型执手插锁（双舌）、执手锁（单舌）、门轨头、地锁、防盗门机、门眼（猫眼）、门碰珠、电子锁（磁卡锁）、闭门器、装饰拉手等。

4．以樘计量，项目特征必须描述洞口尺寸，没有洞口尺寸必须描述门框或扇外围尺寸，以平方米计量，项目特征可不描述洞口尺寸及框、扇的外围尺寸。

5．以平方米计量，无设计图示洞口尺寸，按门框、扇外围以面积计算。

5.7.1.3　金属卷帘（闸）门

1．金属卷帘（闸）门（项目编码：010803001，计量单位：樘/m²）

（1）工程内容

金属卷帘（闸）门的工程内容包括：门运输、安装，启动装置、活动小门、五金安装。

（2）项目特征

金属卷帘（闸）门的项目特征包括：门代号及洞口尺寸，门材质，启动装置品种、规格。

（3）计算规则

1）以樘计量，按设计图示数量计算。

2）以平方米计量，按设计图示洞口尺寸以面积计算。

2. 防火卷帘（闸）门（项目编码：010803002，计量单位：樘/m²）

工程内容、项目特征、计算规则同金属卷帘（闸）门。

注：以樘计量，项目特征必须描述洞口尺寸；以平方米计量，项目特征可不描述洞口尺寸。

5.7.1.4 厂库房大门、特种门

1. 木板大门（项目编码：010804001，计量单位：樘/m²）

（1）工程内容

木板大门的工程内容包括：门（骨架）制作、运输，门、五金配件安装，刷防护材料。

（2）项目特征

木板大门的项目特征包括：门代号及洞口尺寸，门框或扇外围尺寸，门框、扇材质，五金种类、规格，防护材料种类。

（3）计算规则

1）以樘计量，按设计图示数量计算。

2）以平方米计量，按设计图示洞口尺寸以面积计算。

2. 钢木大门（项目编码：010804002，计量单位：樘/m²）

工程内容、项目特征、计算规则同木板大门。

3. 全钢板大门（项目编码：010804003，计量单位：樘/m²）

工程内容、项目特征、计算规则同木板大门。

4. 防护铁丝门（项目编码：010804004，计量单位：樘/m²）

（1）工程内容

防护铁丝门的工程内容包括：门（骨架）制作、运输，门、五金配件安装，刷防护材料。

（2）项目特征

防护铁丝门的项目特征包括：门代号及洞口尺寸，门框或扇外围尺寸，门框、扇材质，五金种类、规格，防护材料种类。

（3）计算规则

1）以樘计量，按设计图示数量计算。

2）以平方米计量，按设计图示门框或扇以面积计算。

5. 金属格栅门（项目编码：010804005，计量单位：樘/m²）

（1）工程内容

金属格栅门的工程内容包括：门安装，启动装置、五金配件安装。

（2）项目特征

金属格栅门的项目特征包括：门代号及洞口尺寸，门框或扇外围尺寸，门框、扇材质，启动装置的品种、规格。

（3）计算规则

1）以樘计量，按设计图示数量计算。

2）以平方米计量，按设计图示洞口尺寸以面积计算。

6. 钢质花饰大门（项目编码：010804006，计量单位：樘/m²）

（1）工程内容

钢质花饰大门的工程内容包括：门安装、五金配件安装。

（2）项目特征

钢质花饰大门的项目特征包括：门代号及洞口尺寸，门框或扇外围尺寸，门框、扇材质。

（3）计算规则

1）以樘计量，按设计图示数量计算。

2）以平方米计量，按设计图示门框或扇以面积计算。

7. 特种门（项目编码：010804007，计量单位：樘/m²）

（1）工程内容

特种门的工程内容包括：门安装、五金配件安装。

（2）项目特征

特种门的项目特征包括：门代号及洞口尺寸，门框或扇外围尺寸，门框、扇材质。

（3）计算规则

1）以樘计量，按设计图示数量计算。

2）以平方米计量，按设计图示洞口尺寸以面积计算。

注：1. 特种门应区分冷藏门、冷冻间门、保温门、变电室门、隔声门、防射电门、人防门、金库门等项目，分别编码列项。

2. 以樘计量，项目特征必须描述洞口尺寸，没有洞口尺寸必须描述门框或扇外围尺寸；以平方米计量，项目特征可不描述洞口尺寸及框、扇的外围尺寸。

3. 以平方米计量，无设计图示洞口尺寸，按门框、扇外围以面积计算。

5.7.1.5 其他门

1. 电子感应门（项目编码：010805001，计量单位：樘/m²）

（1）工程内容

电子感应门的工程内容包括：门安装，启动装置、五金、电子配件安装。

（2）项目特征

电子感应门的项目特征包括：门代号及洞口尺寸，门框或扇外围尺寸，门框、扇材质，玻璃品种、厚度，启动装置的品种、规格，电子配件品种、规格。

（3）计算规则

1）以樘计量，按设计图示数量计算。

2）以平方米计量，按设计图示洞口尺寸以面积计算。

2. 旋转门（项目编码：010805002，计量单位：樘/m²）

工程内容、项目特征、计算规则同电子感应门。

3. 电子对讲门（项目编码：010805003，计量单位：樘/m²）

（1）工程内容

电子对讲门的工程内容包括：门安装，启动装置、五金、电子配件安装。

（2）项目特征

电子对讲门的项目特征包括：门代号及洞口尺寸，门框或扇外围尺寸，门材质，玻璃品种、厚度，启动装置的品种、规格，电子配件品种、规格。

（3）计算规则

1）以樘计量，按设计图示数量计算。

2）以平方米计量，按设计图示洞口尺寸以面积计算。

4．电动伸缩门项目编码：010805004，计量单位：樘/m²）

工程内容、项目特征、计算规则同电子对讲门。

5．全玻自由门（项目编码：010805005，计量单位：樘/m²）

（1）工程内容

全玻自由门的工程内容包括：门安装、五金安装。

（2）项目特征

全玻自由门的项目特征包括：门代号及洞口尺寸，门框或扇外围尺寸，框材质，玻璃品种、厚度。

（3）计算规则

1）以樘计量，按设计图示数量计算。

2）以平方米计量，按设计图示洞口尺寸以面积计算。

6．镜面不锈钢饰面门（项目编码：010805006，计量单位：樘/m²）

（1）工程内容

镜面不锈钢饰面门的工程内容包括：门安装、五金安装。

（2）项目特征

镜面不锈钢饰面门的项目特征包括：门代号及洞口尺寸，门框或扇外围尺寸，框、扇材质，玻璃品种、厚度。

（3）计算规则

1）以樘计量，按设计图示数量计算。

2）以平方米计量，按设计图示洞口尺寸以面积计算。

7．复合材料门（项目编码：010805007，计量单位：樘/m²）

工程内容、项目特征、计算规则同镜面不锈钢饰面门。

注：1. 以樘计量，项目特征必须描述洞口尺寸，没有洞口尺寸必须描述门框或扇外围尺寸；以平方米计量，项目特征可不描述洞口尺寸及框、扇的外围尺寸。

2. 以平方米计量，无设计图示洞口尺寸，按门框、扇外围以面积计算。

5.7.2 窗

5.7.2.1 木窗

1．木质窗（项目编码：010806001，计量单位：樘/m²）

（1）工程内容

木质窗的工程内容包括：窗安装，五金、玻璃安装。

（2）项目特征

木质窗的项目特征包括：窗代号及洞口尺寸，玻璃品种、厚度。

（3）计算规则

1）以樘计量，按设计图示数量计算。

2）以平方米计量，按设计图示洞口尺寸以面积计算。

2．木飘（凸）窗（项目编码：010806002，计量单位：樘/m²）

（1）工程内容

木飘（凸）窗的工程内容包括：窗安装，五金、玻璃安装。

（2）项目特征

木飘（凸）窗的项目特征包括：窗代号及洞口尺寸，玻璃品种、厚度。

（3）计算规则

1）以樘计量，按设计图示数量计算。

2）以平方米计量，按设计图示尺寸以框外围展开面积计算。

3. 木橱窗（项目编码：010806003，计量单位：樘/m²）

（1）工程内容

木橱窗的工程内容包括：窗制作、运输、安装，五金、玻璃安装，刷防护材料。

（2）项目特征

木橱窗的项目特征包括：窗代号，框截面及外围展开面积，玻璃品种、厚度，防护材料种类。

（3）计算规则

1）以樘计量，按设计图示数量计算。

2）以平方米计量，按设计图示尺寸以框外围展开面积计算。

4. 木纱窗（项目编码：010806004，计量单位：樘/m²）

（1）工程内容

木纱窗的工程内容包括：窗安装、五金安装。

（2）项目特征

木纱窗的项目特征包括：窗代号及框的外围尺寸，窗纱材料品种、规格。

（3）计算规则

1）以樘计量，按设计图示数量计算。

2）以平方米计量，按框的外围尺寸以面积计算。

注：1. 木质窗应区分木百叶窗、木组合窗、木天窗、木固定窗、木装饰空花窗等项目，分别编码列项。

2. 以樘计量，项目特征必须描述洞口尺寸，没有洞口尺寸必须描述窗框外围尺寸；以平方米计量，项目特征可不描述洞口尺寸及框的外围尺寸。

3. 以平方米计量，无设计图示洞口尺寸，按窗框外围以面积计算。

4. 木橱窗、木飘（凸）窗以樘计量，项目特征必须描述框截面及外围展开面积。

5. 木窗五金包括：折页、插销、风钩、木螺丝、滑楞滑轨（推拉窗）等。

5.7.2.2 金属窗

1. 金属（塑钢、断桥）窗（项目编码：010807001，计量单位：樘/m²）

（1）工程内容

金属（塑钢、断桥）窗的工程内容包括：窗安装，五金、玻璃安装。

（2）项目特征

金属（塑钢、断桥）窗的项目特征包括：窗代号及洞口尺寸，框、扇材质，玻璃品种、厚度。

（3）计算规则

1）以樘计量，按设计图示数量计算。

2）以平方米计量，按设计图示洞口尺寸以面积计算。

2．金属防火窗（项目编码：010807002，计量单位：樘/m²）

工程内容、项目特征、计算规则同金属（塑钢、断桥）窗。

3．金属百叶窗（项目编码：010807003，计量单位：樘/m²）

（1）工程内容

金属百叶窗的工程内容包括：窗安装、五金安装。

（2）项目特征

金属百叶窗的项目特征包括：窗代号及洞口尺寸，框、扇材质，玻璃品种、厚度。

（3）计算规则

1）以樘计量，按设计图示数量计算。

2）以平方米计量，按设计图示洞口尺寸以面积计算。

4．金属纱窗（项目编码：010807004，计量单位：樘/m²）

（1）工程内容

金属纱窗的工程内容包括：窗安装、五金安装。

（2）项目特征

金属纱窗的项目特征包括：窗代号及框的外围尺寸，框材质，窗纱材料品种、规格。

（3）计算规则

1）以樘计量，按设计图示数量计算。

2）以平方米计量，按框的外围尺寸以面积计算。

5．金属格栅窗（项目编码：010807005，计量单位：樘/m²）

（1）工程内容

金属格栅窗的工程内容包括：窗安装、五金安装。

（2）项目特征

金属格栅窗的项目特征包括：窗代号及洞口尺寸，框外围尺寸，框、扇材质。

（3）计算规则

1）以樘计量，按设计图示数量计算。

2）以平方米计量，按设计图示洞口尺寸以面积计算。

6．金属（塑钢、断桥）橱窗（项目编码：010807006，计量单位：樘/m²）

（1）工程内容

金属（塑钢、断桥）橱窗的工程内容包括：窗制作、运输、安装，五金、玻璃安装，刷防护材料。

（2）项目特征

金属（塑钢、断桥）橱窗的项目特征包括：窗代号，框外围展开面积，框、扇材质，玻璃品种、厚度，防护材料种类。

（3）计算规则

1）以樘计量，按设计图示数量计算。

2）以平方米计量，按设计图示尺寸以框外围展开面积计算。

7．金属（塑钢、断桥）飘（凸）窗（项目编码：010807007，计量单位：樘/m²）

（1）工程内容

金属（塑钢、断桥）飘（凸）窗的工程内容包括：窗安装，五金、玻璃安装。

（2）项目特征

金属（塑钢、断桥）飘（凸）窗的项目特征包括：窗代号，框外围展开面积，框、扇材质，玻璃品种、厚度。

（3）计算规则

1）以樘计量，按设计图示数量计算。

2）以平方米计量，按设计图示尺寸以框外围展开面积计算。

8. 彩板窗（项目编码：010807008，计量单位：樘/m²）

（1）工程内容

彩板窗的工程内容包括：窗安装，五金、玻璃安装。

（2）项目特征

彩板窗的项目特征包括：窗代号及洞口尺寸，框外围尺寸，框、扇材质，玻璃品种、厚度。

（3）计算规则

1）以樘计量，按设计图示数量计算。

2）以平方米计量，按设计图示洞口尺寸或框外围以面积计算。

9. 复合材料窗（项目编码：010807009，计量单位：樘/m²）

工程内容、项目特征、计算规则同彩板窗。

注：1. 金属窗应区分金属组合窗、防盗窗等项目，分别编码列项。

2. 以樘计量，项目特征必须描述洞口尺寸，没有洞口尺寸必须描述窗框外围尺寸；以平方米计量，项目特征可不描述洞口尺寸及框的外围尺寸。

3. 以平方米计量，无设计图示洞口尺寸，按窗框外围以面积计算。

4. 金属橱窗、飘（凸）窗以樘计量，项目特征必须描述框外围展开面积。

5. 金属窗五金包括：折页、螺丝、执手、卡锁、风撑、滑轮、滑轨、拉把、拉手、角码、牛角制等。

5.7.2.3 门窗套

1. 木门窗套（项目编码：010808001，计量单位：樘/m²/m）

（1）工程内容

木门窗套的工程内容包括：清理基层，立筋制作、安装，基层板安装，面层铺贴，线条安装，刷防护材料。

（2）项目特征

木门窗套的项目特征包括：窗代号及洞口尺寸，门窗套展开宽度，基层材料种类，面层材料品种、规格，线条品种、规格，防护材料种类。

（3）计算规则

1）以樘计量，按设计图示数量计算。

2）以平方米计量，按设计图示尺寸以展开面积计算。

3）以米计量，按设计图示中心以延长米计算。

2. 木筒子板（项目编码：010808002，计量单位：樘/m²/m）

（1）工程内容

木筒子板的工程内容包括：清理基层，立筋制作、安装，基层板安装，面层铺贴，线条安装，刷防护材料。

（2）项目特征

木筒子板的项目特征包括：筒子板宽度，基层材料种类，面层材料品种、规格，线条品种、规格，防护材料种类。

（3）计算规则

1）以樘计量，按设计图示数量计算。

2）以平方米计量，按设计图示尺寸以展开面积计算。

3）以米计量，按设计图示中心以延长米计算。

3. 饰面夹板筒子板（项目编码：010808003，计量单位：樘/m²/m）

工程内容、项目特征、计算规则同木筒子板。

4. 金属门窗套（项目编码：010808004，计量单位：樘/m²/m）

（1）工程内容

金属门窗套的工程内容包括：清理基层，立筋制作、安装，基层板安装，面层铺贴，刷防护材料。

（2）项目特征

金属门窗套的项目特征包括：窗代号及洞口尺寸，门窗套展开宽度，基层材料种类，面层材料品种、规格，防护材料种类。

（3）计算规则

1）以樘计量，按设计图示数量计算。

2）以平方米计量，按设计图示尺寸以展开面积计算。

3）以米计量，按设计图示中心以延长米计算。

5. 石材门窗套（项目编码：010808005，计量单位：樘/m²/m）

（1）工程内容

石材门窗套的工程内容包括：清理基层，立筋制作、安装，基层抹灰，面层铺贴，线条安装。

（2）项目特征

石材门窗套的项目特征包括：窗代号及洞口尺寸，门窗套展开宽度，粘结层厚度、砂浆配合比，面层材料品种、规格，线条品种、规格。

（3）计算规则

1）以樘计量，按设计图示数量计算。

2）以平方米计量，按设计图示尺寸以展开面积计算。

3）以米计量，按设计图示中心以延长米计算。

6. 门窗木贴脸（项目编码：010808006，计量单位：樘/m）

（1）工程内容

门窗木贴脸的工程内容包括：安装。

（2）项目特征

门窗木贴脸的项目特征包括：门窗代号及洞口尺寸、贴脸板宽度、防护材料种类。

（3）计算规则

1）以樘计量，按设计图示数量计算。

2）以米计量，按设计图示尺寸以延长米计算。

7. 成品木门窗套（项目编码：010808007，计量单位：樘/m²/m）

（1）工程内容

成品木门窗套的工程内容包括：清理基层，立筋制作、安装，板安装。

（2）项目特征

成品木门窗套的项目特征包括：门窗代号及洞口尺寸，门窗套展开宽度，门窗套材料品种、规格。

（3）计算规则

1）以樘计量，按设计图示数量计算。

2）以平方米计量，按设计图示尺寸以展开面积计算。

3）以米计量，按设计图示中心以延长米计算。

注：1. 以樘计量，项目特征必须描述洞口尺寸、门窗套展开宽度。

2. 以平方米计量，项目特征可不描述洞口尺寸、门窗套展开宽度。

3. 以米计量，项目特征必须描述门窗套展开宽度、筒子板及贴脸宽度。

4. 木门窗套适用于单独门窗套的制作、安装。

5.7.2.4 窗台板

1. 木窗台板（项目编码：010809001，计量单位：m^2）

（1）工程内容

木窗台板的工程内容包括：基层清理，基层制作、安装，窗台板制作、安装，刷防护材料。

（2）项目特征

木窗台板的项目特征包括：基层材料种类，窗台面板材质、规格、颜色，防护材料种类。

（3）计算规则

按设计图示尺寸以展开面积计算。

2. 铝塑窗台板（项目编码：010809002，计量单位：m^2）

工程内容、项目特征、计算规则同木窗台板。

3. 金属窗台板（项目编码：010809003，计量单位：m^2）

工程内容、项目特征、计算规则同木窗台板。

4. 石材窗台板（项目编码：010809004，计量单位：m^2）

（1）工程内容

石材窗台板的工程内容包括：基层清理，抹找平层，窗台板制作、安装。

（2）项目特征

石材窗台板的项目特征包括：粘结层厚度、砂浆配合比，窗台板材质、规格、颜色。

（3）计算规则

按设计图示尺寸以展开面积计算。

5.7.2.5 窗帘、窗帘盒、轨

1. 窗帘（项目编码：010810001，计量单位：m/m^2）

（1）工程内容

窗帘的工程内容包括：制作、运输，安装。

（2）项目特征

窗帘的项目特征包括：窗帘材质，窗帘高度、宽度，窗帘层数，带幔要求。

（3）计算规则

1）以米计量，按设计图示尺寸以成活后长度计算。

2）以平方米计量，按图示尺寸以成活后展开面积计算。

2．木窗帘盒（项目编码：010810002，计量单位：m）

（1）工程内容

木窗帘盒的工程内容包括：制作、运输、安装，刷防护材料。

（2）项目特征

木窗帘盒的项目特征包括：窗帘盒材质、规格，防护材料种类。

（3）计算规则

按设计图示尺寸以长度计算。

3．饰面夹板、塑料窗帘盒（项目编码：010810003，计量单位：m）

工程内容、项目特征、计算规则同木窗帘盒。

4．铝合金窗帘盒（项目编码：010810004，计量单位：m）

工程内容、项目特征、计算规则同木窗帘盒。

5．窗帘轨（项目编码：010810005，计量单位：m）

（1）工程内容

窗帘轨的工程内容包括：制作、运输、安装，刷防护材料。

（2）项目特征

窗帘轨的项目特征包括：窗帘轨材质、规格，轨的数量，防护材料种类。

（3）计算规则

按设计图示尺寸以长度计算。

注：1．窗帘若是双层，项目特征必须描述每层材质。

2．窗帘以米计量，项目特征必须描述窗帘高度和宽。

【例5-22】 某会议室安装铝合金门窗（见图5-22），门为单扇地弹簧门，带上亮洞口尺寸为2.5m×1.0m（10樘），窗为带上亮双扇推拉窗洞口尺寸为2.4m×2.0m（8樘），编制

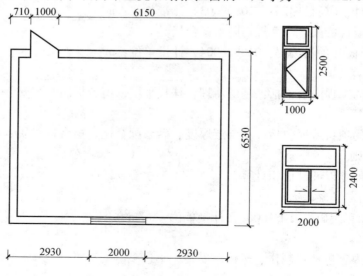

图5-22 某会议室铝合金门窗

分部分项工程量清单、综合单价及合价表。

解： 1. 清单工程量计算：根据装饰装修工程工程量清单项目及计算规则，清单工程数量为 10 樘。

2. 消耗量定额工程量及费用计算：

（1）该项目的工程内容：铝合金单扇地弹簧门，带上亮安装。

（2）根据消耗量定额计算单位和计算规则，每樘地弹簧门的工程量为：

$$2.5 \times 1.0 = 2.5 \ (m^2)$$

（3）计算清单项目每计量单位应包含的各项工程内容的而工程数量：

安装铝合金单扇地弹簧门工程数量：$2.5 \div 1 = 2.5 \ (m^2)$

（4）参考《全国统一建筑装饰装修工程消耗量定额》套用定额。计算清单项目每计量单位工程内容人工、材料、机械价款。

铝合金单扇地弹簧门安装：

人工费：60.15 元。

材料费：456.88 元。

机械费：2.74 元。

（5）清单项目每计量单位人工、材料、机械价款：见表 5-1。

$$60.15 + 456.88 + 2.74 = 519.77 \ (元)$$

表 5-1　消耗量定额费用

定额编号	清单项目名称	工作内容	计量单位	数量	其中（元）			
					人工费	材料费	机械费	小计
—	金属地弹簧门	制作：型材矫正、放样、切割组装　安装：现场搬运、安装、校正框扇、安玻璃等	樘	1	60.15	456.88	2.74	519.77

3. 编制清单综合单价表，根据企业情况确定管理费率170%，利润率110%，计算基础人工费。见表 5-2。

表 5-2　分部分项工程量清单综合单价计算表

项目编号	010802001001	项目名称	金属地弹簧门	计量单位	樘	工程量	10

定额编号	定额项目名称	定额单位	数量	单价（元）			合价（元）			
				人工费	材料费	机械费	人工费	材料费	机械费	管理费和利润
—	金属地弹簧门	m²	1	60.15	456.88	2.74	60.15	456.88	2.74	168.42
人工单价		小计		60.15	456.88	2.74		168.42		
28 元/工日		未计价材料费		—						
清单项目综合单价（元）				689.17						

4. 编制分部分项工程量清单合价表。见表 5-3。

表 5-3　分部分项工程量清单合价

序号	项目编码	项目名称	项目特征描述	计量单位	工程量	金额（元）	
						综合单价	合　价
1	010802001001	金属地弹簧门	1. 门类型 2. 框材质、外围尺寸 3. 扇材质、外围尺寸 4. 玻璃品种、厚度、五金材料、品种、规格 5. 防护材料种类 6. 油漆品种、刷漆遍数	樘	10	689.17	6891.7

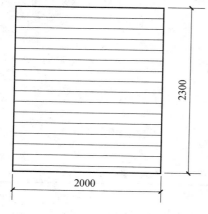

图 5-23　铝合金百叶窗

【例 5-23】　某办公室卫生间安装铝合金百叶窗（图 5-23），洞口尺寸为 2000mm × 2300mm（8 樘），编制分部分项工程量清单、综合单价及合价表。

解：1. 清单工程量计算：根据装饰装修工程工程量清单计价办法，清单工程数量为 8 樘。

2. 消耗量定额工程量及费用计算：

（1）该项目的工程内容：现场搬运、安装铝合金百叶窗、周边塞口、清扫等。

（2）依据消耗量定额计量单位和计算规则，计算工程量：

单樘铝合金百叶窗工程量为：$2.0 \times 2.3 = 4.6$（m²）

（3）分别计算清单项目每计量单位应包含的各项工程内容的工程数量：

（4）参考《全国统一建筑装饰装修工程消耗量定额》套用定额。计算清单项目每计量单位工程内容人工、材料、机械价款。见表 5-4。

表 5-4　消耗量定额费用

定额编号	清单项目名称	工作内容	计量单位	数量	其中（元）			
					人工费	材料费	机械费	小计
一	百叶窗	安装：现场搬运、安装、校正框架	樘	1	34.97	165.62	3.44	204.03

3. 编制清单综合单价表，根据企业情况确定管理费率 170%，利润率 110%，计算基础人工费。见表 5-5。

表 5-5　分部分项工程量清单综合单价计算表

项目编号	010807003001	项目名称	金属百叶窗	计量单位	樘	工程量	8

清单综合单价组成明细										
定额编号	定额项目名称	定额单位	数量	单价（元）			合价（元）			
				人工费	材料费	机械费	人工费	材料费	机械费	管理费和利润
一	金属百叶窗	m²	1	34.97	165.62	3.44	34.97	165.62	3.44	97.92

项目编号	010807003001	项目名称	金属百叶窗	计量单位	樘	工程量	8

| 清单综合单价组成明细 |||||||||

定额编号	定额项目名称	定额单位	数量	单价（元）			合价（元）			
				人工费	材料费	机械费	人工费	材料费	机械费	管理费和利润
人工单价		小 计				34.97	165.62	3.44	97.92	
28元/工日		未计价材料费					—			
清单项目综合单价（元）							301.95			

4. 编制分部分项工程量清单合价表，见表5-6。

表5-6　分部分项工程量清单合价

序号	项目编码	项目名称	项目特征描述	计量单位	工程量	金额（元）	
						综合单价	合价
1	010807003001	金属百叶窗	1. 窗类型 2. 框材质、外围尺寸 3. 扇材质、外围尺寸 4. 玻璃品种、厚度、五金材料、品种、规格 5. 防护材料种类 5. 油漆品种、刷漆遍数	樘	8	301.95	2415.6

5.8　屋面及防水工程

5.8.1　瓦、型材及其他屋面

1. 瓦屋面（项目编码：010901001，计量单位：m²）

（1）工程内容

瓦屋面的工程内容包括：砂浆制作、运输、摊铺养护，安瓦、作瓦脊。

（2）项目特征

瓦屋面的项目特征包括：瓦品种、规格，粘结层砂浆的配合比。

（3）计算规则

按设计图示尺寸以斜面积计算。不扣除房上烟囱、风帽底座、风道、小气窗、斜沟等所占面积。小气窗的出檐部分不增加面积。

2. 型材屋面（项目编码：010901002，计量单位：m²）

（1）工程内容

型材屋面的工程内容包括：檩条制作、运输、安装，屋面型材安装，接缝、嵌缝。

（2）项目特征

型材屋面的项目特征包括：型材品种、规格，金属檩条材料品种、规格，接缝、嵌缝材料种类。

（3）计算规则

按设计图示尺寸以斜面积计算。不扣除房上烟囱、风帽底座、风道、小气窗、斜沟等所占面积。小气窗的出檐部分不增加面积。

3. 阳光板屋面（项目编码：010901003，计量单位：m²）

（1）工程内容

阳光板屋面的工程内容包括：骨架制作、运输、安装、刷防护材料、油漆，阳光板安装，接缝、嵌缝。

（2）项目特征

阳光板屋面的项目特征包括：阳光板品种、规格，骨架材料品种、规格，接缝、嵌缝材料种类，油漆品种、刷漆遍数。

（3）计算规则

按设计图示尺寸以斜面积计算。不扣除屋面面积≤0.3 m² 孔洞所占面积。

4. 玻璃钢屋面（项目编码：010901004，计量单位：m²）

（1）工程内容

玻璃钢屋面的工程内容包括：骨架制作、运输、安装、刷防护材料、油漆，玻璃钢制作、安装，接缝、嵌缝。

（2）项目特征

玻璃钢屋面的项目特征包括：玻璃钢品种、规格，骨架材料品种、规格，玻璃钢固方式，接缝、嵌缝材料种类，油漆品种、刷漆遍数。

（3）计算规则

按设计图示尺寸以斜面积计算。不扣除屋面面积≤0.3 m² 孔洞所占面积。

5. 膜结构屋面（项目编码：010901005，计量单位：m²）

（1）工程内容

膜结构屋面的工程内容包括：膜布热压胶接，支柱（网架）制作、安装，膜布安装，穿钢丝绳、锚头锚固，锚固基座、挖土、回填，刷防护材料，油漆。

（2）项目特征

膜结构屋面的项目特征包括：膜布品种、规格，支柱（网架）钢材品种、规格，钢丝绳品种、规格，锚固基座做法，油漆品种、刷漆遍数。

（3）计算规则

按设计图示尺寸以需要覆盖的水平投影面积计算。

注：1. 瓦屋面若是在木基层上铺瓦，项目特征不必描述粘结层砂浆的配合比，瓦屋面铺防水层，按屋面防水及其他中相关项目编码列项。

2. 型材屋面、阳光板屋面、玻璃钢屋面的柱、梁、屋架，按金属结构工程、木结构工程中相关项目编码列项。

5.8.2 屋面防水及其他

1. 屋面卷材防水（项目编码：010902001，计量单位：m²）

（1）工程内容

屋面卷材防水的工程内容包括：基层处理，刷底油，铺油毡卷材、接缝。

（2）项目特征

屋面卷材防水的项目特征包括：卷材品种、规格、厚度，防水层数，防水层做法。

（3）计算规则

按设计图示尺寸以面积计算。

1）斜屋顶（不包括平屋顶找坡）按斜面积计算，平屋顶按水平投影面积计算。

2）不扣除房上烟囱、风帽底座、风道、屋面小气窗和斜沟所占面积。

3）屋面的女儿墙、伸缩缝和天窗等处的弯起部分，并入屋面工程量内。

2. 屋面涂膜防水（项目编码：010902002，计量单位：m²）

（1）工程内容

屋面涂膜防水的工程内容包括：基层处理，刷基层处理剂，铺布、喷涂防水层。

（2）项目特征

屋面涂膜防水的项目特征包括：防水膜品种，涂膜厚度、遍数，增强材料种类。

（3）计算规则

按设计图示尺寸以面积计算。

1）斜屋顶（不包括平屋顶找坡）按斜面积计算，平屋顶按水平投影面积计算。

2）不扣除房上烟囱、风帽底座、风道、屋面小气窗和斜沟所占面积。

3）屋面的女儿墙、伸缩缝和天窗等处的弯起部分，并入屋面工程量内。

3. 屋面刚性层（项目编码：010902003，计量单位：m²）

（1）工程内容

屋面刚性层的工程内容包括：基层处理，混凝土制作、运输、铺筑、养护，钢筋制安。

（2）项目特征

屋面刚性层的项目特征包括：刚性层厚度，混凝土种类，混凝土强度等级，嵌缝材料种类，钢筋规格、型号。

（3）计算规则

按设计图示尺寸以面积计算。不扣除房上烟囱、风帽底座、风道等所占面积。

4. 屋面排水管（项目编码：010902004，计量单位：m）

（1）工程内容

屋面排水管的工程内容包括：排水管及配件安装、固定，雨水斗、山墙出水、雨水篦子安装，接缝、嵌缝，刷漆。

（2）项目特征

屋面排水管的项目特征包括：排水管品种、规格，雨水斗、山墙出水口品种、规格，接缝、嵌缝材料种类，油漆品种、刷漆遍数。

（3）计算规则

按设计图示尺寸以长度计算。如设计未标注尺寸，以檐口至设计室外散水上表面垂直距离计算。

5. 屋面排（透）气管（项目编码：010902005，计量单位：m）

（1）工程内容

屋面排（透）气管的工程内容包括：排（透）气管及配件安装、固定，铁件制作、安装，接缝、嵌缝，刷漆。

（2）项目特征

屋面排（透）气管的项目特征包括：排（透）气管品种、规格，接缝、嵌缝材料种类，油漆品种、刷漆遍数。

（3）计算规则

按设计图示尺寸以长度计算。

6．屋面（廊、阳台）泄（吐）水管（项目编码：010902006，计量单位：根/个）

（1）工程内容

屋面（廊、阳台）泄（吐）水管的工程内容包括：水管及配件安装、固定，接缝、嵌缝，刷漆。

（2）项目特征

屋面（廊、阳台）泄（吐）水管的项目特征包括：吐水管品种、规格，接缝、嵌缝材料种类，吐水管长度，油漆品种、刷漆遍数。

（3）计算规则

按设计图示数量计算。

7．屋面天沟、檐沟（项目编码：010902007，计量单位：m²）

（1）工程内容

屋面天沟、檐沟的工程内容包括：天沟材料铺设，天沟配件安装，接缝、嵌缝，刷防护材料。

（2）项目特征

屋面天沟、檐沟的项目特征包括：材料品种、规格，接缝、嵌缝材料种类。

（3）计算规则

按设计图示尺寸以展开面积计算。

8．屋面变形缝（项目编码：010902008，计量单位：m）

（1）工程内容

屋面变形缝的工程内容包括：清缝，填塞防水材料，止水带安装，盖缝制作、安装，刷防护材料。

（2）项目特征

屋面变形缝的项目特征包括：嵌缝材料种类、止水带材料种类、盖缝材料、防护材料种类。

（3）计算规则

按设计图示以长度计算。

注：1．屋面刚性层无钢筋，其钢筋项目特征不必描述。

2．屋面找平层按楼地面装饰工程中"平面砂浆找平层"项目编码列项。

3．屋面防水搭接及附加层用量不另行计算，在综合单价中考虑。

4．屋面保温找坡层按保温、隔热、防腐工程中"保温隔热屋面"项目编码列项。

5.8.3 墙面防水、防潮

1．墙面卷材防水（项目编码：010903001，计量单位：m²）

（1）工程内容

墙面卷材防水的工程内容包括：基层处理，刷粘结剂，铺防水卷材，接缝、嵌缝。

（2）项目特征

墙面卷材防水的项目特征包括：卷材品种、规格、厚度，防水层数，防水层做法。

（3）计算规则

按设计图示尺寸以面积计算。

2．墙面涂膜防水（项目编码：010903002，计量单位：m²）

（1）工程内容

150

墙面涂膜防水的工程内容包括：基层处理，刷基层处理剂，铺布、喷涂防水层。

（2）项目特征

墙面涂膜防水的项目特征包括：防水膜品种，涂膜厚度、遍数，增强材料种类。

（3）计算规则

按设计图示尺寸以面积计算。

3．墙面砂浆防水（防潮）（项目编码：010903003，计量单位：m²）

（1）工程内容

墙面砂浆防水（防潮）的工程内容包括：基层处理，挂钢丝网片，设置分格缝，砂浆制作、运输、摊铺、养护。

（2）项目特征

墙面砂浆防水（防潮）的项目特征包括：防水层做法，砂浆厚度、配合比，钢丝网规格。

（3）计算规则

按设计图示尺寸以面积计算。

4．墙面变形缝（项目编码：010903004，计量单位：m）

（1）工程内容

墙面变形缝的工程内容包括：清缝，填塞防水材料，止水带安装，盖缝制作、安装，刷防护材料。

（2）项目特征

墙面变形缝的项目特征包括：嵌缝材料种类、止水带材料种类、盖缝材料、防护材料种类。

（3）计算规则

按设计图示以长度计算。

注：1．墙面防水搭接及附加层用量不另行计算，在综合单价中考虑。

2．墙面变形缝，若做双面，工程量乘系数2。

3．墙面找平层按墙、柱面装饰与隔断、幕墙工程中"立面砂浆找平层"项目编码列项。

5.8.4 楼（地）面防水、防潮

1．楼（地）面卷材防水（项目编码：010904001，计量单位：m²）

（1）工程内容

楼（地）面卷材防水的工程内容包括：基层处理，刷粘结剂，铺防水卷材，接缝、嵌缝。

（2）项目特征

楼（地）面卷材防水的项目特征包括：卷材品种、规格、厚度，防水层数，防水层做法，反边高度。

（3）计算规则

按设计图示尺寸以面积计算。

1）楼（地）面防水：按主墙间净空面积计算，扣除凸出地面的构筑物、设备基础等所占面积，不扣除间壁墙及单个面积≤0.3m²柱、垛、烟囱和孔洞所占面积。

2）楼（地）面防水反边高度≤300mm算作地面防水，反边高度>300mm按墙面防水计算。

2．楼（地）面涂膜防水（项目编码：010904002，计量单位：m²）

（1）工程内容

楼（地）面涂膜防水的工程内容包括：基层处理，刷基层处理剂，铺布、喷涂防水层。

（2）项目特征

楼（地）面涂膜防水的项目特征包括：防水膜品种，涂膜厚度、遍数，增强材料种类，反边高度。

（3）计算规则

按设计图示尺寸以面积计算。

1）楼（地）面防水：按主墙间净空面积计算，扣除凸出地面的构筑物、设备基础等所占面积，不扣除间壁墙及单个面积≤0.3m² 柱、垛、烟囱和孔洞所占面积。

2）楼（地）面防水反边高度≤300mm 算作地面防水，反边高度＞300mm 按墙面防水计算。

3．楼（地）面砂浆防水（防潮）（项目编码：010904003，计量单位：m²）

（1）工程内容

楼（地）面砂浆防水（防潮）的工程内容包括：基层处理，砂浆制作、运输、摊铺、养护。

（2）项目特征

楼（地）面砂浆防水（防潮）的项目特征包括：防水层做法，砂浆厚度、配合比，反边高度。

（3）计算规则

按设计图示尺寸以面积计算。

1）楼（地）面防水：按主墙间净空面积计算，扣除凸出地面的构筑物、设备基础等所占面积，不扣除间壁墙及单个面积≤0.3m² 柱、垛、烟囱和孔洞所占面积。

2）楼（地）面防水反边高度≤300mm 算作地面防水，反边高度＞300mm 按墙面防水计算。

4．楼（地）面变形缝（项目编码：010904004，计量单位：m）

（1）工程内容

楼（地）面变形缝的工程内容包括：清缝，填塞防水材料，止水带安装，盖缝制作、安装，刷防护材料。

（2）项目特征

楼（地）面变形缝的项目特征包括：嵌缝材料种类、止水带材料种类、盖缝材料、防护材料种类。

（3）计算规则

按设计图示以长度计算。

注：1．楼（地）面防水找平层按楼地面装饰工程中"平面砂浆找平层"项目编码列项。

2．楼（地）面防水搭接及附加层用量不另行计算，在综合单价中考虑。

【例5-24】 某屋顶平面如图5-24所示，其中女儿墙与楼梯间出屋面墙交接处，卷材弯起高度取250mm。计算卷材屋面工程量。

解：该屋面为平面屋（坡度小于15°），工程量按水平投影面积计算，弯起部分并入屋面工程量内。

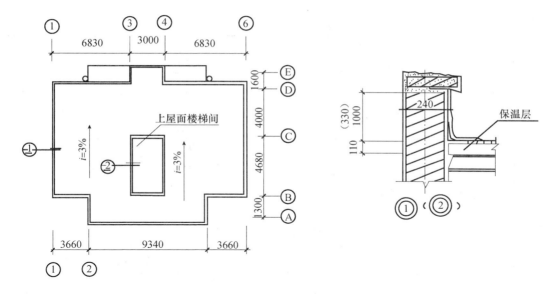

图 5-24　屋顶平面示意图

（1）水平投影面积：

$S_1 = (3.66 \times 2 + 9.34\text{-}0.24) \times (4.68 + 4\text{-}0.24) + (9.34\text{-}0.24) \times 1.3 + (3 - 0.24) \times 1.66$

$= 16.42 \times 8.44 + 11.83 + 4.58$

$= 155.00(\text{m}^2)$

（2）弯起部分面积：

$S_2 = \{[(3.66 \times 2 + 9.34 - 0.24) + (4.68 + 4 - 0.24)] \times 2 + 1.3 \times 2 + 1.66 \times 2\} \times 0.25$

$\quad + (4.68 + 0.24 + 3 + 0.24) \times 2 \times 0.25 + (4.68 - 0.24 + 3 - 0.24) \times 2 \times 0.25$

$= 13.91 + 4.08 + 3.6$

$= 21.59(\text{m}^2)$

（3）屋面卷材工程量：

$$S = S_1 + S_2 = 155.00 + 21.59 = 176.59 \ (\text{m}^2)$$

【例 5-25】 某两坡水二毡三油卷材屋面（图 5-25），屋面防水层构造层次为：预制钢筋混凝土空心板、1:2 水泥砂浆找平、冷底子油一道、二毡三油一砂防水层。计算：

（1）当有女儿墙，屋面坡度为 1:4 的工程量。

（2）当有女儿墙坡度为 3% 时的工程量。

（3）无女儿墙有挑檐，坡度为 3% 时的工程量。

表 5-7　屋面坡度系数表

坡度 B/A	坡度 B/2A	坡度角度 α	延尺系数 C (A = 1)	隔延尺系数 D (A = 1)
1	1/2	45°	1.4142	1.7321
0.75		36°51′	1.2500	1.6008
0.70		35°	1.2207	1.5779
0.666	1/3	33°40′	1.2015	1.5620
0.65		33°01′	1.1926	1.5564
0.60		35°58′	1.1662	1.5362

坡度 B/A	坡度 B/2A	坡度角度 α	延尺系数 C (A=1)	隔延尺系数 D (A=1)
0.577		30°	1.1547	1.5270
0.55		28°19′	1.1413	1.5170
0.50	1/4	26°34′	1.1180	1.5000
0.45		24°14′	1.0966	1.4839
0.40	1/5	21°48′	1.0770	1.4697
0.35		19°17′	1.0594	1.4569
0.30		16°42′	1.0440	1.4457
0.25		14°02′	1.0308	1.4362
0.20	1/10	11°19′	1.0198	1.4283
0.15		8°32′	1.0112	1.4221
0.125		7°8′	1.0078	1.4191
0.100	1/20	5°12′	1.0050	1.4177
0.083		4°45′	1.0035	1.4166
0.066	1/30	3°49′	1.0022	1.4157

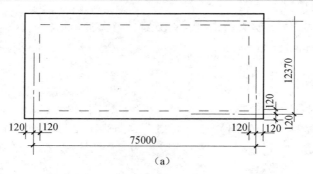

(a)

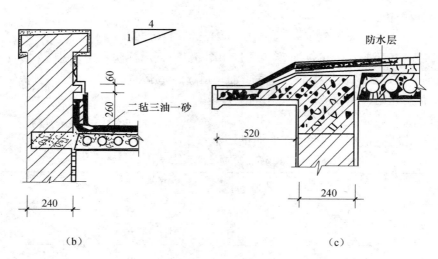

(b)　　　　　　　　　　　　　　　(c)

图 5-25　某卷材屋面示意图

（a）平面图；（b）女儿墙；（c）挑檐

解：（1）屋面坡度为 1:4 时，相应的角度为 14°02′，查表 C = 1.0308。

$$S_{ju} = (75 - 0.24) \times (12.37 - 0.24) \times 1.0308 + 0.25 \times (75 - 0.24 + 12.37 - 0.24) \times 2$$
$$= 906.84 \times 1.0308 + 0.25 \times 173.78$$
$$= 978.22(\text{m}^2)$$

式中　S_{ju}——屋面防水层工程量。

（2）有女儿墙，坡度为3%，因坡度小，按平面计算。

$$S_{ju} = (75 - 0.24) \times (12.37 - 0.24) + (75 - 0.24 + 12.37 - 0.24) \times 2 \times 0.25$$
$$= 906.84 + 43.45$$
$$= 950.29(\text{m}^2)$$

（3）无女儿墙有挑檐平屋面（坡度3%），按图5-25（a）、（c），有

$$S_{ju} = 外墙外围水平面积 + (L_{外} + 4 \times 檐宽) \times 檐宽$$
$$= (75 + 0.24) \times (12.37 + 0.24) + [(75 + 0.24 + 12.37 + 0.24) \times 2 + 4 \times 0.52] \times 0.52$$
$$= 906.84 + (175.7 + 2.08) \times 0.52$$
$$= 999.29(\text{m}^2)$$

（4）找平层面积

1:2 水泥砂浆找平层，按净空面积计算其工程量：

1）有女儿墙坡屋面时，找平层面积为：

$$S = (75 - 0.24) \times (12.37 - 0.24) \times 1.0308 = 934.77(\text{m}^2)$$

2）有女儿墙平屋面时，找平层面积为：

$$S = (75 - 0.24) \times (12.37 - 0.24) = 906.84(\text{m}^2)$$

（5）无女儿墙有挑檐平屋面，包括檐沟的找平层面积为［图5-25（c）］：

$$S = (75 + 0.24 + 0.52 \times 2 + 0.2 \times 2) \times (12.37 + 0.24 + 0.52 \times 2 + 0.2 \times 2)$$
$$= 76.68 \times 14.05 = 1077.35(\text{m}^2)$$

【例5-26】　图5-26为某四坡水屋面示意图，计算其保温层工程量。

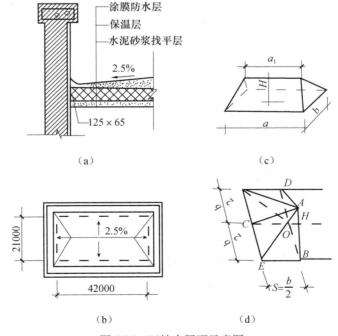

（a）　　　　　　　　　　（c）

（b）　　　　　　　　　　（d）

图 5-26　四坡水屋面示意图

155

解： 分析：四坡水屋面保温层的体积是一个长方体和一个楔形体组成的。

楔形体的体积计算公式为：

$$V_{楔} = \frac{b}{6}(a_1 + a + a)H \qquad (5\text{-}9)$$

式中　$a_1 = a - \dfrac{b}{2} \times 2 = a - b$　从图中可知 $S = \dfrac{b}{2}$

故 $a_1 = 42 - 21 = 21$（m）　$a = 42\text{m}$

$$H = \frac{b}{2} \times 2.5\% = 10.5 \times 2.5\% = 0.26 \text{（m）}$$

$$
\begin{aligned}
V_{保温层} &= 0.125 \times 42 \times 21 + \times（21 + 42 + 42）\times 0.25\\
&= 110.25 + 91.88\\
&= 202.13 \text{（m}^3）
\end{aligned}
$$

【例 5-27】 某工程地下室防水层如图 5-27 所示，计算其工程量。

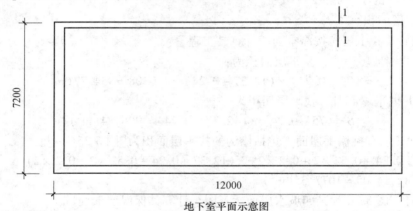

地下室平面示意图

注：地下室平面示意图中标注尺寸为外围尺寸。

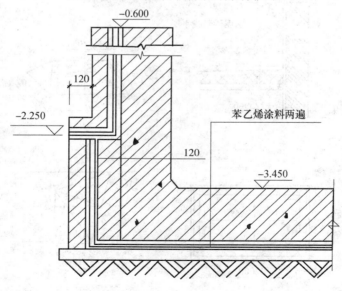

图 5-27　某工程地下室防水层示意图

解：地下室防水层工程量计算如下：

底面防水 $= 12 \times 7.2 = 86.4 (m^2)$

立面防水 $= [(12 + 7.2) \times 2 \times 1.2 + (12 - 0.12 + 7.2 - 0.12) \times 2 \times 0.12]$
$$+ (12 - 0.24 + 7.2 - 0.24) \times 2 \times 2.75$$
$$= 46.08 + 4.55 + 102.96$$
$$= 153.59 (m^2)$$

5.9 保温、隔热、防腐工程

5.9.1 保温、隔热

1. 保温隔热屋面（项目编码：011001001，计量单位：m²）

（1）工程内容

保温隔热屋面的工程内容包括：基层清理，刷粘结材料，铺粘保温层，铺、刷（喷）防护材料。

（2）项目特征

保温隔热屋面的项目特征包括：保温隔热材料品种、规格、厚度，隔汽层材料品种、厚度，粘结材料种类、做法，防护材料种类、做法。

（3）计算规则

按设计图示尺寸以面积计算。扣除面积 $> 0.3\ m^2$ 孔洞及占位面积。

2. 保温隔热天棚（项目编码：011001002，计量单位：m²）

（1）工程内容

保温隔热天棚的工程内容包括：基层清理，刷粘结材料，铺粘保温层，铺、刷（喷）防护材料。

（2）项目特征

保温隔热天棚的项目特征包括：保温隔热面层材料品种、规格、性能，保温隔热材料品种、规格及厚度，粘结材料种类及做法，防护材料种类及做法。

（3）计算规则

按设计图示尺寸以面积计算。扣除面积 $> 0.3\ m^2$ 上柱、垛、孔洞所占面积，与天棚相连的梁按展开面积，计算并入天棚工程量内。

3. 保温隔热墙面（项目编码：011001003，计量单位：m²）

（1）工程内容

保温隔热墙面的工程内容包括：基层清理，刷界面剂，安装龙骨，填贴保温材料，保温板安装，粘贴面层，铺设增强格网、抹抗裂、防水砂浆面层，嵌缝，铺、刷（喷）防护材料。

（2）项目特征

保温隔热墙面的项目特征包括：保温隔热部位，保温隔热方式，踢脚线、勒脚线保温做法，龙骨材料品种、规格，保温隔热面层材料品种、规格、性能，保温隔热材料品种、规格及厚度，增强网及抗裂防水砂浆种类，粘结材料种类及做法，防护材料种类及做法。

（3）计算规则

按设计图示尺寸以面积计算。扣除门窗洞口以及面积 $> 0.3\ m^2$ 梁、孔洞所占面积；门窗洞口侧壁需作保温时，并入保温墙体工程量内。

4. 保温柱、梁（项目编码：011001004，计量单位：m²）

（1）工程内容

保温柱、梁的工程内容包括：基层清理，刷界面剂，安装龙骨，填贴保温材料，保温板安装，粘贴面层，铺设增强格网、抹抗裂、防水砂浆面层，嵌缝，铺、刷（喷）防护材料。

（2）项目特征

保温柱、梁的项目特征包括：保温隔热部位，保温隔热方式，踢脚线、勒脚线保温做法，龙骨材料品种、规格，保温隔热面层材料品种、规格、性能，保温隔热材料品种、规格及厚度，增强网及抗裂防水砂浆种类，粘结材料种类及做法，防护材料种类及做法。

（3）计算规则

按设计图示尺寸以面积计算。

1）柱按设计图示柱断面保温层中心线展开长度乘保温层高度以面积计算，扣除面积>0.3m²梁所占面积。

2）梁按设计图示梁断面保温层中心线展开长度乘保温层长度以面积计算。

5. 保温隔热楼地面（项目编码：011001005，计量单位：m²）

（1）工程内容

保温隔热楼地面的工程内容包括：基层清理、刷粘结材料、铺粘保温层、铺、刷（喷）防护材料。

（2）项目特征

保温隔热楼地面的项目特征包括：保温隔热部位，保温隔热材料品种、规格、厚度，隔汽层材料品种、厚度，粘结材料种类、做法，防护材料种类、做法。

（3）计算规则

按设计图示尺寸以面积计算。扣除面积>0.3m²柱、垛、孔洞所占面积。门洞、空圈、暖气包槽、壁龛的开口部分不增加面积。

6. 其他保温隔热（项目编码：011001006，计量单位：m²）

（1）工程内容

其他保温隔热的工程内容包括：基层清理，刷界面剂，安装龙骨，填贴保温材料，保温板安装，粘贴面层，铺设增强格网、抹抗裂防水砂浆面层，嵌缝，铺、刷（喷）防护材料。

（2）项目特征

其他保温隔热的项目特征包括：保温隔热部位，保温隔热方式，隔汽层材料品种、厚度，保温隔热面层材料品种、规格、性能，保温隔热材料品种、规格及厚度，粘结材料种类及做法，增强网及抗裂防水砂浆种类，防护材料种类及做法。

（3）计算规则

按设计图示尺寸以展开面积计算。扣除面积>0.3m²孔洞及占位面积。

注：1. 保温隔热装饰面层，按楼地面装饰工程，墙、柱面装饰与隔断、幕墙工程，天棚工程，油漆、涂料、裱糊工程，其他装饰工程中相关项目编码列项；仅做找平层按楼地面装饰工程"平面砂浆找平层"或墙、柱面装饰与隔断、幕墙工程"立面砂浆找平层"项目编码列项。

2. 柱帽保温隔热应并入天棚保温隔热工程量内。

3. 池槽保温隔热应按其他保温隔热项目编码列项。

4. 保温隔热方式：指内保温、外保温、夹心保温。

5. 保温柱、梁适用于不与墙天棚相连的独立柱、梁。

158

5.9.2　防腐面层

1. 防腐混凝土面层（项目编码：011002001，计量单位：m²）

（1）工程内容

防腐混凝土面层的工程内容包括：基层清理，基层刷稀胶泥，混凝土制作、运输、摊铺、养护。

（2）项目特征

防腐混凝土面层的项目特征包括：防腐部位，面层厚度，混凝土种类，胶泥种类、配合比。

（3）计算规则

按设计图示尺寸以面积计算。

1）平面防腐：扣除凸出地面的构筑物、设备基础等以及面积 > 0.3 m² 孔洞、柱、垛所占面积，门洞、空圈、暖气包槽、壁龛的开口部分不增加面积。

2）立面防腐：扣除门、窗、洞口以及面积 > 0.3 m² 孔洞、梁所占面积，门、窗、洞口侧壁、垛突出部分按展开面积并入墙面积内。

2. 防腐砂浆面层（项目编码：011002002，计量单位：m²）

（1）工程内容

防腐砂浆面层的工程内容包括：基层清理，基层刷稀胶泥，砂浆制作、运输、摊铺、养护。

（2）项目特征

防腐砂浆面层的项目特征包括：防腐部位，面层厚度，砂浆、胶泥种类、配合比。

（3）计算规则

按设计图示尺寸以面积计算。

1）平面防腐：扣除凸出地面的构筑物、设备基础等以及面积 > 0.3 m² 孔洞、柱、垛所占面积，门洞、空圈、暖气包槽、壁龛的开口部分不增加面积。

2）立面防腐：扣除门、窗、洞口以及面积 > 0.3 m² 孔洞、梁所占面积，门、窗、洞口侧壁、垛突出部分按展开面积并入墙面积内。

3. 防腐胶泥面层（项目编码：011002003，计量单位：m²）

（1）工程内容

防腐胶泥面层的工程内容包括：基层清理，胶泥调制、摊铺。

（2）项目特征

防腐胶泥面层的项目特征包括：防腐部位，面层厚度，胶泥种类、配合比。

（3）计算规则

按设计图示尺寸以面积计算。

1）平面防腐：扣除凸出地面的构筑物、设备基础等以及面积 > 0.3 m² 孔洞、柱、垛所占面积，门洞、空圈、暖气包槽、壁龛的开口部分不增加面积。

2）立面防腐：扣除门、窗、洞口以及面积 > 0.3 m² 孔洞、梁所占面积，门、窗、洞口侧壁、垛突出部分按展开面积并入墙面积内。

4. 玻璃钢防腐面层（项目编码：011002004，计量单位：m²）

（1）工程内容

玻璃钢防腐面层的工程内容包括：基层清理，刷底漆、刮腻子，胶浆配制、涂刷，粘

159

布、涂刷面层。

（2）项目特征

玻璃钢防腐面层的项目特征包括：防腐部位，玻璃钢种类，贴布材料的种类、层数，面层材料品种。

（3）计算规则

按设计图示尺寸以面积计算。

1）平面防腐：扣除凸出地面的构筑物、设备基础等以及面积 $>0.3 \text{ m}^2$ 孔洞、柱、垛所占面积，门洞、空圈、暖气包槽、壁龛的开口部分不增加面积。

2）立面防腐：扣除门、窗、洞口以及面积 $>0.3 \text{ m}^2$ 孔洞、梁所占面积，门、窗、洞口侧壁、垛突出部分按展开面积并入墙面积内。

5. 聚氯乙烯板面层（项目编码：011002005，计量单位：m^2）

（1）工程内容

聚氯乙烯板面层的工程内容包括：基层清理，配料、涂胶，聚氯乙烯板铺设。

（2）项目特征

聚氯乙烯板面层的项目特征包括：防腐部位，面层材料品种、厚度，粘结材料种类。

（3）计算规则

按设计图示尺寸以面积计算。

1）平面防腐：扣除凸出地面的构筑物、设备基础等以及面积 $>0.3 \text{ m}^2$ 孔洞、柱、垛所占面积，门洞、空圈、暖气包槽、壁龛的开口部分不增加面积。

2）立面防腐：扣除门、窗、洞口以及面积 $>0.3 \text{ m}^2$ 孔洞、梁所占面积，门、窗、洞口侧壁、垛突出部分按展开面积并入墙面积内。

6. 块料防腐面层（项目编码：011002006，计量单位：m^2）

（1）工程内容

块料防腐面层的工程内容包括：基层清理，铺贴块料，胶泥调制、勾缝。

（2）项目特征

块料防腐面层的项目特征包括：防腐部位，块料品种、规格，粘结材料种类，勾缝材料种类。

（3）计算规则

按设计图示尺寸以面积计算。

1）平面防腐：扣除凸出地面的构筑物、设备基础等以及面积 $>0.3 \text{ m}^2$ 孔洞、柱、垛所占面积，门洞、空圈、暖气包槽、壁龛的开口部分不增加面积。

2）立面防腐：扣除门、窗、洞口以及面积 $>0.3 \text{ m}^2$ 孔洞、梁所占面积，门、窗、洞口侧壁、垛突出部分按展开面积并入墙面积内。

7. 池、槽块料防腐面层（项目编码：011002007，计量单位：m^2）

（1）工程内容

池、槽块料防腐面层的工程内容包括：基层清理，铺贴块料，胶泥调制、勾缝。

（2）项目特征

池、槽块料防腐面层的项目特征包括：防腐池、槽名称、代号，块料品种、规格，粘结材料种类，勾缝材料种类。

（3）计算规则

按设计图示尺寸以展开面积计算。

注：防腐踢脚线，应按楼地面装饰工程"踢脚线"项目编码列项。

5.9.3 其他防腐

1. 隔离层（项目编码：011003001，计量单位：m²）

（1）工程内容

隔离层的工程内容包括：基层清理、刷油，煮沥青，胶泥调制，隔离层铺设。

（2）项目特征

隔离层的项目特征包括：隔离层部位、隔离层材料品种、隔离层做法、粘贴材料种类。

（3）计算规则

按设计图示尺寸以面积计算。

1）平面防腐：扣除凸出地面的构筑物、设备基础等以及面积 >0.3 m² 孔洞、柱、垛所占面积，门洞、空圈、暖气包槽、壁龛的开口部分不增加面积。

2）立面防腐：扣除门、窗、洞口以及面积 >0.3 m² 孔洞、梁所占面积，门、窗、洞口侧壁、垛突出部分按展开面积并入墙面积内。

2. 砌筑沥青浸渍砖（项目编码：011003002，计量单位：m³）

（1）工程内容

砌筑沥青浸渍砖的工程内容包括：基层清理、胶泥调制、浸渍砖铺砌。

（2）项目特征

砌筑沥青浸渍砖的项目特征包括：砌筑部位、浸渍砖规格、胶泥种类、浸渍砖砌法。

（3）计算规则

按设计图示尺寸以体积计算。

3. 防腐涂料（项目编码：011003003，计量单位：m²）

（1）工程内容

防腐涂料的工程内容包括：基层清理、刮腻子、刷涂料。

（2）项目特征

防腐涂料的项目特征包括：涂刷部位，基层材料类型，刮腻子的种类、遍数，涂料品种、刷涂遍数。

（3）计算规则

按设计图示尺寸以面积计算。

1）平面防腐：扣除凸出地面的构筑物、设备基础等以及面积 >0.3 m² 孔洞、柱、垛所占面积，门洞、空圈、暖气包槽、壁龛的开口部分不增加面积。

2）立面防腐：扣除门、窗、洞口以及面积 >0.3 m² 孔洞、梁所占面积，门、窗、洞口侧壁、垛突出部分按展开面积并入墙面积内。

注：浸渍砖砌法指平砌、立砌。

【例 5-28】 某不发火沥青面层平面如图 5-28 所示，计算其工程量。

解：不发火沥青砂浆地面面层和墙裙工程量计算方法如下：

$$
\begin{aligned}
地面面层工程量 &= (36 - 0.24 \times 2) \times (20.5 - 0.24) - 3.6 \times 3.08 \times 2 \\
&\quad + 2 \times (0.24 + 0.12) \\
&= 698.18 (\text{m}^2)
\end{aligned}
$$

墙裙工程量 = [(36 - 0.24 × 2) × 2 + (20.5 - 0.24) × 3 - 2 × 3

$$+0.24 \times 2 + 0.12 \times 2] \times 1.02$$
$$= [71.04 + 60.78 - 6 + 0.48 + 0.24] \times 1.02$$
$$= 129.07 (\text{m}^2)$$

总工程量 $= 698.18 + 129.07 = 827.25 (\text{m}^2)$

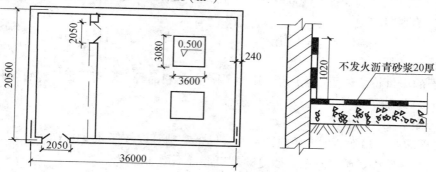

图 5-28 不发火沥青面层平面示意图

【例 5-29】 根据图 5-29 所示尺寸，计算 500mm × 500mm 花岗岩地面，150mm 高花岗岩踢脚板工程量。

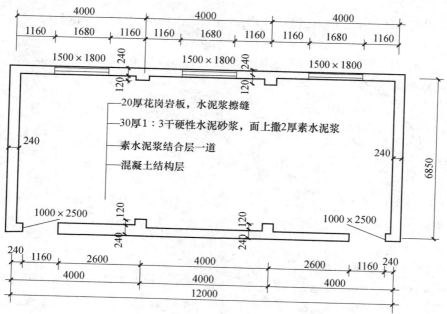

图 5-29 花岗岩地面示意图

解： 花岗岩地面工程量：

$(12 - 0.24) \times (6.85 - 0.24) - 0.24 \times 0.12 \times 4 + 0.1 \times 0.24 \times 2$

$= 77.734 - 0.115 + 0.048$

$= 77.67 (\text{m}^2)$

花岗岩踢脚板工程量：

$$[(12 - 0.24) + (6.85 - 0.24)] \times 2 \times 0.15 = 5.51 (\text{m}^2)$$

注：1. 块料地面按实铺面积计算工程量，扣除柱垛所占面积，增加门洞面积。

162

2. 踢脚板按铺贴面积计算，不扣除门洞所占面积。门洞口、垛侧壁所占面积不增加。

【例5-30】 某酸池贴耐酸瓷砖、水玻璃耐酸砂浆砌（图5-30），计算其工程量。

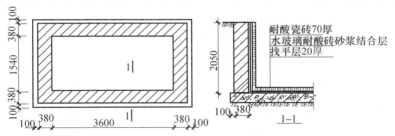

图5-30 某酸池平面、剖面示意图

解： 池底板、壁贴耐酸瓷砖面层（水玻璃耐酸砂浆砌）工程量：

$[3.6 \times 1.54 + (3.6 + 1.54 - 0.09 \div 2) \times 2 \times (2.05 - 0.09)]$

$= 5.544 + 10.19 \times 1.96 = 25.52(m^2)$

【例5-31】图5-31为一重晶石面层平面示意图，计算重晶石砂浆面层工程量。

解： 重晶石砂浆面层工程量按图示尺寸计算，面积以平方米为单位，并扣除$0.3m^2$以上孔洞，突出地面的设备基础等所占的面积，其工程量计算如下：

$(18 - 0.24) \times (12 - 0.24) - 1.8 \times 6 +$

$0.12 \times 2 + \{[(18 - 0.24) + (12 -$

$0.24)] \times 2 - 2 + 0.12 \times 2 - 6\} \times 0.15$

$= 208.86 - 10.8 + 0.24 + 51.28 \times 0.15$

$= 206.00(m^2)$

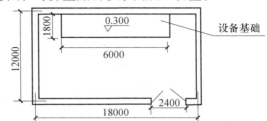

图5-31 重晶石面层平面示意图

5.10 建筑工程工程量清单计价编制实例

【例5-32】 一工程灌注桩，土壤级别为二级土；单根桩设计长度为8m；总根数为127根；桩截面为$\phi 800mm$；灌注混凝土强度等级C30。试编制工程量清单计价表及综合单价计算表。

解： 1. 业主根据灌注桩基础施工图计算：

混凝土灌注桩总长度为：$8 \times 127 = 1016(m)$

2. 投标人根据地质资料和施工方案计算：

（1）混凝土桩总体积为：$\pi \times 0.4^2 \times 1016 = 510.7(m^3)$

混凝土桩实际消耗总体积为：$510.7 \times (1 + 0.015 + 0.25) = 646.04(m^3)$

（每立方米实际消耗混凝土量为：$1.265m^3$）

（2）钻孔灌注混凝土桩的计算：

1）人工费：$25 \times 8.4/10 \times 510.7 = 10724.7(元)$

2）材料费：

C30混凝土：$210 \times 1.265 \times 510.7 = 135667.46(元)$

板枋材：$1200 \times 0.01 \times 510.7 = 6128.4(元)$

黏土：340 ×0.054 ×510.7 = 9376.45(元)

电焊条：5 ×0.145 ×510.7 = 370.26(元)

水：1.8 ×2.62 ×510.7 = 2408.46(元)

铁钉：2.4 ×0.039 ×510.7 = 47.80(元)

材料小计：135667.46 + 6128.4 + 9376.45 + 370.26 + 2408.46 + 47.80 = 153998.83(元)

其他材料费：153998.83 ×16.04% = 24701.41(元)

小计：153998.83 + 24701.41 = 178700.24 元

3）机械费：

潜水钻机(ϕ1250 内)：290 ×0.422 ×510.7 = 62499.47(元)

交流焊机(40kV·A)：59 ×0.026 ×510.7 = 783.41(元)

空气压缩机(m^3/min)：110 ×0.045 ×510.7 = 2527.97(元)

混凝土搅拌机(400L)：90 ×0.076 ×510.7 = 3493.19(元)

机械费小计：62499.47 + 783.41 + 2527.97 + 3493.19 = 69304.04(元)

其他机械费：69304.04 ×11.57% = 8018.48(元)

小计：69304.04 + 8018.48 = 77322.52(元)

4）合计：178700.24 + 77322.52 = 266747.46(元)

（3）泥浆运输(泥浆总用量为：0.486 ×510.7 = 248.2m^3)：

1）人工费：25 ×0.744 ×248.2 = 4616.52(元)

2）机械费：

泥浆运输车：330 ×0.186 ×248.2 = 15234.52(元)

泥浆泵：100 ×0.062 ×248.2 = 1538.84(元)

小计：15234.52 + 1538.84 = 16773.36(元)

3）合计：15234.52 + 4616.52 + 1538.84 = 21389.88(元)

（4）泥浆池挖土方(58m^3)：

人工费：12 ×58 = 696(元)

（5）泥浆池垫层(2.96m^3)：

1）人工费：30 ×2.96 = 88.8(元)

2）材料费：154 ×2.96 = 455.84(元)

3）机具费：16 ×2.96 = 47.36(元)

4）合计：88.8 + 455.84 + 47.36 = 592.0(元)

（6）池壁砌砖(7.55m^3)：

1）人工费：40.50 ×7.55 = 305.78(元)

2）材料费：135 ×7.55 = 1019.25(元)

3）机具费：4.5 ×7.55 = 33.98(元)

4）合计：305.78 + 1019.25 + 33.98 = 1359.01(元)

（7）池底砌砖(3.16m^3)：

1）人工费：35.0 ×3.16 = 110.6(元)

2）材料费：126 ×3.16 = 398.16(元)

3）机具费：4.5 ×3.16 = 14.22(元)

4）合计：110.6 + 398.16 + 14.22 = 522.98(元)

（8）池底、池壁抹灰：

1）人工费：$3.3 \times 25 + 5 \times 30 = 232.50$（元）

2）材料费：$7.75 \times 25 + 5.5 \times 30 = 358.75$（元）

3）机具费：$0.5 \times 55 = 27.5$（元）

4）合计：$232.50 + 358.75 + 27.5 = 618.75$（元）

（9）拆除泥浆池：

人工费：600元

（10）综合：

1）直接费合计：292526.08元

2）管理费：直接费×34% ＝ 99458.87（元）

3）利润：直接费×8% ＝ 23402.09（元）

4）总计：415387.04元

5）综合单价：$415387.04 \div 1016 = 408.85$（元/m）

表5-8　分部分项工程量清单计价表

序号	项目编号	项目名称	项目特征描述	计量单位	工程数量	金额（元）		
						综合单价	合价	其中直接费
1	010302001001	混凝土灌注桩	土壤级别：二级土；桩单根设计长度：8m；桩根数：127；桩截面：φ800mm；混凝土强度：C30；泥浆运输5km以内	m	1016	408.85	415387.04	292526.08

表5-9　分部分项工程量清单综合单价计算表

项目编号	010302001001		项目名称	混凝土灌注桩	计量单位	m	工程量	1016

清单综合单价组成明细

定额编号	定额项目名称	定额单位	数量	单价（元）			合价（元）			
				人工费	材料费	机械费	人工费	材料费	机械费	管理费和利润
—	钻孔灌注混凝土桩	m	1.000	10.56	175.89	76.10	10.56	175.89	76.10	110.27
—	泥浆运输	m³	0.244	4.54	—	16.51	4.54	—	16.51	8.84
—	泥浆池挖土方	m³	0.057	0.69	—	—	0.69	—	—	0.28
—	泥浆垫层	m³	0.003	0.09	0.45	0.05	0.09	0.45	0.05	0.25
—	砖砌池壁	m³	0.007	0.30	1.00	0.03	0.30	1.00	0.03	0.56
—	砖砌池底	m²	0.003	0.11	0.39	0.01	0.11	0.39	0.01	0.21
—	池壁、池底抹灰	m²	0.025	0.23	0.35	0.03	0.23	0.35	0.03	0.26
	拆除泥浆池	座	0.001	0.59			0.59			0.25
人工单价		小　计					17.11	178.08	92.73	120.92
28元/工日		未计价材料费								
		清单项目综合单价（元）					408.84			

习　题

5-1　某土方放坡如图5-32所示，底宽1.3m，挖深1.5m，土质为三类土，计算人工挖槽两侧边坡各放宽多少？

5-2　打预制钢筋混凝土离心管桩，桩长为14m，外径35cm，其截面如图5-33所示，计算其单桩体积。

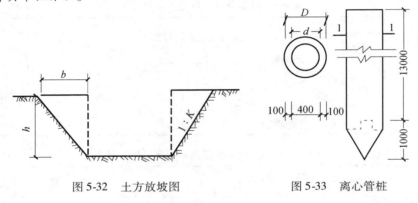

图5-32　土方放坡图　　　　　图5-33　离心管桩

5-3　根据图5-34、图5-35所示尺寸，计算砖基础工程量。

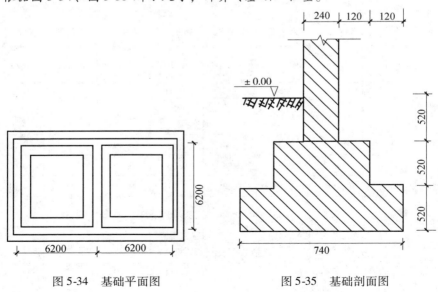

图5-34　基础平面图　　　　　图5-35　基础剖面图

5-4　某现浇毛石混凝土独立柱基如图5-36所示，计算其模板工程量。

5-5 某单扇带亮子带纱胶合板门窗如图5-37所示，计算其工程量。

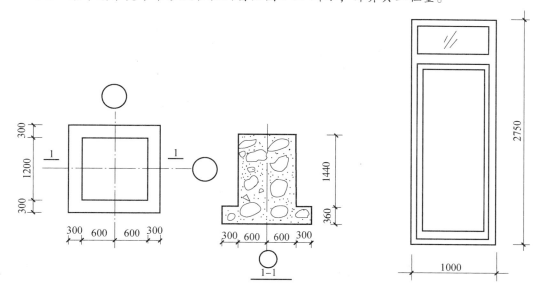

图 5-36 现浇毛石混凝土独立柱基示意图　　　图 5-37 单扇带亮子带纱胶合板门

5-6 某金属支架如图5-38所示，计算90个在钢筋混凝土柱上安装金属管道支架制作工程量。

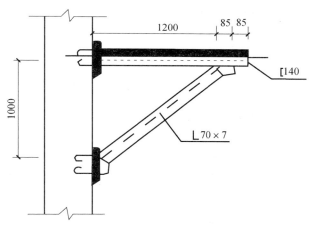

图 5-38 金属支架

5-7 如图5-39所示，计算环氧砂浆踢脚线工程量（该工程使用环氧砂浆20mm厚，高为15cm）。

5-8 某工程石台阶，其石料为青石，规格为1000mm×400mm×200mm，石梯带规格为1000mm×300mm×300mm，砌筑砂浆M5，勾缝砂浆1:3。试编制工程量清单计价表及综合单价计算表。

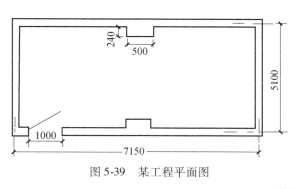

图 5-39 某工程平面图

第6章 装饰工程工程量清单计价编制

重 点 提 示

掌握楼地面装饰工程，墙、柱面装饰与隔断、幕墙工程，天棚工程，油漆、涂料、裱糊工程，其他装饰工程的工程量清单项目设置及工程量计算规则以及它们在实际工程中的应用。

6.1 楼地面装饰工程

6.1.1 面层

6.1.1.1 整体面层及找平层

1. 水泥砂浆楼地面（项目编码：011101001，计量单位：m²）

（1）工程内容

水泥砂浆楼地面的工程内容包括：基层清理、抹找平层、抹面层、材料运输。

（2）项目特征

水泥砂浆楼地面的项目特征包括：找平层厚度、砂浆配合比，素水泥浆遍数，面层厚度、砂浆配合比，面层做法要求。

（3）计算规则

按设计图示尺寸以面积计算。扣除凸出地面构筑物、设备基础、室内管道、地沟等所占面积，不扣除间壁墙及≤0.3 m²柱、垛、附墙烟囱及孔洞所占面积。门洞、空圈、暖气包槽、壁龛的开口部分不增加面积。

2. 现浇水磨石楼地面（项目编码：011101002，计量单位：m²）

（1）工程内容

现浇水磨石楼地面的工程内容包括：基层清理，抹找平层，面层铺设，嵌缝条安装，磨光、酸洗打蜡，材料运输。

（2）项目特征

现浇水磨石楼地面的项目特征包括：找平层厚度、砂浆配合比，面层厚度、水泥石子浆配合比，嵌条材料种类、规格，石子种类、规格、颜色，颜料种类、颜色，图案要求，磨光、酸洗、打蜡要求。

（3）计算规则

按设计图示尺寸以面积计算。扣除凸出地面构筑物、设备基础、室内管道、地沟等所占面积，不扣除间壁墙及≤0.3 m²柱、垛、附墙烟囱及孔洞所占面积。门洞、空圈、暖气包槽、壁龛的开口部分不增加面积。

3. 细石混凝土楼地面（项目编码：011101003，计量单位：m²）

（1）工程内容

细石混凝土楼地面的工程内容包括：基层清理、抹找平层、面层铺设、材料运输。

（2）项目特征

细石混凝土楼地面的项目特征包括：找平层厚度、砂浆配合比，面层厚度、混凝土强度等级。

（3）计算规则

按设计图示尺寸以面积计算。扣除凸出地面构筑物、设备基础、室内管道、地沟等所占面积，不扣除间壁墙及≤0.3 m² 柱、垛、附墙烟囱及孔洞所占面积。门洞、空圈、暖气包槽、壁龛的开口部分不增加面积。

4. 菱苦土楼地面（项目编码：011101004，计量单位：m²）

（1）工程内容

菱苦土楼地面的工程内容包括：基层清理、抹找平层、面层铺设、打蜡、材料运输。

（2）项目特征

菱苦土楼地面的项目特征包括：找平层厚度、砂浆配合比，面层厚度，打蜡要求。

（3）计算规则

按设计图示尺寸以面积计算。扣除凸出地面构筑物、设备基础、室内管道、地沟等所占面积，不扣除间壁墙及≤0.3 m² 柱、垛、附墙烟囱及孔洞所占面积。门洞、空圈、暖气包槽、壁龛的开口部分不增加面积。

5. 自流坪楼地面（项目编码：011101005，计量单位：m²）

（1）工程内容

自流坪楼地面的工程内容包括：基层清理，抹找平层，涂界面剂，涂刷中层漆，打磨、吸尘，镘自流平面漆（浆），拌合自流平浆料，铺面层。

（2）项目特征

自流坪楼地面的项目特征包括：找平层砂浆配合比、厚度，界面剂材料种类，中层漆材料种类、厚度，面漆材料种类、厚度，面层材料种类。

（3）计算规则

按设计图示尺寸以面积计算。扣除凸出地面构筑物、设备基础、室内管道、地沟等所占面积，不扣除间壁墙及≤0.3 m² 柱、垛、附墙烟囱及孔洞所占面积。门洞、空圈、暖气包槽、壁龛的开口部分不增加面积。

6. 平面砂浆找平层（项目编码：011101006，计量单位：m²）

（1）工程内容

平面砂浆找平层的工程内容包括：基层清理、抹找平层、材料运输。

（2）项目特征

平面砂浆找平层的项目特征包括：找平层厚度、砂浆配合比。

（3）计算规则

按设计图示尺寸以面积计算。

注：1. 水泥砂浆面层处理是拉毛还是提浆压光应在面层做法要求中描述。

2. 平面砂浆找平层只适用于仅做找平层的平面抹灰。

3. 间壁墙指墙厚≤120mm 的墙。

4. 楼地面混凝土垫层另按现浇混凝土基础中垫层项目编码列项，除混凝土外的其他材料垫层按砌

169

筑工程中垫层项目编码列项。

6.1.1.2 块料面层

1. 石材楼地面（项目编码：011102001，计量单位：m²）

（1）工程内容

石材楼地面的工程内容包括：基层清理，抹找平层，面层铺设、磨边，嵌缝，刷防护材料，酸洗、打蜡，材料运输。

（2）项目特征

石材楼地面的项目特征包括：找平层厚度、砂浆配合比，结合层厚度、砂浆配合比，面层材料品种、规格、颜色，嵌缝材料种类，防护层材料种类，酸洗、打蜡要求。

（3）计算规则

按设计图示尺寸以面积计算。门洞、空圈、暖气包槽、壁龛的开口部分并入相应的工程量内。

2. 碎石材楼地面（项目编码：011102002，计量单位：m²）

工程内容、项目特征、计算规则同石材楼地面。

3. 块料楼地面（项目编码：011102003，计量单位：m²）

工程内容、项目特征、计算规则同石材楼地面。

注：1. 在描述碎石材项目的面层材料特征时可不用描述规格、颜色。

2. 石材、块料与粘结材料的结合面刷防渗材料的种类在防护层材料种类中描述。

3. 上述工作内容中的磨边指施工现场磨边，后面章节工作内容中涉及的磨边含义同。

6.1.1.3 橡塑面层

1. 橡胶板楼地面（项目编码：011103001，计量单位：m²）

（1）工程内容

橡胶板楼地面的工程内容包括：基层清理、面层铺贴、压缝条装钉、材料运输。

（2）项目特征

橡胶板楼地面的项目特征包括：粘结层厚度、材料种类，面层材料品种、规格、颜色，压线条种类。

（3）计算规则

按设计图示尺寸以面积计算。门洞、空圈、暖气包槽、壁龛的开口部分并入相应的工程量内。

2. 橡胶板卷材楼地面（项目编码：011103002，计量单位：m²）

工程内容、项目特征、计算规则同橡胶板楼地面。

3. 塑料板楼地面（项目编码：011103003，计量单位：m²）

工程内容、项目特征、计算规则同橡胶板楼地面。

4. 塑料卷材楼地面（项目编码：011103004，计量单位：m²）

工程内容、项目特征、计算规则同橡胶板楼地面。

注：上述项目中如涉及找平层，另按整体面层及找平层中找平层项目编码列项。

6.1.1.4 其他材料面层

1. 地毯楼地面（项目编码：011104001，计量单位：m²）

（1）工程内容

地毯楼地面的工程内容包括：基层清理、铺贴面层、刷防护材料、装钉压条、材料运输。

（2）项目特征

地毯楼地面的项目特征包括：面层材料品种、规格、颜色，防护材料种类，粘结材料种类，压线条种类。

（3）计算规则

按设计图示尺寸以面积计算。门洞、空圈、暖气包槽、壁龛的开口部分并入相应的工程量内。

2. 竹、木（复合）地板（项目编码：011104002，计量单位：m²）

（1）工程内容

竹、木（复合）地板的工程内容包括：基层清理、龙骨铺设、基层铺设、面层铺贴、刷防护材料、材料运输。

（2）项目特征

竹、木（复合）地板的项目特征包括：龙骨材料种类、规格、铺设间距，基层材料种类、规格，面层材料品种、规格、颜色，防护材料种类。

（3）计算规则

按设计图示尺寸以面积计算。门洞、空圈、暖气包槽、壁龛的开口部分并入相应的工程量内。

3. 金属复合地板（项目编码：011104003，计量单位：m²）

工程内容、项目特征、计算规则同竹、木（复合）地板。

4. 防静电活动地板（项目编码：011104004，计量单位：m²）

（1）工程内容

防静电活动地板的工程内容包括：基层清理、固定支架安装、活动面层安装、刷防护材料、材料运输。

（2）项目特征

防静电活动地板的项目特征包括：支架高度、材料种类，面层材料品种、规格、颜色，防护材料种类。

（3）计算规则

按设计图示尺寸以面积计算。门洞、空圈、暖气包槽、壁龛的开口部分并入相应的工程量内。

6.1.2 踢脚线

1. 水泥砂浆踢脚线（项目编码：011105001，计量单位：m²/m）

（1）工程内容

水泥砂浆踢脚线的工程内容包括：基层清理、底层和面层抹灰、材料运输。

（2）项目特征

水泥砂浆踢脚线的项目特征包括：踢脚线高度，底层厚度、砂浆配合比，面层厚度、砂浆配合比。

（3）计算规则

1）以平方米计量，按设计图示长度乘高度以面积计算。

2）以米计量，按延长米计算。

2. 石材踢脚线（项目编码：011105002，计量单位：m²/m）

（1）工程内容

石材踢脚线的工程内容包括：基层清理，底层抹灰，面层铺贴、磨边，擦缝，磨光、酸洗、打蜡，刷防护材料，材料运输。

（2）项目特征

石材踢脚线的项目特征包括：踢脚线高度，粘贴层厚度、材料种类，面层材料品种、规格、颜色，防护材料种类。

（3）计算规则

1）以平方米计量，按设计图示长度乘高度以面积计算。

2）以米计量，按延长米计算。

3. 块料踢脚线（项目编码：011105003，计量单位：m^2/m）

工程内容、项目特征、计算规则同石材踢脚线。

4. 塑料板踢脚线（项目编码：011105004，计量单位：m^2/m）

（1）工程内容

塑料板踢脚线的工程内容包括：基层清理、基层铺贴、面层铺贴、材料运输。

（2）项目特征

塑料板踢脚线的项目特征包括：踢脚线高度，粘结层厚度、材料种类，面层材料种类、规格、颜色。

（3）计算规则

1）以平方米计量，按设计图示长度乘高度以面积计算。

2）以米计量，按延长米计算。

5. 木质踢脚线（项目编码：011105005，计量单位：m^2/m）

（1）工程内容

木质踢脚线的工程内容包括：基层清理、基层铺贴、面层铺贴、材料运输。

（2）项目特征

木质踢脚线的项目特征包括：踢脚线高度，基层材料种类、规格，面层材料品种、规格、颜色。

（3）计算规则

1）以平方米计量，按设计图示长度乘高度以面积计算。

2）以米计量，按延长米计算。

6. 金属踢脚线（项目编码：011105006，计量单位：m^2/m）

工程内容、项目特征、计算规则同木质踢脚线。

7. 防静电踢脚线（项目编码：011105007，计量单位：m^2/m）

工程内容、项目特征、计算规则同木质踢脚线。

注：石材、块料与粘结材料的结合面刷防渗材料的种类在防护材料种类中描述。

6.1.3　楼梯面层

1. 石材楼梯面层（项目编码：011106001，计量单位：m^2）

（1）工程内容

石材楼梯面层的工程内容包括：基层清理，抹找平层，面层铺贴、磨边，贴嵌防滑条，勾缝，刷防护材料，酸洗、打蜡，材料运输。

（2）项目特征

石材楼梯面层的项目特征包括：找平层厚度、砂浆配合比，粘结层厚度、材料种类，面层材料品种、规格、颜色，防滑条材料种类、规格，勾缝材料种类，防护层材料种类，酸洗、打蜡要求。

（3）计算规则

按设计图示尺寸以楼梯（包括踏步、休息平台及≤500mm的楼梯井）水平投影面积计算。楼梯与楼地面相连时，算至梯口梁内侧边沿；无梯口梁者，算至最上一层踏步边沿加300mm。

2. 块料楼梯面层（项目编码：011106002，计量单位：m^2）

工程内容、项目特征、计算规则同石材楼梯面层。

3. 拼碎块料面层（项目编码：011106003，计量单位：m^2）

工程内容、项目特征、计算规则同石材楼梯面层。

4. 水泥砂浆楼梯面层（项目编码：011106004，计量单位：m^2）

（1）工程内容

水泥砂浆楼梯面层的工程内容包括：基层清理、抹找平层、抹面层、抹防滑条、材料运输。

（2）项目特征

水泥砂浆楼梯面层的项目特征包括：找平层厚度、砂浆配合比，面层厚度、砂浆配合比，防滑条材料种类、规格。

（3）计算规则

按设计图示尺寸以楼梯（包括踏步、休息平台及≤500mm的楼梯井）水平投影面积计算。楼梯与楼地面相连时，算至梯口梁内侧边沿；无梯口梁者，算至最上一层踏步边沿加300mm。

5. 现浇水磨石楼梯面层（项目编码：011106005，计量单位：m^2）

（1）工程内容

现浇水磨石楼梯面层的工程内容包括：基层清理，抹找平层，抹面层，贴嵌防滑条，磨光、酸洗、打蜡，材料运输。

（2）项目特征

现浇水磨石楼梯面层的项目特征包括：找平层厚度、砂浆配合比，面层厚度、水泥石子浆配合比，防滑条材料种类、规格，石子种类、规格、颜色，颜料种类、颜色，磨光、酸洗打蜡要求。

（3）计算规则

按设计图示尺寸以楼梯（包括踏步、休息平台及≤500mm的楼梯井）水平投影面积计算。楼梯与楼地面相连时，算至梯口梁内侧边沿；无梯口梁者，算至最上一层踏步边沿加300mm。

6. 地毯楼梯面层（项目编码：011106006，计量单位：m^2）

（1）工程内容

地毯楼梯面层的工程内容包括：基层清理、铺贴面层、固定配件安装、刷防护材料、材料运输。

（2）项目特征

地毯楼梯面层的项目特征包括：基层种类，面层材料品种、规格、颜色，防护材料种类，粘结材料种类，固定配件材料种类、规格。

（3）计算规则

按设计图示尺寸以楼梯（包括踏步、休息平台及≤500mm的楼梯井）水平投影面积计算。楼梯与楼地面相连时，算至梯口梁内侧边沿；无梯口梁者，算至最上一层踏步边沿加300mm。

7. 木板楼梯面层（项目编码：011106007，计量单位：m²）

（1）工程内容

木板楼梯面层的工程内容包括：基层清理、基层铺贴、面层铺贴、刷防护材料、材料运输。

（2）项目特征

木板楼梯面层的项目特征包括：基层材料种类、规格，面层材料品种、规格、颜色，粘结材料种类，防护材料种类。

（3）计算规则

按设计图示尺寸以楼梯（包括踏步、休息平台及≤500mm的楼梯井）水平投影面积计算。楼梯与楼地面相连时，算至梯口梁内侧边沿；无梯口梁者，算至最上一层踏步边沿加300mm。

8. 橡胶板楼梯面层（项目编码：011106008，计量单位：m²）

（1）工程内容

橡胶板楼梯面层的工程内容包括：基层清理、面层铺贴、压缝条装钉、材料运输。

（2）项目特征

橡胶板楼梯面层的项目特征包括：粘结层厚度、材料种类，面层材料品种、规格、颜色，压线条种类。

（3）计算规则

按设计图示尺寸以楼梯（包括踏步、休息平台及≤500mm的楼梯井）水平投影面积计算。楼梯与楼地面相连时，算至梯口梁内侧边沿；无梯口梁者，算至最上一层踏步边沿加300mm。

9. 塑料板楼梯面层（项目编码：011106009，计量单位：m²）

工程内容、项目特征、计算规则同橡胶板楼梯面层。

注：1. 在描述碎石材项目的面层材料特征时可不用描述规格、颜色。

2. 石材、块料与粘结材料的结合面刷防渗材料的种类在防护材料种类中描述。

6.1.4 台阶装饰

1. 石材台阶面（项目编码：011107001，计量单位：m²）

（1）工程内容

石材台阶面的工程内容包括：基层清理、抹找平层、面层铺贴、贴嵌防滑条、勾缝、刷防护材料、材料运输。

（2）项目特征

石材台阶面的项目特征包括：找平层厚度、砂浆配合比，粘结材料种类，面层材料品种、规格、颜色，勾缝材料种类，防滑条材料种类、规格，防护材料种类。

（3）计算规则

按设计图示尺寸以台阶（包括最上层踏步边沿300mm）水平投影面积计算。

2. 块料台阶面（项目编码：011107002，计量单位：m²）

工程内容、项目特征、计算规则同石材台阶面。

3．拼碎块料台阶面（项目编码：011107003，计量单位：m²）

工程内容、项目特征、计算规则同石材台阶面。

4．水泥砂浆台阶面（项目编码：011107004，计量单位：m²）

（1）工程内容

水泥砂浆台阶面的工程内容包括：基层清理、抹找平层、抹面层、抹防滑条、材料运输。

（2）项目特征

水泥砂浆台阶面的项目特征包括：找平层厚度、砂浆配合比，面层厚度、砂浆配合比，防滑条材料种类。

（3）计算规则

按设计图示尺寸以台阶（包括最上层踏步边沿300mm）水平投影面积计算。

5．现浇水磨石台阶面（项目编码：011107005，计量单位：m²）

（1）工程内容

现浇水磨石台阶面的工程内容包括：清理基层，抹找平层，抹面层，贴嵌防滑条，打磨、酸洗、打蜡，材料运输。

（2）项目特征

现浇水磨石台阶面的项目特征包括：找平层厚度、砂浆配合比，面层厚度、水泥石子浆配合比，防滑条材料种类、规格，石子种类、规格、颜色，颜料种类、颜色，磨光、酸洗、打蜡要求。

（3）计算规则

按设计图示尺寸以台阶（包括最上层踏步边沿300mm）水平投影面积计算。

6．剁假石台阶面（项目编码：011107006，计量单位：m²）

（1）工程内容

剁假石台阶面的工程内容包括：清理基层、抹找平层、抹面层、剁假石、材料运输。

（2）项目特征

剁假石台阶面的项目特征包括：找平层厚度、砂浆配合比，面层厚度、砂浆配合比，剁假石要求。

（3）计算规则

按设计图示尺寸以台阶（包括最上层踏步边沿300mm）水平投影面积计算。

注：1．在描述碎石材项目的面层材料特征时可不用描述规格、颜色。

2．石材、块料与粘结材料的结合面刷防渗材料的种类在防护材料种类中描述。

6.1.5 零星装饰项目

1．石材零星项目（项目编码：011108001，计量单位：m²）

（1）工程内容

石材零星项目的工程内容包括：清理基层，抹找平层，面层铺贴、磨边，勾缝，刷防护材料，酸洗、打蜡，材料运输。

（2）项目特征

石材零星项目的项目特征包括：工程部位，找平层厚度、砂浆配合比，贴结合层厚度、材料种类，面层材料品种、规格、颜色，勾缝材料种类，防护材料种类，酸洗、打蜡要求。

（3）计算规则

按设计图示尺寸以面积计算。

2. 拼碎石材零星项目（项目编码：011108002，计量单位：m²）

工程内容、项目特征、计算规则同石材零星项目。

3. 块料零星项目（项目编码：011108003，计量单位：m²）

工程内容、项目特征、计算规则同石材零星项目。

4. 水泥砂浆零星项目（项目编码：011108004，计量单位：m²）

（1）工程内容

水泥砂浆零星项目的工程内容包括：清理基层、抹找平层、抹面层、材料运输。

（2）项目特征

水泥砂浆零星项目的项目特征包括：工程部位，找平层厚度、砂浆配合比、面层厚度、砂浆厚度。

（3）计算规则

按设计图示尺寸以面积计算。

注：1. 楼梯、台阶牵边和侧面镶贴块料面层，不大于0.5m²的少量分散的楼地面镶贴块料面层，应按上述执行。

2. 石材、块料与粘结材料的结合面刷防渗材料的种类在防护材料种类中描述。

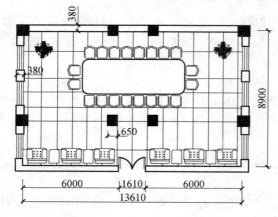

图6-1　某会议室地面铺贴

【例6-1】　如图6-1所示，某工程会议室地面做法：拆除原有架空木地板，清理基层，塑料粘结剂贴铺贴防静电地毯面层。试编制分部分项工程量清单、综合单价及合价表。

解：1. 清单工程量计算：

$13.61 × 8.99 - [0.65 × 0.65 × 2 + (0.65 - 0.38) × 0.65 × 4] × 0.12 × 1.5$

$= 122.35 - 0.13$

$= 122.22 （m²）$

2. 消耗量定额工程量及费用计算：

（1）该项目发生的工程内容：拆除架空木地板、铺贴防静电地毯。

（2）依据现行消耗量定额，工程量均为122.22m²。

（3）计算清单项目每计量单位应包含的各项工程量计算规则与消耗定额相同，其比值为：

$122.22 ÷ 122.22 = 1$。

（4）参考《全国统一建筑装饰装修工程消耗量定额》套用定额，并计算清单项目每计量单位所含工程内容人工、材料、机械价款。

拆除架空木地板：套用定额

人工费：$1.51 × 1 = 1.51 （元）$

铺贴防静电地毯：套用定额

人工费：$16.18 \times 1 = 16.18$（元）

材料费：$160.44 \times 1 = 160.44$（元）

小计：$16.18 + 160.44 = 176.62$（元）

（5）清单项目每计量单位人工、材料、机械价款：

$1.51 + 176.62 = 178.13$（元）

上述计算结果见表 6-1。

表 6-1　消耗量定额费用

定额编号	清单项目名称	工作内容	计量单位	数量	其中（元）			
					人工费	材料费	机械费	小计
—	楼地面地毯	带木龙骨木地板拆除	m²	1	1.51	—	—	1.51
—		防静电地毯贴铺	m²	1	16.18	160.44	—	176.62
小计			m²	1	17.69	160.44	—	178.13

3. 编制清单综合单价表：见表 6-2。根据公司情况确定管理费率 170%，利润率 110%，计算基础人工费。

表 6-2　分部分项工程量清单综合单价计算表

项目编号	011104001001	项目名称	地毯楼地面	计量单位	m²	工程量	122.22

清单综合单价组成明细

定额编号	定额项目名称	定额单位	数量	单价（元/m²）			合价（元/m²）			
				人工费	材料费	机械费	人工费	材料费	机械费	管理费和利润
—	拆除架空木地板	m²	1	1.51	—	—	1.51	—	—	4.23
—	防静电地毯铺贴	m²	1	16.18	160.44	—	16.18	160.44	—	45.30
人工单价		小计					16.69	160.44	—	49.53
28 元/工日		未计价材料费					—			
清单项目综合单价（元）							227.66			

4. 编制分部分项工程量清单计价表：

表 6-3　分部分项工程量清单合价

序号	项目编码	项目名称	项目特征描述	计量单位	工程量	金额（元）	
						综合单价	合　价
1	011104001001	地毯楼地面	1. 找平层厚度、砂浆配合比 2. 填充材料种类、厚度 3. 面层材料品种、规格、品牌、颜色 4. 防保护材料种类 5. 粘结材料种 6. 压线条种类	m²	122.22	227.66	27824.61

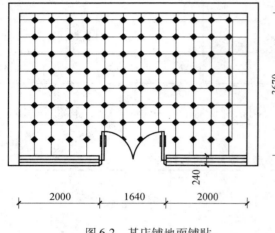

图 6-2　某店铺地面铺贴

【例 6-2】　某店铺地面铺贴如图 6-2 所示，地面做法：清理基层，刷素水泥浆，1:3 水泥沙浆粘贴 600mm×600mm 瓷砖，镶嵌 150mm×150mm 金沙黑花岗岩点缀，编制分部分项工程量清单、综合单价及合价表。（注：门洞处补瓷砖至门洞外沿）。

解：1. 清单工程量计算：

$5.64 × 3.67 + 0.24 × 1.5 = 21.06$（m²）

2. 消耗量定额工程量及费用计算：

（1）该项目工作内容：铺贴乳白色 600mm×600mm 瓷砖、镶嵌 150mm×150mm 金沙黑花岗岩。

（2）依据消耗量定额计算规则，计算工程量：

铺贴乳白色 600mm×600mm 瓷砖：$5.64 × 3.67 + 0.24 × 1.5 = 21.06$（m²）

镶嵌 150mm×150mm 金沙黑花岗岩：$8 × 15 = 120$（个）

（3）分别计算清单项目每计量单位应包含的各项工程内容的工程数量：

铺贴乳白色 600mm×600mm 瓷砖：$21.06 ÷ 21.06 = 1$

镶嵌 150mm×150mm 金沙黑花岗岩：$120 ÷ 21.06 = 5.70$

（4）参考《全国统一建筑装饰装修工程消耗量定额》套用定额，并计算清单项目每计量单位所含工程内容人工、材料、机械价款，见表 6-4。

表 6-4　消耗量定额费用

定额编号	清单项目名称	工作内容	计量单位	数量	其中（元）			
					人工费	材料费	机械费	小计
—	块料楼地面	陶瓷地砖铺贴	m²	1	6.34	89.78	0.65	96.77
—		花岗岩楼地面点缀	个	5.70	38.1	61.57	3.58	103.25
小计			m²	1	44.44	151.35	4.23	200.02

3. 编制清单综合单价表：见表6-5。根据公司情况确定管理费率170%，利润率110%，计算基础人工费。

表6-5 分部分项工程量清单综合单价计算表

项目编号	011102003001	项目名称	块料楼地面	计量单位	m^2	工程量	21.06

清单综合单价组成明细

定额编号	定额项目名称	定额单位	数量	单价（元）			合价（元）			
				人工费	材料费	机械费	人工费	材料费	机械费	管理费和利润
—	陶瓷地砖铺贴	m^2	1	6.34	89.78	0.65	6.34	89.78	0.65	17.75
—	花岗岩楼地面点缀	个	5.70	38.1	61.57	3.58	38.1	61.57	3.58	106.68
人工单价		小计					44.44	151.35	4.23	124.43
28元/工日		未计价材料费					—			
清单项目综合单价（元）							324.63			

4. 编制分部分项工程量清单计价表：

表6-6 分部分项工程量清单合价

序号	项目编码	项目名称	项目特征描述	计量单位	工程量	金额（元）	
						综合单价	合价
1	011102003001	块料楼地面	1. 垫层材料种类、厚度 2. 找平层厚度、砂浆配合比 3. 防水层材料种类 4. 填充材料种类、厚度 5. 结合层厚度、砂浆配合比 6. 面层材料品种、规格、品牌、颜色 7. 嵌缝材料种类 8. 防护层材料种类 9. 酸洗、打蜡要求	m^2	21.06	324.63	6836.71

6.2 墙、柱面装饰与隔断、幕墙工程

6.2.1 抹灰

6.2.1.1 墙面抹灰

1. 墙面一般抹灰（项目编码：011201001，计量单位：m²）

（1）工程内容

墙面一般抹灰的工程内容包括：基层清理，砂浆制作、运输，底层抹灰，抹面层，抹装饰面，勾分格缝。

（2）项目特征

墙面一般抹灰的项目特征包括：墙体类型，底层厚度、砂浆配合比，面层厚度、砂浆配合比，装饰面材料种类，分格缝宽度、材料种类。

（3）计算规则

按设计图示尺寸以面积计算。扣除墙裙、门窗洞口及单个 >0.3m² 的孔洞面积，不扣除踢脚线、挂镜线和墙与构件交接处的面积，门窗洞口和孔洞的侧壁及顶面不增加面积。附墙柱、梁、垛、烟囱侧壁并入相应的墙面面积内。

1）外墙抹灰面积按外墙垂直投影面积计算。

2）外墙裙抹灰面积按其长度乘以高度计算。

3）内墙抹灰面积按主墙间的净长乘以高度计算。

① 无墙裙的，高度按室内楼地面至天棚底面计算。

② 有墙裙的，高度按墙裙顶至天棚底面计算。

③ 有吊顶天棚抹灰，高度算至天棚底。

4）内墙裙抹灰面按内墙净长乘以高度计算。

2. 墙面装饰抹灰（项目编码：011201002，计量单位：m²）

工程内容、项目特征、计算规则同墙面一般抹灰。

3. 墙面勾缝（项目编码：011201003，计量单位：m²）

（1）工程内容

墙面勾缝的工程内容包括：基层清理，砂浆制作、运输，勾缝。

（2）项目特征

墙面勾缝的项目特征包括：勾缝类型、勾缝材料种类。

（3）计算规则

计算规则同墙面一般抹灰。

4. 立面砂浆找平层（项目编码：011201004，计量单位：m²）

（1）工程内容

立面砂浆找平层的工程内容包括：基层清理，砂浆制作、运输，抹灰找平。

（2）项目特征

立面砂浆找平层的项目特征包括：基层类型，找平层砂浆厚度、配合比。

（3）计算规则

计算规则同墙面一般抹灰。

注：1. 立面砂浆找平项目适用于仅做找平层的立面抹灰。

2. 墙面抹石灰砂浆、水泥砂浆、混合砂浆、聚合物水泥砂浆、麻刀石灰浆、石膏灰浆等按墙面一

180

般抹灰列项，墙面水刷石、斩假石、干粘石、假面砖等按墙面装饰抹灰列项。

3. 飘窗凸出外墙面增加的抹灰并入外墙工程量内。

4. 有吊顶天棚的内墙面抹灰，抹至吊顶以上部分在综合单价中考虑。

6.2.1.2 柱（梁）面抹灰

1. 柱、梁面一般抹灰（项目编码：011202001，计量单位：m²）

（1）工程内容

柱、梁面一般抹灰的工程内容包括：基层清理，砂浆制作、运输，底层抹灰，抹面层，勾分格缝。

（2）项目特征

柱、梁面一般抹灰的项目特征包括：柱（梁）体类型，底层厚度、砂浆配合比，面层厚度、砂浆配合比，装饰面材料种类，分格缝宽度、材料种类。

（3）计算规则

1）柱面抹灰：按设计图示柱断面周长乘高度以面积计算。

2）梁面抹灰：按设计图示梁断面周长乘长度以面积计算。

2. 柱、梁面装饰抹灰（项目编码：011202002，计量单位：m²）

工程内容、项目特征、计算规则同柱、梁面一般抹灰。

3. 柱、梁面砂浆找平（项目编码：011202003，计量单位：m²）

（1）工程内容

柱、梁面砂浆找平的工程内容包括：基层清理，砂浆制作、运输，抹灰找平。

（2）项目特征

柱、梁面砂浆找平的项目特征包括：柱（梁）体类型，找平的砂浆厚度、配合比。

（3）计算规则

1）柱面抹灰：按设计图示柱断面周长乘高度以面积计算。

2）梁面抹灰：按设计图示梁断面周长乘长度以面积计算。

4. 柱、梁面勾缝（项目编码：011202004，计量单位：m²）

（1）工程内容

柱、梁面勾缝的工程内容包括：基层清理，砂浆制作、运输，勾缝。

（2）项目特征

柱、梁面勾缝的项目特征包括：勾缝类型、勾缝材料种类。

（3）计算规则

按设计图示柱断面周长乘高度以面积计算。

注：1. 砂浆找平项目适用于仅做找平层的柱（梁）面抹灰。

2. 柱（梁）面抹石灰砂浆、水泥砂浆、混合砂浆、聚合物水泥砂浆、麻刀石灰浆、石膏灰浆等按柱（梁）面一般抹灰编码列项；柱（梁）面水刷石、斩假石、干粘石、假面砖等按柱（梁）面装饰抹灰编码列项。

6.2.1.3 零星抹灰

1. 零星项目一般抹灰（项目编码：011203001，计量单位：m²）

（1）工程内容

零星项目一般抹灰的工程内容包括：基层清理，砂浆制作、运输，底层抹灰，抹面层，抹装饰面，勾分格缝。

181

（2）项目特征

零星项目一般抹灰的项目特征包括：基层类型、部位，底层厚度、砂浆配合比，面层厚度、砂浆配合比，装饰面材料种类，分格缝宽度、材料种类。

（3）计算规则

按设计图示尺寸以面积计算。

2. 零星项目装饰抹灰（项目编码：011203002，计量单位：m²）

工程内容、项目特征、计算规则同零星项目一般抹灰。

3. 零星项目砂浆找平（项目编码：011203003，计量单位：m²）

（1）工程内容

零星项目砂浆找平的工程内容包括：基层清理，砂浆制作、运输，抹灰找平。

（2）项目特征

零星项目砂浆找平的项目特征包括：基层类型、部位，找平的砂浆厚度、配合比。

（3）计算规则

按设计图示尺寸以面积计算。

注：1. 零星项目抹石灰砂浆、水泥砂浆、混合砂浆、聚合物水泥砂浆、麻刀石灰浆、石膏灰浆等按零星项目一般抹灰编码列项，水刷石、斩假石、干粘石、假面砖等按零星项目装饰抹灰编码列项。

2. 墙、柱（梁）面≤0.5m²的少量分散的抹灰按零星抹灰项目编码列项。

6.2.2 块料

6.2.2.1 墙面块料面层

1. 石材墙面（项目编码：011204001，计量单位：m²）

（1）工程内容

石材墙面的工程内容包括：基层清理，砂浆制作、运输，粘结层铺贴，面层安装，嵌缝，刷防护材料，磨光、酸洗、打蜡。

（2）项目特征

石材墙面的项目特征包括：墙体类型，安装方式，面层材料品种、规格、颜色，缝宽、嵌缝材料种类，防护材料种类，磨光、酸洗、打蜡要求。

（3）计算规则

按镶贴表面积计算。

2. 拼碎石材墙面（项目编码：011204002，计量单位：m²）

工程内容、项目特征、计算规则同石材墙面。

3. 块料墙面（项目编码：011204003，计量单位：m²）

工程内容、项目特征、计算规则同石材墙面。

4. 干挂石材钢骨架（项目编码：011204004，计量单位：t）

（1）工程内容

干挂石材钢骨架的工程内容包括：骨架制作、运输、安装，刷漆。

（2）项目特征

干挂石材钢骨架的项目特征包括：骨架种类、规格，防锈漆品种遍数。

（3）计算规则

按设计图示以质量计算。

注：1．在描述碎块项目的面层材料特征时可不用描述规格、颜色。

　　2．石材、块料与粘结材料的结合面刷防渗材料的种类在防护层材料种类中描述。

　　3．安装方式可描述为砂浆或胶粘剂粘贴、挂贴、干挂等，不论哪种安装方式，都要详细描述与组价相关的内容。

6.2.2.2　柱（梁）面镶贴块料

1．石材柱面（项目编码：011205001，计量单位：m²）

（1）工程内容

石材柱面的工程内容包括：基层清理，砂浆制作、运输，粘结层铺贴，面层安装，嵌缝，刷防护材料，磨光、酸洗、打蜡。

（2）项目特征

石材柱面的项目特征包括：柱截面类型、尺寸，安装方式，面层材料品种、规格、颜色，缝宽、嵌缝材料种类，防护材料种类，磨光、酸洗、打蜡要求。

（3）计算规则

按镶贴表面积计。

2．块料柱面（项目编码：011205002，计量单位：m²）

工程内容、项目特征、计算规则同石材柱面。

3．拼碎块柱面（项目编码：011205003，计量单位：m²）

工程内容、项目特征、计算规则同石材柱面。

4．石材梁面（项目编码：011205004，计量单位：m²）

（1）工程内容

石材梁面的工程内容包括：基层清理，砂浆制作、运输，粘结层铺贴，面层安装，嵌缝，刷防护材料，磨光、酸洗、打蜡。

（2）项目特征

石材梁面的项目特征包括：安装方式，面层材料品种、规格、颜色，缝宽、嵌缝材料种类，防护材料种类，磨光、酸洗、打蜡要求。

（3）计算规则

按镶贴表面积计。

5．块料梁面（项目编码：011205005，计量单位：m²）

工程内容、项目特征、计算规则同石材梁面。

注：1．在描述碎块项目的面层材料特征时可不用描述规格、颜色。

　　2．石材、块料与粘结材料的结合面刷防渗材料的种类在防护层材料种类中描述。

　　3．柱梁面干挂石材的钢骨架按墙面块料面层相应项目编码列项。

6.2.2.3　镶贴零星块料

1．石材零星项目（项目编码：011206001，计量单位：m²）

（1）工程内容

石材零星项目的工程内容包括：基层清理，砂浆制作、运输，面层安装，嵌缝，刷防护材料，磨光、酸洗打蜡。

（2）项目特征

石材零星项目的项目特征包括：基层类型、部位，安装方式，面层材料品种、规格、颜色，缝宽、嵌缝材料种类，防护材料种类，磨光、酸洗、打蜡要求。

（3）计算规则

按镶贴表面积计算。

2. 块料零星项目（项目编码：011206002，计量单位：m²）

工程内容、项目特征、计算规则同石材零星项目。

3. 拼碎块零星项目（项目编码：011206003，计量单位：m²）

工程内容、项目特征、计算规则同石材零星项目。

注：1. 在描述碎块项目的面层材料特征时可不用描述规格、颜色。

2. 石材、块料与粘结材料的结合面刷防渗材料的种类在防护材料种类中描述。

3. 零星项目干挂石材的钢骨架按墙面块料面层相应项目编码列项。

4. 墙柱面≤0.5m²的少量分散的镶贴块料面层按上述零星项目执行。

6.2.3 饰面

6.2.3.1 墙饰面

1. 墙面装饰板（项目编码：011207001，计量单位：m²）

（1）工程内容

墙面装饰板的工程内容包括：基层清理，龙骨制作、运输、安装，钉隔离层，基层铺钉，面层铺贴。

（2）项目特征

墙面装饰板的项目特征包括：龙骨材料种类、规格中距，隔离层材料种类、规格，基层材料类、规格，面层材料品种、规格、颜色，压条材料种类、规格。

（3）计算规则

按设计图示墙净长乘净高以面积计算。扣除门窗洞口及单个 >0.3m² 的孔洞所占面积。

2. 墙面装饰浮雕（项目编码：011207002，计量单位：m²）

（1）工程内容

墙面装饰浮雕的工程内容包括：基层清理，材料制作、运输，安装成型。

（2）项目特征

墙面装饰浮雕的项目特征包括：基层类型、浮雕材料种类、浮雕样式。

（3）计算规则

按设计图示尺寸以面积计算。

6.2.3.2 柱（梁）饰面

1. 柱（梁）面装饰（项目编码：011208001，计量单位：m²）

（1）工程内容

柱（梁）面装饰的工程内容包括：清理基层，龙骨制作、运输、安装，钉隔离层，基层铺钉，面层铺贴。

（2）项目特征

柱（梁）面装饰的项目特征包括：龙骨材料种类、规格、中距，隔离层材料种类，基层材料种类、规格，面层材料品种、规格、颜色，压条材料种类、规格。

（3）计算规则

按设计图示饰面外围尺寸以面积计算。柱帽、柱墩并入相应柱饰面工程量内。

2. 成品装饰柱（项目编码：011208002，计量单位：根/m）

（1）工程内容

成品装饰柱的工程内容包括：柱运输、固定、安装。

（2）项目特征

成品装饰柱的项目特征包括：柱截面、高度尺寸，柱材质。

（3）计算规则

1）以根计量，按设计数量计算。

2）以米计量，按设计长度计算。

6.2.4 幕墙工程

1. 带骨架幕墙（项目编码：011209001，计量单位：m²）

（1）工程内容

带骨架幕墙的工程内容包括：骨架制作、运输、安装，面层安装，隔离带、框边封闭，嵌缝、塞口，清洗。

（2）项目特征

带骨架幕墙的项目特征包括：骨架材料种类、规格、中距，面层材料品种、规格、颜色，面层固定方式，隔离带、框边封闭材料品种、规格，嵌缝、塞口材料种类。

（3）计算规则

按设计图示框外围尺寸以面积计算。与幕墙同种材质的窗所占面积不扣除。

2. 全玻（无框玻璃）幕墙（项目编码：011209002，计量单位：m²）

（1）工程内容

全玻（无框玻璃）幕墙的工程内容包括：幕墙安装，嵌缝、塞口，清洗。

（2）项目特征

全玻（无框玻璃）幕墙的项目特征包括：玻璃品种、规格、颜色，粘结塞口材料种类，固定方式。

（3）计算规则

按设计图示尺寸以面积计算。带肋全玻幕墙按展开面积计算。

注：幕墙钢骨架按墙面块料面层干挂石材钢骨架编码列项。

6.2.5 隔断

1. 木隔断（项目编码：011210001，计量单位：m²）

（1）工程内容

木隔断的工程内容包括：骨架及边框制作、运输、安装，隔板制作、运输、安装，嵌缝、塞口，装钉压条。

（2）项目特征

木隔断的项目特征包括：骨架、边框材料种类、规格，隔板材料品种、规格、颜色，嵌缝、塞口材料品种，压条材料种类。

（3）计算规则

按设计图示框外围尺寸以面积计算。不扣除单个≤0.3m²的孔洞所占面积；浴厕门的材质与隔断相同时，门的面积并入隔断面积内。

2. 金属隔断（项目编码：011210002，计量单位：m²）

（1）工程内容

金属隔断的工程内容包括：骨架及边框制作、运输、安装，隔板制作、运输、安装，嵌缝、塞口。

（2）项目特征

金属隔断的项目特征包括：骨架、边框材料种类、规格，隔板材料品种、规格、颜色，嵌缝、塞口材料品种。

（3）计算规则

按设计图示框外围尺寸以面积计算。不扣除单个$\leq 0.3m^2$的孔洞所占面积；浴厕门的材质与隔断相同时，门的面积并入隔断面积内。

3. 玻璃隔断（项目编码：011210003，计量单位：m^2）

（1）工程内容

玻璃隔断的工程内容包括：边框制作、运输、安装，玻璃制作、运输、安装，嵌缝、塞口。

（2）项目特征

玻璃隔断的项目特征包括：边框材料种类、规格，玻璃品种、规格、颜色，嵌缝、塞口材料品种。

（3）计算规则

按设计图示框外围尺寸以面积计算。不扣除单个$\leq 0.3m^2$的孔洞所占面积。

4. 塑料隔断（项目编码：011210004，计量单位：m^2）

（1）工程内容

塑料隔断的工程内容包括：骨架及边框制作、运输、安装，隔板制作、运输、安装，嵌缝、塞口。

（2）项目特征

塑料隔断的项目特征包括：边框材料种类、规格，隔板材料品种、规格、颜色，嵌缝、塞口材料品种。

（3）计算规则

按设计图示框外围尺寸以面积计算。不扣除单个$\leq 0.3m^2$的孔洞所占面积。

5. 成品隔断（项目编码：011210005，计量单位：m^2/间）

（1）工程内容

成品隔断的工程内容包括：隔断运输、安装，嵌缝、塞口。

（2）项目特征

成品隔断的项目特征包括：隔断材料品种、规格、颜色，配件品种、规格。

（3）计算规则

1）以立方米计算，按设计图示框外围尺寸以面积计算。

2）以间计算，按设计间的数量计算。

6. 其他隔断（项目编码：011210006，计量单位：m^2）

（1）工程内容

其他隔断的工程内容包括：骨架及边框安装，隔板安装，嵌缝、塞口。

（2）项目特征

其他隔断的项目特征包括：骨架、边框材料种类、规格，隔板材料品种、规格、颜色，嵌缝、塞口材料品种。

（3）计算规则

按设计图示框外围尺寸以面积计算。不扣除单个$\leq 0.3m^2$的孔洞所占面积。

【例 6-3】 如图 6-3 所示，某房屋外墙为混凝土墙面，设计为水刷白石子（12mm 厚水泥砂浆 1∶3，10mm 厚水泥白石子浆 1∶1.5），编制分部分项工程量清单、综合单价及合价表。

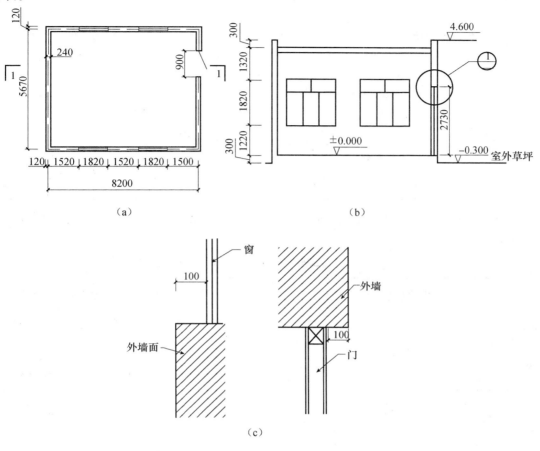

（a）　　　　　　　　　　　　　　　　　（b）

（c）

图 6-3　某房屋外墙

（a）平面图；（b）剖面图；（c）详图

解： 1. 清单工程量计算：

$(8.2 + 0.12 \times 2 + 5.67 + 0.12 \times 2) \times 2 \times (4.6 + 0.3) - 1.82 \times 1.82 \times 4 - 0.9 \times 2.73$

$= 140.63 - 13.25 - 2.46$

$= 124.92(\text{m}^2)$

2. 消耗量定额工程量及费用计算：

（1）该项目工程内容：清理、修补、湿润墙面、堵墙眼、调运砂浆、清扫落地灰；分层抹灰、刷浆、找平、起线拍平、压实、刷面。

（2）依据消耗量定额计算规则，计算工程量：

外墙水刷白石子：

$(8.2 + 0.12 \times 2 + 5.67 + 0.12 \times 2) \times 2 \times (4.6 + 0.3) - 1.82 \times 1.82 \times 4 - 0.9 \times 2.73$

$= 140.63 - 13.25 - 2.46$

$= 124.92(\text{m}^2)$

（3）计算清单项目每计量单位应包含的各项工程内容的工程数量：

外墙水刷白石子：$124.92 \div 124.92 = 1$

（4）参考《全国统一建筑装饰装修工程消耗量定额》套用定额，并计算清单项目每计量单位所含工程内容人工、材料、机械价款。见表6-7。

表6-7　消耗量定额费用

定额编号	清单项目名称	工作内容	计量单位	数量	其中（元）			
					人工费	材料费	机械费	小计
—	墙面装饰抹灰	清理、修补、湿润墙面、堵墙眼、调运砂浆、清扫落地灰；分层抹灰、刷浆、找平、起线拍平、压实、刷面	m²	1	9.17	7.64	0.25	17.06
	小计		m²	1	9.17	7.64	0.25	17.06

3.编制清单综合单价表：见表6-8。根据公司情况确定管理费率170%，利润率110%，计算基础人工费。

表6-8　分部分项工程量清单综合单价计算表

项目编号	011201002001	项目名称	墙面装饰抹灰	计量单位	m²	工程量	124.92

				清单综合单价组成明细						
定额编号	定额项目名称	定额单位	数量	单价（元）			合价（元）			
				人工费	材料费	机械费	人工费	材料费	机械费	管理费和利润
—	墙面装饰抹灰	m²	1	9.17	7.64	0.25	9.17	7.64	0.25	25.98
人工单价		小计					9.17	7.64	0.25	25.98
28元/工日		未计价材料费					—			
清单项目综合单价（元）							43.04			

4.编制分部分项工程量清单合价表：

表6-9　分部分项工程量清单合价

序号	项目编码	项目名称	项目特征描述	计量单位	工程量	金额（元）	
						综合单价	合价
1	011201002001	墙面装饰抹灰	1. 墙体类型 2. 底层厚度、砂浆配合比 3. 面层厚度、砂浆配合比 4. 装饰面材种类 5. 分格缝宽度、材料种类	m²	124.92	43.04	5376.56

【例6-4】 图6-4为某卫生间示意图，编制其分部分项工程量清单、综合单价、合价表。

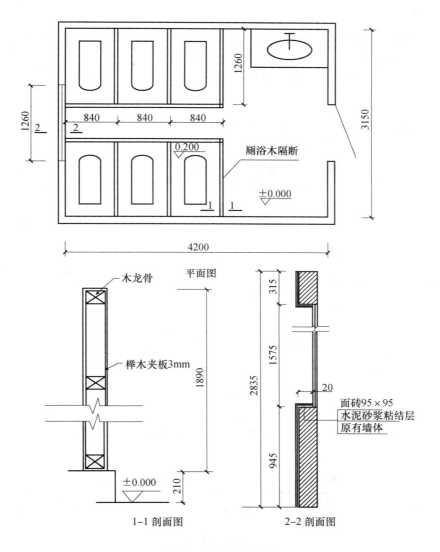

图6-4 卫生间示意图

注: 1. 门洞尺寸为900mm×2100mm，蹲便区沿隔断内起地台，高度为200mm。
　　 2. 墙面为水泥砂浆粘贴面砖95mm×95mm，灰缝5mm内。
　　 3. 门内侧壁同窗。

解: 1. 清单工程量计算:

$(4.2+3.15)\times2\times2.835-1.575\times1.26-0.9\times2.1-0.2\times(1.26+3\times0.84)$

$\times2+0.12\times(1.26+0.15)\times2+0.12\times(0.945+2\times2)$

$=41.67-1.98-1.89-1.51+0.34+0.59$

$=37.22(m^2)$

2. 消耗量定额工程量及费用计算:

(1) 该项目工程内容:清理修补基层表面、打底抹灰、砂浆找平;选料、抹结合层砂浆、贴面砖、擦缝、清洁表面。

189

（2）依据消耗量定额计算规则，计算工程量：

墙面贴面砖：

$(4.2+3.15)\times2\times2.835-1.575\times1.26-0.9\times2.1-0.2\times(1.26+3\times0.84)$

$\times2+0.12\times(1.26+0.15)\times2+0.12\times(0.945+2\times2)$

$=41.67-1.98-1.89-1.51+0.34+0.59$

$=37.22(m^2)$

（3）计算清单项目每计量单位应包含的各项工程内容的工程数量：

墙面贴面砖：$37.22\div37.22=1$

（4）参考《全国统一建筑装饰装修工程消耗量定额》套用定额，并计算清单项目每计量单位所含工程内容人工、材料、机械价款，见表6-10。

表6-10 消耗量定额费用

定额编号	清单项目名称	工作内容	计量单位	数量	其中（元）			
					人工费	材料费	机械费	小计
—	墙面镶贴块料	清理修补基层表面、打底抹灰、砂浆找平；选料、抹结合层砂浆、贴面砖、擦缝、清洁表面	m²	1	15.41	34.30	0.82	50.53
小计			m²	1	15.41	34.30	0.82	50.53

3. 编制清单综合单价：

表6-11 分部分项工程量清单综合单价计算表

项目编号	011204003001	项目名称	墙面镶贴块料	计量单位	m²	工程量	37.22

清单综合单价组成明细

定额编号	定额项目名称	定额单位	数量	单价（元）			合价（元）			
				人工费	材料费	机械费	人工费	材料费	机械费	管理费和利润
—	墙面镶贴块料	m²	1	15.41	34.30	0.82	15.41	34.30	0.82	43.15
人工单价		小计					15.41	34.30	0.82	43.15
28元/工日		未计价材料费					—			
		清单项目综合单价（元）					93.68			

4. 编制分部分项工程量清单合价表：

表 6-12　分部分项工程量清单合价

序号	项目编码	项目名称	项目特征描述	计量单位	工程量	金额（元）	
						综合单价	合　价
1	011204003001	墙面镶贴块料	1. 墙体类型 2. 底层厚度、砂浆配合比 3. 粘结层厚度、材料种类 4. 挂贴方式 5. 干挂方式（膨胀螺栓、钢龙骨） 6. 面层材料品种、规格、品牌、颜色 7. 缝宽、嵌缝材料种类 8. 防护材料种类 9. 磨光、酸洗、打蜡要求	m²	37.22	93.68	3486.78

6.3　天棚工程

6.3.1　天棚抹灰

天棚抹灰（项目编码：011301001，计量单位：m²）

（1）工程内容

天棚抹灰的工程内容包括：基层清理、底层抹灰、抹面层。

（2）项目特征

天棚抹灰的项目特征包括：基层类型，抹灰厚度、材料种类，砂浆配合比。

（3）计算规则

按设计图示尺寸以水平投影面积计算。不扣除间壁墙、垛、柱、附墙烟囱、检查口和管道所占的面积，带梁天棚、梁两侧抹灰面积并入天棚面积内，板式楼梯底面抹灰按斜面积计算，锯齿形楼梯底板抹灰按展开面积计算。

6.3.2　天棚吊顶

1. 吊顶天棚（项目编码：011302001，计量单位：m²）

（1）工程内容

吊顶天棚的工程内容包括：基层清理、吊杆安装，龙骨安装，基层板铺贴，面层铺贴，嵌缝，刷防护材料。

（2）项目特征

吊顶天棚的项目特征包括：吊顶形式、吊杆规格、高度，龙骨材料种类、规格、中距，基层材料种类、规格，面层材料品种、规格、压条材料种类、规格，嵌缝材料种类，防护材料种类。

（3）计算规则

按设计图示尺寸以水平投影面积计算。天棚面中的灯槽及跌级、锯齿形、吊挂式、藻井式天棚面积不展开计算。不扣除间壁墙、检查口、附墙烟囱、柱垛和管道所占面积，扣除单

个 >0.3m² 的孔洞、独立柱及与天棚相连的窗帘盒所占的面积。

2. 格栅吊顶（项目编码：011302002，计量单位：m²）

（1）工程内容

格栅吊顶的工程内容包括：基层清理、安装龙骨、基层板铺贴、面层铺贴、刷防护材料。

（2）项目特征

格栅吊顶的项目特征包括：龙骨材料种类、规格、中距，基层材料种类、规格，面层材料品种、规格，防护材料种类。

（3）计算规则

按设计图示尺寸以水平投影面积计算。

3. 吊筒吊顶（项目编码：011302003，计量单位：m²）

（1）工程内容

吊筒吊顶的工程内容包括：基层清理、吊筒制作安装、刷防护材料。

（2）项目特征

吊筒吊顶的项目特征包括：吊筒形状、规格，吊筒材料种类，防护材料种类。

（3）计算规则

按设计图示尺寸以水平投影面积计算。

4. 藤条造型悬挂吊顶（项目编码：011302004，计量单位：m²）

（1）工程内容

藤条造型悬挂吊顶的工程内容包括：基层清理、龙骨安装、铺贴面层。

（2）项目特征

藤条造型悬挂吊顶的项目特征包括：骨架材料种类、规格，面层材料品种、规格。

（3）计算规则

按设计图示尺寸以水平投影面积计算。

5. 织物软雕吊顶（项目编码：011302005，计量单位：m²）

工程内容、项目特征、计算规则同藤条造型悬挂吊顶。

6. 装饰网架吊顶（项目编码：011302006，计量单位：m²）

（1）工程内容

装饰网架吊顶的工程内容包括：基层清理、网架制作安装。

（2）项目特征

装饰网架吊顶的项目特征包括：网架材料品种、规格。

（3）计算规则

按设计图示尺寸以水平投影面积计算。

6.3.3 采光天棚

采光天棚（项目编码：011303001，计量单位：m²）

（1）工程内容

采光天棚的工程内容包括：清理基层，面层制安，嵌缝、塞口，清洗。

（2）项目特征

采光天棚的项目特征包括：骨架类型，固定类型、固定材料品种、规格，面层材料品种、规格，嵌缝、塞口材料种类。

（3）计算规则

按框外围展开面积计。

注：采光天棚骨架不包括在本节中，应单独按金属结构工程相关项目编码列项。

6.3.4 天棚其他装饰

1. 灯带（槽）（项目编码：011304001，计量单位：m^2）

（1）工程内容

灯带（槽）的工程内容包括：安装、固定。

（2）项目特征

灯带（槽）的项目特征包括：灯带型式、尺寸，格栅片材料品种、规格，安装固定方式。

（3）计算规则

按设计图示尺寸以框外围面积计算。

2. 送风口、回风口（项目编码：011304002，计量单位：个）

（1）工程内容

送风口、回风口的工程内容包括：安装、固定，刷防护材料。

（2）项目特征

送风口、回风口的项目特征包括：风口材料品种、规格，安装固定方式，防护材料种类。

（3）计算规则

按设计图示数量计算。

【例6-5】 图6-5为某办公室吊顶平面图，编制分部分项工程量清单、综合单价及合价表。

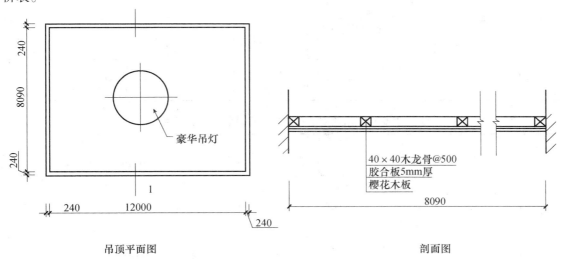

图6-5 某办公室天棚

解：1. 清单工程量计算：

$$8.09 \times 12 = 97.08 \ (m^2)$$

2. 消耗量定额工程量及费用计算：

（1）该项目的工程内容：制作、安装楞木、混凝土板下的木楞刷防腐油；安装天棚基

193

层、层面；层面清扫、磨砂纸、刮腻子、刷底油、油色、刷清漆两遍；龙骨、基层刷防火涂料两遍。

（2）依据消耗量定额计算规则，计算工程量：

木龙骨：$8.09 \times 12 = 97.08$（m^2）

胶合板：$8.09 \times 12 = 97.08$（m^2）

樱桃木板：$8.09 \times 12 = 97.08$（m^2）

木龙骨刷防火涂料：$8.09 \times 12 = 97.08$（m^2）

木板面刷防火涂料：$8.09 \times 12 = 97.08$（m^2）

（3）计算清单项目每计量单位应包含的各项工程内容的工程数量：

木龙骨：$97.08 \div 97.08 = 1$

胶合板：$97.08 \div 97.08 = 1$

樱桃木板：$97.08 \div 97.08 = 1$

木龙骨刷防火涂料：$97.08 \div 97.08 = 1$

木板面刷防火涂料：$97.08 \div 97.08 = 1$

（4）参考《全国统一建筑装饰装修工程消耗量》，套用定额：计算清单项目每计量单位所含各项工程内容人工、材料、机械价款，见表6-13、表6-14。

表6-13 吊顶工程量消耗定额费用

定额编号	清单项目名称	工作内容	计量单位	数量	其中（元）			
					人工费	材料费	机械费	小计
—	天棚吊顶	制作、安装楞木、混凝土板下的木楞刷防腐油	m^2	1	4.00	34.16	0.05	38.21
—		安装天棚基层、五合板基层	m^2	1	1.78	19.50	—	21.28
—		安装面层樱桃板面层	m^2	1	3.00	34.33	—	37.33
小计			m^2	1	8.78	87.99	0.05	96.82

表6-14 吊顶刷漆及防护工程量消耗定额费用

定额编号	清单项目名称	工作内容	计量单位	数量	其中（元）			
					人工费	材料费	机械费	小计
—	吊顶面层刷清漆	层面清扫、磨砂纸、刮腻子、刷底油、油色、刷清漆两遍	m^2	1	3.65	2.38	—	6.03
—	防护：刷防火涂料	木龙骨刷防火涂料两遍	m^2	1	3.88	5.59	—	9.47
—		木板面单面刷防火涂料两遍	m^2	1	2.24	3.71	—	5.95
小计			m^2	1	9.77	11.68	—	21.45

3. 编制清单综合单价，根据企业情况确定管理费率170%，利润率110%，计算基础人工费。见表6-15、表6-16。

表 6-15　天棚吊顶综合单价计算表

项目编号	011302001001	项目名称	天棚吊顶	计量单位	m²	工程量	97.08
清单综合单价组成明细							

定额编号	定额项目名称	定额单位	数量	单价（元）			合价（元）			
				人工费	材料费	机械费	人工费	材料费	机械费	管理费和利润
—	天棚吊顶	m²	1	8.78	87.99	0.05	8.78	87.99	0.05	24.59
人工单价			小　计				8.78	87.99	0.05	24.59
28 元/工日			未计价材料费				—			
清单项目综合单价（元）							121.41			

表 6-16　吊顶层面刷清漆、刷防火涂料综合单价

项目编号	011404005002	项目名称	吊顶层面刷清漆、刷防火涂料	计量单位	m²	工程量	97.08
清单综合单价组成明细							

定额编号	定额项目名称	定额单位	数量	单价（元）			合价（元）			
				人工费	材料费	机械费	人工费	材料费	机械费	管理费和利润
—	吊顶层面刷清漆、刷防火涂料	m²	1	9.77	11.68	—	9.77	11.68	—	27.36
人工单价			小　计				9.77	11.68	—	27.36
28 元/工日			未计价材料费				—			
清单项目综合单价（元）							48.81			

4. 编制分部分项工程量清单合价表，见表 6-17。

表 6-17　分部分项工程量清单合价

序号	项目编码	项目名称	项目特征描述	计量单位	工程量	金额（元）	
						综合单价	合　价
1	011302001001	天棚吊顶	1. 吊顶形式 2. 龙骨类型、材料种类、规格、中距 3. 基层材料种类、规格 4. 面层材料品种、规格、品牌、颜色 5. 压条材料种类、规格 6. 嵌缝材料种类 7. 防护材料种类 8. 油漆品种、刷漆遍数	m²	97.08	121.41	11786.48

序号	项目编码	项目名称	项目特征描述	计量单位	工程量	金额（元）	
						综合单价	合价
2	011404005002	吊顶层面刷清漆、刷防火涂料	1. 腻子种类 2. 刮腻子要求 3. 防护材料种类 4. 油漆品种、刷漆遍数	m²	97.08	48.81	4738.47

【例6-6】 某豪华酒店接待室的吊顶平面布置图见图6-6，编制分部分项工程量清单、综合单价及合价表。

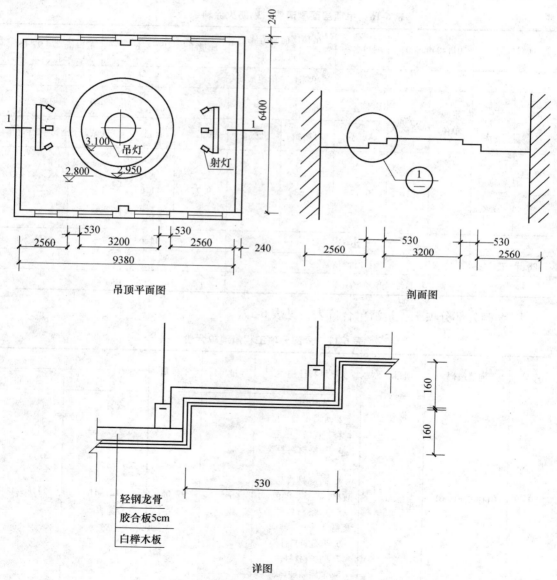

图6-6 某酒店接待室吊顶平面布置图

解： 1. 清单工程量计算：

$$9.38 \times 6.4 = 60.03 \ (\mathrm{m}^2)$$

2. 消耗量定额工程量及费用计算：

（1）该项目的工程内容：吊件加工、安装，定位、弹线、安装膨胀螺栓，选料、下料、定位杆控制高度、平整、安装龙骨及吊配附件、孔洞预留等，临时加固、调整、校正，灯箱风口封边、龙骨设置，预留位置、整体调整；安装天棚基层；清扫，刷防火涂料，两遍；安装面层；清扫、磨砂纸、刮腻子、刷底色、油色、刷清漆两遍。

（2）依据消耗量定额计算规则，计算工程量：

轻钢龙骨：$9.38 \times 6.4 = 60.03 \ (\mathrm{m}^2)$

五合板：$60.03 + 0.16 \times (3.14 \times 3 + 3.14 \times 4) = 63.55 \ (\mathrm{m}^2)$

白桦木板：$60.03 + 0.16 \times (3.14 \times 3 + 3.14 \times 4) = 63.55 \ (\mathrm{m}^2)$

油漆：$60.03 + 0.16 \times (3.14 \times 3 + 3.14 \times 4) = 63.55 \ (\mathrm{m}^2)$

木板面双面刷防火涂料：$60.03 + 0.16 \times (3.14 \times 3 + 3.14 \times 4) = 63.55 \ (\mathrm{m}^2)$

（3）计算清单项目每计量单位应包含的各项工程内容的工程数量：

轻钢龙骨：$60.03 \div 60.03 = 1$

五合板：$63.55 \div 60.03 = 1.0586$

白桦木板：$63.55 \div 60.03 = 1.0586$

油漆：$63.55 \div 60.03 = 1.0586$

木板面双面刷防火涂料：$63.55 \div 60.03 = 1.0586$

（4）参考《全国统一建筑装饰装修工程消耗量》套用定额：并计算清单项目每计量单位所含各项工程内容人工、材料、机械价款。见表6-18、表6-19。

表6-18　吊顶工程消耗量定额费用

定额编号	清单项目名称	工作内容	计量单位	数量	其中（元）			
					人工费	材料费	机械费	小计
—	天棚吊顶	吊件加工、安装，定位、弹线、安装膨胀螺栓，选料、下料、定位杆控制高度、平整、安装龙骨及吊配附件、孔洞预留等，临时加固、调整、校正、灯箱风口封边、龙骨设置，预留位置、整体调整	m²	1.00	12.75	41.61	0.12	54.48
—		安装五合板基层	m²	1.0586	8.50	26.00	—	34.50
—		安装白桦木板面层	m²	1.0586	10.89	45.61	—	56.50
小计					32.14	113.22	0.12	145.48

197

表 6-19　吊顶刷漆及防护工程消耗量定额费用

定额编号	清单项目名称	工作内容	计量单位	数量	其中（元）			
					人工费	材料费	机械费	小计
—	吊顶面层刷清漆	清扫、磨砂纸、刮腻子、刷底油、油色、刷清漆两遍	m²	1	3.88	1.53	—	6.41
—	防护	木板面双面刷防火涂料	m²	1	3.10	7.70	—	10.80
小计					9.77	11.68	—	17.21

3. 编制清单综合单价表，根据企业情况确定管理费率 170%，利润率 110%，计算基础人工费。见表 6-20、表 6-21。

表 6-20　天棚吊顶综合单价

项目编号	011302001001	项目名称	天棚吊顶	计量单位	m²	工程量	60.03

清单综合单价组成明细									
定额编号	定额项目名称	定额单位	数量	单价（元）			合价（元）			
				人工费	材料费	机械费	人工费	材料费	机械费	管理费和利润
—	天棚吊顶	m²	1	32.14	113.22	0.12	32.14	113.22	0.12	89.99
人工单价		小计					32.14	113.22	0.12	89.99
28 元/工日		未计价材料费					—			
清单项目综合单价（元）							235.47			

表 6-21　天棚面油漆综合单价

项目编号	011404005002	项目名称	天棚面油漆	计量单位	m²	工程量	60.03

清单综合单价组成明细									
定额编号	定额项目名称	定额单位	数量	单价（元）			合价（元）			
				人工费	材料费	机械费	人工费	材料费	机械费	管理费和利润
—	天棚面油漆	m²	1	6.98	10.23	—	6.98	10.23	—	19.54
人工单价		小计					6.98	10.23	—	19.54
28 元/工日		未计价材料费					—			
清单项目综合单价（元）							36.76			

198

4. 编制分部分项工程量清单合价表，见表6-22。

表 6-22　分部分项工程量清单合价

序号	项目编码	项目名称	项目特征描述	计量单位	工程量	金额（元）	
						综合单价	合　价
1	011302001001	天棚吊顶	1. 吊顶形式 2. 龙骨类型、材料种类、规格、中距 3. 层材料种类、规格 4. 层材料品种、规格、品牌、颜色 5. 压条材料种类、规格 6. 嵌缝材料种类 7. 防护材料种类 8. 油漆品种 9. 刷漆遍数	m²	60.03	235.47	14135.26
2	011404005002	天棚面油漆	1. 腻子种类 2. 刮腻子要求 3. 防护材料种类 4. 油漆品种、刷漆遍数	m²	60.03	36.76	2206.70

6.4　油漆、涂料、裱糊工程

6.4.1　油漆

6.4.1.1　门油漆

1. 木门油漆（项目编码：011401001，计量单位：樘/m²）

（1）工程内容

木门油漆的工程内容包括：基层清理，刮腻子，刷防护材料、油漆。

（2）项目特征

木门油漆的项目特征包括：门类型，门代号及洞口尺寸，腻子种类，刮腻子遍数，防护材料种类，油漆品种、刷漆遍数。

（3）计算规则

1）以樘计量，按设计图示数量计量。

2）以平方米计量，按设计图示洞口尺寸以面积计算。

2. 金属门油漆（项目编码：011401002，计量单位：樘/m²）

（1）工程内容

金属门油漆的工程内容包括：除锈，基层清理，刮腻子，刷防护材料、油漆。

（2）项目特征

金属门油漆的项目特征包括：门类型，门代号及洞口尺寸，腻子种类，刮腻子遍数，防护材料种类，油漆品种、刷漆遍数。

（3）计算规则

1）以樘计量，按设计图示数量计量。

2）以平方米计量，按设计图示洞口尺寸以面积计算。

注：1. 木门油漆应区分木大门、单层木门、双层（一玻一纱）木门、双层（单裁口）木门、全玻自由门、半玻自由门、装饰门及有框门或无框门等项目，分别编码列项。

2. 金属门油漆应区分平开门、推拉门、钢制防火门等项目，分别编码列项。

3. 以平方米计量，项目特征可不必描述洞口尺寸。

6.4.1.2 窗油漆

1. 木窗油漆（项目编码：011402001，计量单位：樘/m²）

（1）工程内容

木窗油漆的工程内容包括：基层清理，刮腻子，刷防护材料、油漆。

（2）项目特征

木窗油漆的项目特征包括：窗类型，窗代号及洞口尺寸，腻子种类，刮腻子遍数，防护材料种类，油漆品种、刷漆遍数。

（3）计算规则

1）以樘计量，按设计图示数量计量。

2）以平方米计量，按设计图示洞口尺寸以面积计算。

2. 金属窗油漆（项目编码：011402002，计量单位：樘/m²）

（1）工程内容

金属窗油漆的工程内容包括：除锈、基层清理，刮腻子，刷防护材料、油漆。

（2）项目特征

金属窗油漆的项目特征包括：窗类型，窗代号及洞口尺寸，腻子种类，刮腻子遍数，防护材料种类，油漆品种、刷漆遍数。

（3）计算规则

1）以樘计量，按设计图示数量计量。

2）以平方米计量，按设计图示洞口尺寸以面积计算。

注：1. 木窗油漆应区分单层木窗、双层（一玻一纱）木窗、双层框扇（单裁口）木窗、双层框三层（二玻一纱）木窗、单层组合窗、双层组合窗、木百叶窗、木推拉窗等项目，分别编码列项。

2. 金属窗油漆应区分平开窗、推拉窗、固定窗、组合窗、金属格栅窗等项目，分别编码列项。

3. 以平方米计量，项目特征可不必描述洞口尺寸。

6.4.1.3 木扶手及其他板条、线条油漆

1. 木扶手油漆（项目编码：011403001，计量单位：m）

（1）工程内容

木扶手油漆的工程内容包括：基层清理，刮腻子，刷防护材料、油漆。

（2）项目特征

木扶手油漆的项目特征包括：断面尺寸，腻子种类，刮腻子遍数，防护材料种类，油漆品种、刷漆遍数。

（3）计算规则

按设计图示尺寸以长度计算。

2. 窗帘盒油漆（项目编码：011403002，计量单位：m）

工程内容、项目特征、计算规则同木扶手油漆。

3. 封檐板、顺水板油漆（项目编码：011403003，计量单位：m）

工程内容、项目特征、计算规则同木扶手油漆。

4. 挂衣板、黑板框油漆（项目编码：011403004，计量单位：m）

工程内容、项目特征、计算规则同木扶手油漆。

5. 挂镜线、窗帘棍、单独木线油漆（项目编码：011403005，计量单位：m）

工程内容、项目特征、计算规则同木扶手油漆。

注：木扶手应区分带托板与不带托板，分别编码列项，若是木栏杆带扶手，木扶手不应单独列项，应包含在木栏杆油漆中。

6.4.1.4　木材面油漆

1. 木护墙、木墙裙油漆（项目编码：011404001，计量单位：m²）

（1）工程内容

木护墙、木墙裙油漆的工程内容包括：基层清理，刮腻子，刷防护材料、油漆。

（2）项目特征

木护墙、木墙裙油漆的项目特征包括：腻子种类，刮腻子遍数，防护材料种类，油漆品种、刷漆遍数。

（3）计算规则

按设计图示尺寸以面积计算。

2. 窗台板、筒子板、盖板、门窗套、踢脚线油漆（项目编码：011404002，计量单位：m²）

工程内容、项目特征、计算规则同木护墙、木墙裙油漆。

3. 清水板条天棚、檐口油漆（项目编码：011404003，计量单位：m²）

工程内容、项目特征、计算规则同木护墙、木墙裙油漆。

4. 木方格吊顶天棚油漆（项目编码：011404004，计量单位：m²）

工程内容、项目特征、计算规则同木护墙、木墙裙油漆。

5. 吸声板墙面、天棚面油漆（项目编码：011404005，计量单位：m²）

工程内容、项目特征、计算规则同木护墙、木墙裙油漆。

6. 暖气罩油漆（项目编码：011404006，计量单位：m²）

工程内容、项目特征、计算规则同木护墙、木墙裙油漆。

7. 其他木材面（项目编码：011404007，计量单位：m²）

工程内容、项目特征、计算规则同木护墙、木墙裙油漆。

8. 木间壁、木隔断油漆（项目编码：011404008，计量单位：m²）

（1）工程内容

木间壁、木隔断油漆的工程内容包括：基层清理，刮腻子，刷防护材料、油漆。

（2）项目特征

木间壁、木隔断油漆的项目特征包括：腻子种类，刮腻子遍数，防护材料种类，油漆品种、刷漆遍数。

（3）计算规则

按设计图示尺寸以单面外围面积计算。

9. 玻璃间壁露明墙筋油漆（项目编码：011404009，计量单位：m²）

工程内容、项目特征、计算规则同木间壁、木隔断油漆。

10. 木栅栏、木栏杆（带扶手）油漆（项目编码：011404010，计量单位：m²）

工程内容、项目特征、计算规则同木间壁、木隔断油漆。

11. 衣柜、壁柜油漆（项目编码：011404011，计量单位：m²）

（1）工程内容

衣柜、壁柜油漆的工程内容包括：基层清理，刮腻子，刷防护材料、油漆。

（2）项目特征

衣柜、壁柜油漆的项目特征包括：腻子种类，刮腻子遍数，防护材料种类，油漆品种、刷漆遍数。

（3）计算规则

按设计图示尺寸以油漆部分展开面积计算。

12. 梁柱饰面油漆（项目编码：011404012，计量单位：m²）

工程内容、项目特征、计算规则同衣柜、壁柜油漆。

13. 零星木装修油漆（项目编码：011404013，计量单位：m²）

工程内容、项目特征、计算规则同衣柜、壁柜油漆。

14. 木地板油漆（项目编码：011404014，计量单位：m²）

（1）工程内容

木地板油漆的工程内容包括：基层清理，刮腻子，刷防护材料、油漆。

（2）项目特征

木地板油漆的项目特征包括：腻子种类，刮腻子遍数，防护材料种类，油漆品种、刷漆遍数。

（3）计算规则

按设计图示尺寸以面积计算。空洞、空圈、暖气包槽、壁龛的开口部分并入相应的工程量内。

15. 木地板烫硬蜡面（项目编码：011404015，计量单位：m²）

（1）工程内容

木地板烫硬蜡面的工程内容包括：基层清理、烫蜡。

（2）项目特征

木地板烫硬蜡面的项目特征包括：硬蜡品种、面层处理要求。

（3）计算规则

按设计图示尺寸以面积计算。空洞、空圈、暖气包槽、壁龛的开口部分并入相应的工程量内。

6.4.1.5 金属面油漆

金属面油漆（项目编码：011405001，计量单位：t/m²）

（1）工程内容

金属面油漆的工程内容包括：基层清理，刮腻子，刷防护材料、油漆。

（2）项目特征

金属面油漆的项目特征包括：构件名称，腻子种类，刮腻子要求，防护材料种类，油漆品种、刷漆遍数。

（3）计算规则

1）以吨计量，按设计图示尺寸以质量计算。

2）以平方米计量，按设计展开面积计算。

6.4.1.6　抹灰面油漆

1. 抹灰面油漆（项目编码：011406001，计量单位：m²）

（1）工程内容

抹灰面油漆的工程内容包括：基层清理，刮腻子，刷防护材料、油漆。

（2）项目特征

抹灰面油漆的项目特征包括：基层类型，腻子种类，刮腻子遍数，防护材料种类，油漆品种、刷漆遍数，部位。

（3）计算规则

按设计图示尺寸以面积计算。

2. 抹灰线条油漆（项目编码：011406002，计量单位：m）

（1）工程内容

抹灰线条油漆的工程内容包括：基层清理，刮腻子，刷防护材料、油漆。

（2）项目特征

抹灰线条油漆的项目特征包括：线条宽度、道数，腻子种类，刮腻子遍数，防护材料种类，油漆品种、刷漆遍数。

（3）计算规则

按设计图示尺寸以长度计算。

3. 满刮腻子（项目编码：011406003，计量单位：m²）

（1）工程内容

满刮腻子的工程内容包括：基层清理、刮腻子。

（2）项目特征

满刮腻子的项目特征包括：基层类型、腻子种类、刮腻子遍数。

（3）计算规则

按设计图示尺寸以面积计算。

6.4.2　喷刷涂料

1. 墙面喷刷涂料（项目编码：011407001，计量单位：m²）

（1）工程内容

墙面喷刷涂料的工程内容包括：基层清理，刮腻子，刷、喷涂料。

（2）项目特征

墙面喷刷涂料的项目特征包括：基层类型，喷刷涂料部位，腻子种类，刮腻子要求，涂料品种、喷刷遍数。

（3）计算规则

按设计图示尺寸以面积计算。

2. 天棚喷刷涂料（项目编码：011407002，计量单位：m²）

工程内容、项目特征、计算规则同墙面喷刷涂料。

3. 空花格、栏杆刷涂料（项目编码：011407003，计量单位：m²）

（1）工程内容

空花格、栏杆刷涂料的工程内容包括：基层清理，刮腻子，刷、喷涂料。

（2）项目特征

空花格、栏杆刷涂料的项目特征包括：腻子种类，刮腻子遍数，涂料品种、刷喷遍数。

（3）计算规则

按设计图示尺寸以单面外围面积计算。

4. 线条刷涂料（项目编码：011407004，计量单位：m）

（1）工程内容

线条刷涂料的工程内容包括：基层清理，刮腻子，刷、喷涂料。

（2）项目特征

线条刷涂料的项目特征包括：基层清理，线条宽度，刮腻子遍数，刷防护材料、油漆。

（3）计算规则

按设计图示尺寸以长度计算。

5. 金属构件刷防火涂料（项目编码：011407005，计量单位：m^2/t）

（1）工程内容

金属构件刷防火涂料的工程内容包括：基层清理，刷防护材料、油漆。

（2）项目特征

金属构件刷防火涂料的项目特征包括：喷刷防火涂料构件名称，防火等级要求，涂料品种、喷刷遍数。

（3）计算规则

1）以吨计量，按设计图示尺寸以质量计算。

2）以平方米计量，按设计展开面积计算。

6. 木材构件喷刷防火涂料（项目编码：011407006，计量单位：m^2）

（1）工程内容

木材构件喷刷防火涂料的工程内容包括：基层清理、刷防火材料。

（2）项目特征

木材构件喷刷防火涂料的项目特征包括：喷刷防火涂料构件名称，防火等级要求，涂料品种、喷刷遍数。

（3）计算规则

以平方米计量，按设计图示尺寸以面积计算。

注：喷刷墙面涂料部位要注明内墙或外墙。

6.4.3 裱糊

1. 墙纸裱糊（项目编码：011408001，计量单位：m^2）

（1）工程内容

墙纸裱糊的工程内容包括：基层清理、刮腻子、面层铺粘、刷防护材料。

（2）项目特征

墙纸裱糊的项目特征包括：基层类型，裱糊部位，腻子种类，刮腻子遍数，粘结材料种类，防护材料种类，面层材料品种、规格、颜色。

（3）计算规则

按设计图示尺寸以面积计算。

2. 织锦缎裱糊（项目编码：011408002，计量单位：m^2）

工程内容、项目特征、计算规则同墙纸裱糊。

【例6-7】 某办公楼一楼楼梯间窗户为混凝土花格窗（图6-7），计算其涂料工程量。

解： 根据计算规则，工程量计算如下：

混凝土花格窗工程量 = 1.6 × 2.24 = 3.58（m²）

【例6-8】 一仓库窗扇装有防盗钢窗栅（图6-8），四周外框及两横档为 30 × 30 × 2.5 角钢，30 角钢 1.18kg/m，中间为 ϕ8 钢筋，ϕ8 钢筋 0.395kg/m，计算其油漆工程量。

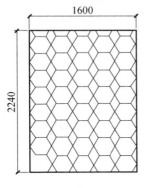

图6-7 混凝土花格
窗立面图

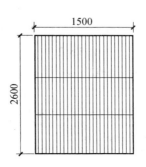

图6-8 防盗钢窗
栅立面图

解： 根据计算规则，窗栅油漆工程量计算如下：

30 角钢长度 = 2.6 × 2 + 1.5 × 4 = 11.2（m）

ϕ8 钢筋长度 = 2.6 × 28 = 72.8（m）

重量 = 1.18 × 11.2 + 0.395 × 72.8 = 41.97（kg）

查表 6-23 得

窗栅油漆工程量 = 41.97 × 1.71 = 71.77（kg）= 0.718（t）

表6-23 其他金属面工程系数表

项目名称	系数	工程量计算方法
钢屋架、天窗架、挡风架、屋架梁、支撑、檩条	1.00	重量（t）
墙架（空腹式）	1.48	
墙架（格板式）	0.82	
钢柱，吊车梁、花式梁、柱、空花构件	0.63	
操作台、走台、制动梁、钢梁车档	0.71	
钢栅栏门、栏杆、窗栅	1.71	
钢爬梯	1.18	
轻型屋架	1.42	
踏步式钢扶梯	1.05	
零星铁件	1.32	

【例6-9】 图6-9为某办公楼会议室双开门节点图，门洞尺寸为宽 1.5m × 高 2.4m，墙厚 240mm，根据计算规则，分别计算出门套、门贴脸、门扇、门线条的油漆工程量。

205

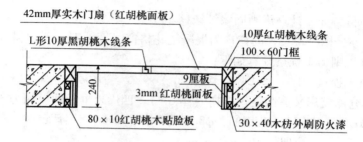

图 6-9　会议室双开门节点图

解：根据计算规则，工程量计算如下：

门扇油漆工程量 $= 1.5 \times 2.4 = 3.6 (\text{m}^2)$

门套油漆工程量 $= 0.24 \times (1.5 + 2.4 \times 2) = 1.51 (\text{m}^2)$

贴脸油漆工程量 $= (1.5 + 2.4 \times 2) \times 2 \times 0.35 = 4.41 (\text{m}^2)$

胡桃木油漆工程量 $= [(1.5 + 2.4 \times 2) + 2.4 \times 2] \times 0.35 = 3.89 (\text{m}^2)$

6.5　其他装饰工程

6.5.1　柜类、货架

1. 柜台（项目编码：011501001，计量单位：个/m/m³）

（1）工程内容

柜台的工程内容包括：台柜制作、运输、安装（安放），刷防护材料、油漆，五金件安装。

（2）项目特征

柜台的项目特征包括：台柜规格，材料种类、规格，五金种类、规格，防护材料种类，油漆品种、刷漆遍数。

（3）计算规则

1）以个计量，按设计图示数量计量。

2）以米计量，按设计图示尺寸以延长米计算。

3）以立方米计量，按设计图示尺寸以体积计算。

2. 酒柜（项目编码：011501002，计量单位：个/m/m³）

工程内容、项目特征、计算规则同柜台。

3. 衣柜（项目编码：011501003，计量单位：个/m/m³）

工程内容、项目特征、计算规则同柜台。

4. 存包柜（项目编码：011501004，计量单位：个/m/m³）

工程内容、项目特征、计算规则同柜台。

5. 鞋柜（项目编码：011501005，计量单位：个/m/m³）

工程内容、项目特征、计算规则同柜台。

6. 书柜（项目编码：011501006，计量单位：个/m/m³）

工程内容、项目特征、计算规则同柜台。

7. 厨房壁柜（项目编码：011501007，计量单位：个/m/m³）

工程内容、项目特征、计算规则同柜台。

8. 木壁柜（项目编码：011501008，计量单位：个/m/m³）

工程内容、项目特征、计算规则同柜台。

9. 厨房低柜（项目编码：011501009，计量单位：个/m/m³）

工程内容、项目特征、计算规则同柜台。

10. 厨房吊柜（项目编码：011501010，计量单位：个/m/m³）

工程内容、项目特征、计算规则同柜台。

11. 矮柜（项目编码：011501011，计量单位：个/m/m³）

工程内容、项目特征、计算规则同柜台。

12. 吧台背柜（项目编码：011501012，计量单位：个/m/m³）

工程内容、项目特征、计算规则同柜台。

13. 酒吧吊柜（项目编码：011501013，计量单位：个/m/m³）

工程内容、项目特征、计算规则同柜台。

14. 酒吧台（项目编码：011501014，计量单位：个/m/m³）

工程内容、项目特征、计算规则同柜台。

15. 展台（项目编码：011501015，计量单位：个/m/m³）

工程内容、项目特征、计算规则同柜台。

16. 收银台（项目编码：011501016，计量单位：个/m/m³）

工程内容、项目特征、计算规则同柜台。

17. 试衣间（项目编码：011501017，计量单位：个/m/m³）

工程内容、项目特征、计算规则同柜台。

18. 货架（项目编码：011501018，计量单位：个/m/m³）

工程内容、项目特征、计算规则同柜台。

19. 书架（项目编码：011501019，计量单位：个/m/m³）

工程内容、项目特征、计算规则同柜台。

20. 服务台（项目编码：011501020，计量单位：个/m/m³）

工程内容、项目特征、计算规则同柜台。

6.5.2 压条、装饰线

1. 金属装饰线（项目编码：011502001，计量单位：m）

（1）工程内容

金属装饰线的工程内容包括：线条制作、安装，刷防护材料。

（2）项目特征

金属装饰线的项目特征包括：基层类型，线条材料品种、规格、颜色，防护材料种类。

（3）计算规则

按设计图示尺寸以长度计算。

2. 木质装饰线（项目编码：011502002，计量单位：m）

工程内容、项目特征、计算规则同金属装饰线。

3. 石材装饰线（项目编码：011502003，计量单位：m）

工程内容、项目特征、计算规则同金属装饰线。

4. 石膏装饰线（项目编码：011502004，计量单位：m）

工程内容、项目特征、计算规则同金属装饰线。

5. 镜面玻璃线（项目编码：011502005，计量单位：m）

（1）工程内容

镜面玻璃线的工程内容包括：线条制作、安装，刷防护材料。

（2）项目特征

镜面玻璃线的项目特征包括：基层类型，线条材料品种、规格、颜色，防护材料种类。

（3）计算规则

按设计图示尺寸以长度计算。

6. 铝塑装饰线（项目编码：011502006，计量单位：m）

工程内容、项目特征、计算规则同镜面玻璃线。

7. 塑料装饰线（项目编码：011502007，计量单位：m）

工程内容、项目特征、计算规则同镜面玻璃线。

8. GRC 装饰线条（项目编码：011502008，计量单位：m）

（1）工程内容

GRC 装饰线条的工程内容包括：线条制作安装。

（2）项目特征

GRC 装饰线条的项目特征包括：基层类型、线条规格、线条安装部位、填充材料种类。

（3）计算规则

按设计图示尺寸以长度计算。

6.5.3 扶手、栏杆、栏板装饰

1. 金属扶手、栏杆、栏板（项目编码：011503001，计量单位：m）

（1）工程内容

金属扶手、栏杆、栏板的工程内容包括：制作、运输、安装、刷防护材料。

（2）项目特征

金属扶手、栏杆、栏板的项目特征包括：扶手材料种类、规格，栏杆材料种类、规格，栏板材料种类、规格、颜色，固定配件种类，防护材料种类。

（3）计算规则

按设计图示以扶手中心线长度（包括弯头长度）计算。

2. 硬木扶手、栏杆、栏板（项目编码：011503002，计量单位：m）

工程内容、项目特征、计算规则同金属扶手、栏杆、栏板。

3. 塑料扶手、栏杆、栏板（项目编码：011503003，计量单位：m）

工程内容、项目特征、计算规则同金属扶手、栏杆、栏板。

4. GRC 栏杆、扶手（项目编码：011503004，计量单位：m）

（1）工程内容

GRC 栏杆、扶手的工程内容包括：制作、运输、安装、刷防护材料。

（2）项目特征

GRC 栏杆、扶手的项目特征包括：栏杆的规格、安装间距、扶手类型规格、填充材料种类。

（3）计算规则

按设计图示以扶手中心线长度（包括弯头长度）计算。

5. 金属靠墙扶手（项目编码：011503005，计量单位：m）

（1）工程内容

金属靠墙扶手的工程内容包括：制作、运输、安装、刷防护材料。

（2）项目特征

金属靠墙扶手的项目特征包括：扶手材料种类、规格，固定配件种类，防护材料种类。

（3）计算规则

按设计图示以扶手中心线长度（包括弯头长度）计算。

6. 硬木靠墙扶手（项目编码：011503006，计量单位：m）

工程内容、项目特征、计算规则同金属靠墙扶手。

7. 塑料靠墙扶手（项目编码：011503007，计量单位：m）

工程内容、项目特征、计算规则同金属靠墙扶手。

8. 玻璃栏板（项目编码：011503008，计量单位：m）

（1）工程内容

玻璃栏板的工程内容包括：制作、运输、安装、刷防护材料。

（2）项目特征

玻璃栏板的项目特征包括：栏杆玻璃的种类、规格颜色，固定方式，固定配件种类。

（3）计算规则

按设计图示以扶手中心线长度（包括弯头长度）计算。

6.5.4　暖气罩

1. 饰面板暖气罩（项目编码：011504001，计量单位：m²）

（1）工程内容

饰面板暖气罩的工程内容包括：暖气罩制作、运输、安装，刷防护材料。

（2）项目特征

饰面板暖气罩的项目特征包括：暖气罩材质、防护材料种类。

（3）计算规则

按设计图示尺寸以垂直投影面积（不展开）计算。

2. 塑料板暖气罩（项目编码：011504002，计量单位：m²）

工程内容、项目特征、计算规则同饰面板暖气罩。

3. 金属暖气罩（项目编码：011504003，计量单位：m²）

工程内容、项目特征、计算规则同饰面板暖气罩。

6.5.5　浴厕配件

1. 洗漱台（项目编码：011505001，计量单位：m²/个）

（1）工程内容

洗漱台的工程内容包括：台面及支架、运输、安装，杆、环、盒、配件安装，刷油漆。

（2）项目特征

洗漱台的项目特征包括：材料品种、规格、颜色，支架、配件品种、规格。

（3）计算规则

1）按设计图示尺寸以台面外接矩形面积计算。不扣除孔洞、挖弯、削角所占面积，挡板、吊沿板面积并入台面面积内。

2）按设计图示数量计算。

2. 晒衣架（项目编码：011505002，计量单位：个）

（1）工程内容

晒衣架的工程内容包括：台面及支架、运输、安装，杆、环、盒、配件安装，刷油漆。

（2）项目特征

晒衣架的项目特征包括：材料品种、规格、颜色，支架、配件品种、规格。

（3）计算规则

按设计图示数量计算。

3. 帘子杆（项目编码：011505003，计量单位：个）

工程内容、项目特征、计算规则同晒衣架。

4. 浴缸拉手（项目编码：011505004，计量单位：个）

工程内容、项目特征、计算规则同晒衣架。

5. 卫生间扶手（项目编码：011505005，计量单位：个）

工程内容、项目特征、计算规则同晒衣架。

6. 毛巾杆（架）（项目编码：011505006，计量单位：套）

（1）工程内容

毛巾杆（架）的工程内容包括：台面及支架制作、运输、安装，杆、环、盒、配件安装，刷油漆。

（2）项目特征

毛巾杆（架）的项目特征包括：材料品种、规格、颜色，支架、配件品种、规格。

（3）计算规则

按设计图示数量计算。

7. 毛巾环（项目编码：011505007，计量单位：副）

工程内容、项目特征、计算规则同毛巾杆（架）。

8. 卫生纸盒（项目编码：011505008，计量单位：个）

工程内容、项目特征、计算规则同毛巾杆（架）。

9. 肥皂盒（项目编码：011505009，计量单位：个）

工程内容、项目特征、计算规则同毛巾杆（架）。

10. 镜面玻璃（项目编码：011505010，计量单位：m²）

（1）工程内容

镜面玻璃的工程内容包括：基层安装，玻璃及框制作、运输、安装。

（2）项目特征

镜面玻璃的项目特征包括：镜面玻璃品种、规格，框材质、断面尺寸，基层材料种类，防护材料种类。

（3）计算规则

按设计图示尺寸以边框外围面积计算。

11. 镜箱（项目编码：011505011，计量单位：个）

（1）工程内容

镜箱的工程内容包括：基层安装，箱体制作、运输、安装，玻璃安装，刷防护材料、油漆。

（2）项目特征

镜箱的项目特征包括：箱材质、规格，玻璃品种、规格，基层材料种类，防护材料种类，油漆品种、刷漆遍数。

（3）计算规则

按设计图示数量计算。

6.5.6 雨篷、旗杆

1. 雨篷吊挂饰面（项目编码：011506001，计量单位：m^2）

（1）工程内容

雨篷吊挂饰面的工程内容包括：底层抹灰，龙骨基层安装，面层安装，刷防护材料、油漆。

（2）项目特征

雨篷吊挂饰面的项目特征包括：基层类型，龙骨材料种类、规格、中距，面层材料品种、规格，吊顶（天棚）材料品种、规格，嵌缝材料种类，防护材料种类。

（3）计算规则

按设计图示尺寸以水平投影面积计算。

2. 金属旗杆（项目编码：011506002，计量单位：根）

（1）工程内容

金属旗杆的工程内容包括：土石挖、填、运，基础混凝土浇注，旗杆制作、安装，旗杆台座制作、饰面。

（2）项目特征

金属旗杆的项目特征包括：旗杆材料、种类、规格，旗杆高度，基础材料种类，基座材料种类，基座面层材料、种类、规格。

（3）计算规则

按设计图示数量计算。

3. 玻璃雨篷（项目编码：011506003，计量单位：m^2）

（1）工程内容

玻璃雨篷的工程内容包括：龙骨基层安装，面层安装，刷防护材料、油漆。

（2）项目特征

玻璃雨篷的项目特征包括：玻璃雨篷固定方式，龙骨材料种类、规格、中距，玻璃材料品种、规格，嵌缝材料种类，防护材料种类。

（3）计算规则

按设计图示尺寸以水平投影面积计算。

6.5.7 招牌、灯箱

1. 平面、箱式招牌（项目编码：011507001，计量单位：m^2）

（1）工程内容

平面、箱式招牌的工程内容包括：基层安装，箱体及支架制作、运输、安装，面层制作、安装，刷防护材料、油漆。

（2）项目特征

平面、箱式招牌的项目特征包括：箱体规格、基层材料种类、面层材料种类、防护材料种类。

（3）计算规则

按设计图示尺寸以正立面边框外围面积计算。复杂形的凸凹造型部分不增加面积。

2. 竖式标箱（项目编码：011507002，计量单位：个）

（1）工程内容

竖式标箱的工程内容包括：基层安装，箱体及支架制作、运输、安装，面层制作、安装，刷防护材料、油漆。

（2）项目特征

竖式标箱的项目特征包括：箱体规格、基层材料种类、面层材料种类、防护材料种类。

（3）计算规则

按设计图示数量计算。

3. 灯箱（项目编码：011507003，计量单位：个）

工程内容、项目特征、计算规则同竖式标箱。

4. 信报箱（项目编码：011507004，计量单位：个）

（1）工程内容

信报箱的工程内容包括：基层安装，箱体及支架制作、运输、安装，面层制作、安装，刷防护材料、油漆。

（2）项目特征

信报箱的项目特征包括：箱体规格、基层材料种类、面层材料种类、保护材料种类、户数。

（3）计算规则

按设计图示数量计算。

6.5.8 美术字

1. 泡沫塑料字（项目编码：011508001，计量单位：个）

（1）工程内容

泡沫塑料字的工程内容包括：字制作、运输、安装，刷油漆。

（2）项目特征

泡沫塑料字的项目特征包括：基层类型，镂字材料品种、颜色，字体规格，固定方式，油漆品种、刷漆遍数。

（3）计算规则

按设计图示数量计算。

2. 有机玻璃字（项目编码：011508002，计量单位：个）

工程内容、项目特征、计算规则同泡沫塑料字。

3. 木质字（项目编码：011508003，计量单位：个）

工程内容、项目特征、计算规则同泡沫塑料字。

4. 金属字（项目编码：011508004，计量单位：个）

工程内容、项目特征、计算规则同泡沫塑料字。

5. 吸塑字（项目编码：011508005，计量单位：个）

工程内容、项目特征、计算规则同泡沫塑料字。

【例6-10】 星海大酒楼采用钢结构箱式招牌（图6-10），面层采用象牙白色铝塑板，店面采用钛金字，规格为500mm×500mm，编制分部分项工程量清单、综合单价及合价表。

解：1. 清单工程量计算：根据装饰装修工程工程量清单项目及计算规则，

$$清单工程量 = 5 \times 1.5 = 7.5 （m^2）$$

2. 消耗量定额工程量及费用计算：

（1）该项目的工程内容：箱式招牌基层安装、面层安装、美术字安装。

（2）依据消耗量定额计算规则，计算工程量：

箱式招牌面层：$5 \times 1.5 + 2 \times 1.5 \times 0.5 + 2 \times 5 \times 0.5 = 14.0$（m^2）

箱式招牌基层：$1.5 \times 5 \times 0.5 = 3.75$（m^2）

美术字安装：5 个。

（3）分别计算清单项目每计量单位应包含的各项工程内容的工程数量：

箱式招牌面层：$14.0 \div 7.5 = 1.8667$

箱式招牌基层：$3.75 \div 7.5 = 0.5$

美术字安装：$5 \div 5 = 1$

（4）参考《全国统一建筑装饰装修工程消耗量定额》套用定额。计算清单项目每计量单位工程内容人工、材料、机械价款。

箱式招牌面层：套用定额

人工费：$3.86 \times 1.8667 = 7.21$（元）

材料费：$151.59 \times 1.8667 = 282.97$（元）

小计：$7.21 + 282.97 = 290.18$（元）

箱式招牌基层：套用定额

人工费：$79.69 \times 0.5 = 39.85$（元）

材料费：$261.89 \times 0.5 = 130.95$（元）

机械费：$45.35 \times 0.5 = 22.68$（元）

小计：$39.85 + 130.95 + 22.68 = 193.48$（元）

美术字安装：

人工费：$7.76 \times 1 = 7.76$（元）

材料费：$104.9 \times 1 = 104.9$（元）

机械费：$0.12 \times 1 = 0.12$（元）

小计：$7.76 + 104.9 + 0.12 = 112.78$（元）

（5）清单项目每计量单位人工、材料、机械价款：

平面、箱式招牌：$290.18 + 193.48 = 483.66$（元）

美术字安装：$7.76 + 104.9 + 0.12 = 112.78$（元）

见表 6-24、表 6-25 所示。

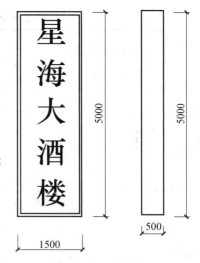

图 6-10　店铺招牌

表 6-24　平面、箱式招牌工程消耗量定额费用

定额编号	清单项目名称	工作内容	计量单位	数量	其中（元）			
					人工费	材料费	机械费	小计
—	平面、箱式招牌	箱式招牌面层	m^2	1.8667	7.21	282.97	—	290.18
—		箱式招牌基层	m^2	0.5	39.85	130.95	22.68	193.48
小计			m^2	1	47.06	413.92	22.8	483.78

表 6-25　美术字安装工程消耗量定额费用

定额编号	清单项目名称	工作内容	计量单位	数量	其中（元）			
					人工费	材料费	机械费	小计
—	金属字	美术字安装	个	1	7.76	104.9	0.12	112.78
小计					7.76	104.9	0.12	112.78

3. 编制清单综合单价表，根据企业情况确定管理费率 170%，利润率 110%，计算基础人工费。见表 6-26、表 6-27。

表 6-26　分部分项工程量清单综合单价计算表

项目编号	011507001001		项目名称	平面、箱式招牌		计量单位	m²	工程量	7.5
清单综合单价组成明细									
定额编号	定额项目名称	定额单位	数量	单价（元）			合价（元）		
				人工费	材料费	机械费	人工费	材料费	机械费	管理费和利润
—	平面、箱式招牌	m²	1	47.06	235.85	22.8	47.06	413.92	22.8	131.77
人工单价		小计					47.06	413.92	22.8	131.77
28 元/工日		未计价材料费					—			
清单项目综合单价（元）							615.55			

表 6-27　分部分项工程量清单综合单价计算表

项目编号	011508004001		项目名称	金属字		计量单位	个	工程量	5
清单综合单价组成明细									
定额编号	定额项目名称	定额单位	数量	单价（元）			合价（元）		
				人工费	材料费	机械费	人工费	材料费	机械费	管理费和利润
—	金属字	个	5	7.76	104.9	0.12	7.76	104.9	0.12	21.73
人工单价		小计					7.76	104.9	0.12	21.73
28 元/工日		未计价材料费					—			
清单项目综合单价（元）							134.51			

4. 编制分部分项工程量清单合价表，见表 6-28。

表 6-28　分部分项工程量清单合价

序号	项目编码	项目名称	项目特征描述	计量单位	工程量	金额（元）	
						综合单价	合价
1	011507001001	平面箱式招牌	1. 箱体规格 2. 基层材料种类 3. 面层材料种类 4. 防护材料种类 5. 油漆品种、刷漆遍数	m²	7.5	615.55	4616.63

序号	项目编码	项目名称	项目特征描述	计量单位	工程量	金额（元）	
						综合单价	合　价
011508004001	金属字	1. 基层类型 2. 携字材料品种、颜色 3. 字体规格 4. 固定方式 5. 油漆品种、刷漆遍数	个	5	134.51	672.55

【例 6-11】 根据图 6-11 和图 6-12，编制大理石洗漱台分部分项工程量清单、综合单价及合价表。

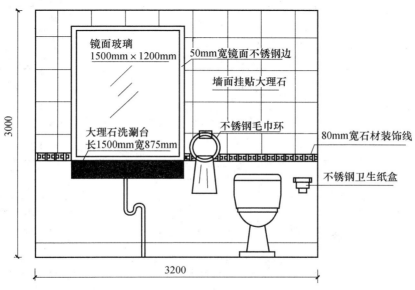

图 6-11　卫生间

解： 1. 清单工程量计算：根据装饰装修工程工程量清单项目及计算规则，

清单工程量：$1.5 \times 0.875 = 1.31$（m²）

2. 消耗量定额工程量及费用计算：

（1）该项目的工程内容：大理石洗漱台。

（2）依据消耗量定额计算规则，计算工程量：$1.5 \times 0.875 = 1.31$（m²）

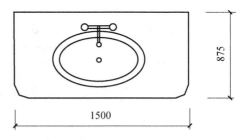

图 6-12　大理石洗漱台

（3）计算清单项目每计量单位应包含的各项工程内容的工程数量：

大理石洗漱台：$1.31 \div 1.31 = 1$

（4）参考《全国统一建筑装饰装修工程消耗量定额》套用定额。计算清单项目每计量单位工程内容人工、材料、机械价款。见表 6-29。

215

表 6-29　消耗量定额费用

定额编号	清单项目名称	工作内容	计量单位	数量	其中（元）			
					人工费	材料费	机械费	小计
—	洗漱台	大理石洗漱台	m²	1	63.44	1346.3	15.48	1425.22
小计			m²	1	63.44	1346.3	15.48	1425.22

3. 编制清单综合单价表，根据企业情况确定管理费率170%，利润率110%，计算基础人工费。见表6-30。

表 6-30　分部分项工程量清单综合单价计算表

项目编号	011505001001		项目名称		洗漱台	计量单位		m²	工程量		1.31

清单综合单价组成明细											
定额编号	定额项目名称	定额单位	数量	单价（元）			合价（元）			
				人工费	材料费	机械费	人工费	材料费	机械费	管理费和利润
—	大理石洗漱台	m²	1	63.44	1346.3	15.48	63.44	1346.3	15.48	177.63
人工单价		小计					63.44	1346.3	15.48	177.63
28 元/工日		未计价材料费					—			
清单项目综合单价（元）							1602.85			

4. 编制分部分项工程量清单合价表，见表6-31。

表 6-31　分部分项工程量清单合价

序号	项目编码	项目名称	项目特征描述	计量单位	工程量	金额（元）	
						综合单价	合价
1	011505001001	洗漱台	1. 材料品种、规格、品种、颜色 2. 支架、配件品种、规格、品牌 3. 油漆品种、刷漆遍数	m²	1.31	1602.85	2099.74

6.6　装饰工程工程量清单计价编制实例

【例 6-12】　某宾馆玻璃隔断带电子感应自动门，某隔断为 12mm 厚钢化玻璃，边框为不锈钢，12mm 厚钢化玻璃门，带有电磁感应装置一套（日本 ABA）。试编制工程量清单计价表及综合单价计算表。

解：1. 经业主根据施工图计算：

（1）12mm 厚钢化玻璃隔断 10.8m²

（2）电子感应门一樘

2. 投标人根据施工图及施工方案计算：

216

（1）玻璃隔断：

1）12mm 厚钢化玻璃隔断，工程量为 10.8m²

人工费：$16.53 \times 10.8 = 178.52$（元）

材料费：$322.14 \times 10.8 = 3479.11$（元）

机械费：$17.08 \times 10.8 = 184.46$（元）

2）不锈钢边框，工程量为 1.26m²

人工费：$28.57 \times 1.26 = 36.00$（元）

材料费：$434.58 \times 1.26 = 547.57$（元）

机械费：$19.18 \times 1.26 = 24.17$（元）

3）综合：

直接费合计：4449.83 元

管理费：直接费 $\times 34\% = 1512.94$（元）

利润：直接费 $\times 8\% = 355.99$（元）

总计：6318.76 元

综合单价：$6318.76 \div 10.8 = 585.07$（元/m²）

（2）电子感应门

1）电子感应玻璃门电磁感应装置，一套。

人工费：$72.90 \times 1 = 72.90$（元）

材料费：$15012.26 \times 1 = 15012.26$（元）

机械费：$3.02 \times 1 = 3.02$（元）

2）12mm 厚钢化玻璃门，工程量为：9.6m²

人工费：$45.58 \times 9.6 = 427.57$（元）

材料费：$909.95 \times 9.6 = 8735.52$（元）

机械费：$29.36 \times 9.6 = 281.86$（元）

3）综合：

直接费合计：24543.13 元

管理费：直接费 $\times 34\% = 8344.66$（元）

利润：直接费 $\times 8\% = 1963.45$（元）

总计：34851.24 元

综合单价：$34851.24 \div 1 = 34851.24$（元/樘）

表 6-32　分部分项工程量清单计价表

序号	项目编号	项目名称	项目特征描述	计量单位	工程数量	金额（元）		
						综合单价	合价	基中直接费
1	011210003001	隔断	玻璃隔断 12mm 厚钢化玻璃边框为不锈钢 0.8mm 厚玻璃胶嵌缝	m²	10.8	585.07	6318.76	4449.83
2	010805001001	电子感应门	电磁感应器（日本 ABA）钢化玻璃门 12mm 厚	樘	1	34851.24	34851.24	24543.13

217

表 6-33　分部分项工程量清单综合单价计算表

项目编号	011210003001		项目名称	隔断	计量单位	m²	工程量	10.8

清单综合单价组成明细

定额编号	定额项目名称	定额单位	数量	单价（元）			合价（元）			
				人工费	材料费	机械费	人工费	材料费	机械费	管理费和利润
—	钢化玻璃隔断（12mm）	m²	10.8	16.53	322.14	17.08	178.52	3479.11	184.46	1613.68
—	不锈钢玻璃边框	m²	1.26	28.57	434.58	19.18	36	547.57	24.17	255.25
人工单价		小计					214.52	4026.68	208.63	1868.93
28 元/工日		未计价材料费					—			
清单项目综合单价（元）							585.07			

表 6-34　分部分项工程量清单综合单价计算表

项目编号	010805001001		项目名称	电子感应门	计量单位	樘	工程量	9.6

清单综合单价组成明细

定额编号	定额项目名称	定额单位	数量	单价（元）			合价（元）			
				人工费	材料费	机械费	人工费	材料费	机械费	管理费和利润
—	电磁感应装置	套	1	72.90	15012.26	3.02	72.90	15012.26	3.02	6337.04
—	12mm 厚钢化玻璃	m²	9.6	45.58	909.95	29.36	437.57	8735.52	281.86	3971.08
人工单价		小计					510.47	23747.78	284.88	10308.12
28 元/工日		未计价材料费					—			
清单项目综合单价（元）							34851.24			

【例 6-13】　某工程有 20 个窗户，窗帘盒为木制（图 6-13）。试编制工程量清单计价表及综合单价计算表。

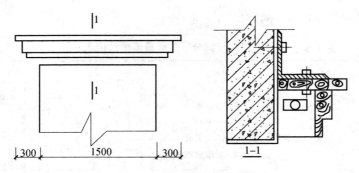

图 6-13　某工程木制窗帘盒立面及剖面示意图

解：1. 业主根据施工图计算：

窗帘盒的工程量为：（1.5＋0.3×2）×20＝42（m）

2. 投标人根据施工图及施工方案计算：

（1）明装硬木单轨窗帘盒

1）人工费：11.89×42＝499.38（元）

2）材料费：31.52×42＝1323.84（元）

3）机械费：3.61×42＝151.62（元）

（2）综合

1）直接费合计：499.38＋1323.84＋151.62＝1974.84（元）

2）管理费：直接费×34%＝671.45（元）

3）利润：直接费×8%＝157.99（元）

4）总计：1974.84＋671.45＋157.99＝2804.28（元）

5）综合单价：2804.28÷42＝66.77（元/m）

表6-35　分部分项工程量清单计价表

| 序号 | 项目编号 | 项目名称 | 项目特征描述 | 计量单位 | 工程数量 | 金额（元） | | 基中 |
						综合单价	合价	直接费
1	010810002001	木窗帘盒	硬木、单轨道、明装	m	42	66.77	2804.28	1974.84

表6-36　分部分项工程量清单综合单价计算表

项目编号	010810002001		项目名称	木窗帘盒	计量单位	m	工程量	42	
清单综合单价组成明细									
定额编号	定额项目名称	定额单位	数量	单价（元）			合价（元）		
				人工费	材料费	机械费	人工费	材料费	机械费	管理费和利润
—	明装硬木单轨道窗帘盒	m	42	11.89	31.52	3.61	499.38	1323.84	151.62	829.44
人工单价		小计					499.38	1323.84	151.62	829.44
28元/工日		未计价材料费					—			
清单项目综合单价（元）							66.77			

上岗工作要点

在实际工作中，掌握楼地面装饰工程，墙、柱面装饰与隔断、幕墙工程，天棚工程，油漆、涂料、裱糊工程，其他装饰工程工程量计算规则的应用。

习　题

6-1　某传达室平面如图6-14所示，计算传达室现浇水磨石面层工程量（做法：水磨石地面面层、玻璃嵌条，水泥白砂浆 1:2.5 素水泥一道，C10 混凝土垫层厚 50mm，素土夯实）。

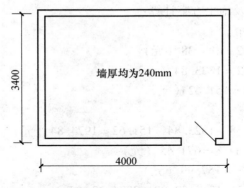

图 6-14 某传达室平面示意图

6-2 计算如图 6-15 所示门厅镶大理石地面面层工程量。

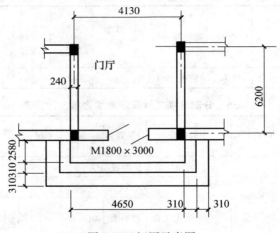

图 6-15 门厅示意图

6-3 如图 6-16 所示，某室外 4 个直径为 1.0 的圆柱，高度为 3.6m，设计为斩假石柱面，编制其分部分项工程量清单、综合单价及合价表。

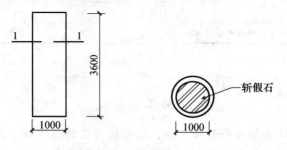

图 6-16 某室外圆柱

6-4 某房间安装双扇地弹簧门（6 樘），如图 6-17 所示，带上亮门洞口尺寸为：2800mm×3000mm，编制其分部分项工程量清单、综合单价及合价。

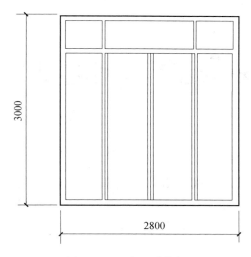

图 6-17　双扇地弹簧门

6-5　如图 6-18 所示，分别编制卫生间镜面玻璃、镜面不锈钢饰线、石材饰线、毛巾环分部分项工程量清单、综合单价及合价表。

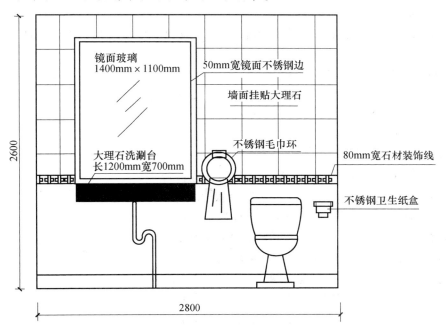

图 6-18　卫生间

第7章 安装工程工程量清单计价编制

重 点 提 示

掌握机械设备安装工程，静置设备与工艺金属结构制作安装工程，电气设备安装工程，通风空调工程，工业管道工程，给排水、采暖、燃气工程的工程量清单项目设置及工程量计算规则以及它们在实际工程中的应用。

7.1 机械设备安装工程

7.1.1 切削设备

1. 台式及仪表机床（项目编码：030101001，计量单位：台）

（1）工程内容

台式及仪表机床的工程内容包括：本体安装、地脚螺栓孔灌浆、设备底座与基础间灌浆、单机试运转。

（2）项目特征

台式及仪表机床的项目特征包括：名称、型号、规格、质量、灌浆配合比、单机试运转要求。

（3）计算规则

按设计图示数量计算。

2. 卧式车床（项目编码：030101002，计量单位：台）

工程内容、项目特征、计算规则同台式及仪表机床。

3. 立式车床（项目编码：030101003，计量单位：台）

工程内容、项目特征、计算规则同台式及仪表机床。

4. 钻床（项目编码：030101004，计量单位：台）

工程内容、项目特征、计算规则同台式及仪表机床。

5. 镗床（项目编码：030101005，计量单位：台）

工程内容、项目特征、计算规则同台式及仪表机床。

6. 磨床（项目编码：030101006，计量单位：台）

工程内容、项目特征、计算规则同台式及仪表机床。

7. 铣床（项目编码：030101007，计量单位：台）

工程内容、项目特征、计算规则同台式及仪表机床。

8. 齿轮加工机床（项目编码：030101008，计量单位：台）

工程内容、项目特征、计算规则同台式及仪表机床。

9. 螺纹加工机床（项目编码：030101009，计量单位：台）

工程内容、项目特征、计算规则同台式及仪表机床。

10. 刨床（项目编码：030101010，计量单位：台）

工程内容、项目特征、计算规则同台式及仪表机床。

11. 插床（项目编码：030101011，计量单位：台）

工程内容、项目特征、计算规则同台式及仪表机床。

12. 拉床（项目编码：030101012，计量单位：台）

工程内容、项目特征、计算规则同台式及仪表机床。

13. 超声波加工机床（项目编码：030101013，计量单位：台）

工程内容、项目特征、计算规则同台式及仪表机床。

14. 电加工机床（项目编码：030101014，计量单位：台）

工程内容、项目特征、计算规则同台式及仪表机床。

15. 金属材料试验机械（项目编码：030101015，计量单位：台）

工程内容、项目特征、计算规则同台式及仪表机床。

16. 数控机床（项目编码：030101016，计量单位：台）

工程内容、项目特征、计算规则同台式及仪表机床。

17. 木工机械（项目编码：030101017，计量单位：台）

工程内容、项目特征、计算规则同台式及仪表机床。

18. 其他机床（项目编码：030101018，计量单位：台）

工程内容、项目特征、计算规则同台式及仪表机床。

19. 跑车带锯机（项目编码：030101019，计量单位：台）

（1）工程内容

跑车带锯机的工程内容包括：本体安装，保护罩制作、安装、单机试运转、补刷（喷）油漆。

（2）项目特征

跑车带锯机的项目特征包括：名称，型号，规格，质量，保护罩材质、形式，单机试运转要求。

（3）计算规则

按设计图示数量计算。

7.1.2 锻压设备

1. 机械压力机（项目编码：030102001，计量单位：台）

（1）工程内容

机械压力机的工程内容包括：本体安装、随机附件安装、地脚螺栓孔灌浆、设备底座与基础间灌浆、单机试运转、补刷（喷）油漆。

（2）项目特征

机械压力机的项目特征包括：名称、型号、规格、质量、灌浆配合比、单机试运转要求。

（3）计算规则

按设计图示数量计算。

2. 液压机（项目编码：030102002，计量单位：台）

工程内容、项目特征、计算规则同机械压力机。

3. 自动锻压机（项目编码：030102003，计量单位：台）

工程内容、项目特征、计算规则同机械压力机。

4. 锻锤（项目编码：030102004，计量单位：台）

工程内容、项目特征、计算规则同机械压力机。

5. 剪切机（项目编码：030102005，计量单位：台）

工程内容、项目特征、计算规则同机械压力机。

6. 弯曲校正机（项目编码：030102006，计量单位：台）

工程内容、项目特征、计算规则同机械压力机。

7. 锻造水压机（项目编码：030102007，计量单位：台）

（1）工程内容

锻造水压机安装的工程内容包括：本体安装、随机附件安装、地脚螺栓孔灌浆、设备底座与基础间灌浆、单机试运转、补刷（喷）油漆。

（2）项目特征

锻造水压机安装的项目特征包括：名称、型号、质量、公称压力、灌浆配合比、单机试运转要求。

（3）计算规则

按设计图示数量计算。

7.1.3 铸造设备

1. 砂处理设备（项目编码：030103001，计量单位：台/套）

（1）工程内容

砂处理设备的工程内容包括：本体安装、组装，设备钢梁基础检查、复核调整，随机附件安装，设备底座与基础间灌浆，管道酸洗、液压油冲洗，安全护栏制作安装，轨道安装调整，单机试运转，补刷（喷）油漆。

（2）项目特征

砂处理设备的项目特征包括：名称、型号、规格、质量、灌浆配合比、单机试运转要求。

（3）计算规则

按设计图示数量计算。

2. 造型设备（项目编码：030103002，计量单位：台/套）

工程内容、项目特征、计算规则同砂处理设备。

按设计图示数量计算。

3. 制芯设备（项目编码：030103003，计量单位：台/套）

工程内容、项目特征、计算规则同砂处理设备。

4. 落砂设备（项目编码：030103004，计量单位：台/套）

工程内容、项目特征、计算规则同砂处理设备。

5. 清理设备（项目编码：030103005，计量单位：台/套）

工程内容、项目特征、计算规则同砂处理设备。

6. 金属型铸造设备（项目编码：030103006，计量单位：台/套）

工程内容、项目特征、计算规则同砂处理设备。

7. 材料准备设备（项目编码：030103007，计量单位：台/套）

工程内容、项目特征、计算规则同砂处理设备。

8. 抛丸清理室（项目编码：030103008，计量单位：室）

（1）工程内容

抛丸清理室的工程内容包括：抛丸清理室机械设备安装，抛丸清理室地轨安装，金属结构件和车挡制作、安装，除尘机及除尘器与风机间的风管安装，单机试运转，补刷（喷）油漆。

（2）项目特征

抛丸清理室的项目特征包括：名称、型号、规格、质量、灌浆配合比、单机试运转要求。

（3）计算规则

按设计图示数量计算。

注：抛丸清理室设备质量应包括抛丸机、回转台、斗式提升机、螺旋输送机、电动小车等设备以及框架、平台、梯子、栏杆、漏斗、漏管等金属结构件的总质量。

9. 铸铁平台（项目编码：030103009，计量单位：t）

（1）工程内容

铸铁平台的工程内容包括：平台制作、安装，灌浆。

（2）项目特征

铸铁平台的项目特征包括：名称、规格、质量、安装方式、灌浆配合比。

（3）计算规则

按设计图示尺寸以质量计算。

7.1.4 起重设备

1. 桥式起重机（项目编码：030104001，计量单位：台）

（1）工程内容

桥式起重机的工程内容包括：本体安装，起重设备电气安装、调试，单机试运转，补刷（喷）油漆。

（2）项目特征

桥式起重机的项目特征包括：名称，型号，质量，跨距，起重质量，配线材质、规格、敷设方式，单机试运转要求。

（3）计算规则

按设计图示数量计算。

2. 吊钩门式起重机（项目编码：030104002，计量单位：台）

工程内容、项目特征、计算规则同桥式起重机。

3. 梁式起重机（项目编码：030104003，计量单位：台）

工程内容、项目特征、计算规则同桥式起重机。

4. 电动壁行悬臂挂式起重机（项目编码：030104004，计量单位：台）

工程内容、项目特征、计算规则同桥式起重机。

5. 旋臂壁式起重机（项目编码：030104005，计量单位：台）

工程内容、项目特征、计算规则同桥式起重机。

6. 旋臂立柱式起重机（项目编码：030104006，计量单位：台）

工程内容、项目特征、计算规则同桥式起重机。

7. 电动葫芦（项目编码：030104007，计量单位：台）

工程内容、项目特征、计算规则同桥式起重机。

8. 单轨小车（项目编码：030104008，计量单位：台）

工程内容、项目特征、计算规则同桥式起重机。

7.1.5 起重机轨道

起重机轨道（项目编码：030105001，计量单位：m）

（1）工程内容

起重机轨道的工程内容包括：轨道安装，车挡制作、安装。

（2）项目特征

起重机轨道的项目特征包括：安装部位、固定方式、纵横向孔距、型号、规格、车挡材质。

（3）计算规则

按设计图示尺寸，以单根轨道长度计算。

7.1.6 输送设备

1. 斗式提升机（项目编码：030106001，计量单位：台）

（1）工程内容

斗式提升机的工程内容包括：本体安装、单机试运转、补刷（喷）油漆。

（2）项目特征

斗式提升机的项目特征包括：名称，型号，提升高度、质量，单机试运转要求。

（3）计算规则

按设计图示数量计算。

2. 刮板输送机（项目编码：030106002，计量单位：组）

（1）工程内容

刮板输送机的工程内容包括：本体安装、单机试运转、补刷（喷）油漆。

（2）项目特征

刮板输送机的项目特征包括：名称、型号、输送机槽宽、输送机长度、驱动装置组数、单机试运转要求。

（3）计算规则

按设计图示数量计算。

3. 板（裙）式输送机（项目编码：030106003，计量单位：台）

（1）工程内容

板（裙）式输送机的工程内容包括：本体安装、单机试运转、补刷（喷）油漆。

（2）项目特征

板（裙）式输送机的项目特征包括：名称、型号、链板宽度、链轮中心距、单机试运转要求。

（3）计算规则

按设计图示数量计算。

4. 悬挂输送机（项目编码：030106004，计量单位：台）

（1）工程内容

悬挂输送机的工程内容包括：本体安装、单机试运转、补刷（喷）油漆。

（2）项目特征

悬挂输送机的项目特征包括：名称、型号、质量、链条类型、节距、单机试运转要求。

（3）计算规则

按设计图示数量计算。

5. 固定式胶带输送机（项目编码：030106005，计量单位：台）

（1）工程内容

固定式胶带输送机的工程内容包括：本体安装、单机试运转、补刷（喷）油漆。

（2）项目特征

固定式胶带输送机的项目特征包括：名称、型号、输送长度、输送机胶带宽度、单机试运转要求。

（3）计算规则

按设计图示数量计算。

6. 螺旋输送机（项目编码：030106006，计量单位：台）

（1）工程内容

螺旋输送机的工程内容包括：本体安装、单机试运转、补刷（喷）油漆。

（2）项目特征

螺旋输送机的项目特征包括：名称、型号、规格、单机试运转要求。

（3）计算规则

按设计图示数量计算。

7. 卸矿车（项目编码：030106007，计量单位：台）

（1）工程内容

卸矿车的工程内容包括：本体安装、单机试运转、补刷（喷）油漆。

（2）项目特征

卸矿车的项目特征包括：名称、型号、质量、设备宽度、单机试运转要求。

（3）计算规则

按设计图示数量计算。

8. 皮带秤（项目编码：030106008，计量单位：台）

（1）工程内容

皮带秤安装的工程内容包括：本体安装、单机试运转、补刷（喷）油漆。

（2）项目特征

皮带秤安装的项目特征包括：名称、型号、质量、设备宽度、单机试运转要求。

（3）计算规则

按设计图示数量计算。

7.1.7 电梯

1. 交流电梯（项目编码：030107001，计量单位：部）

（1）工程内容

交流电梯的工程内容包括：本体安装，电梯电气安装、调试，辅助项目安装，单机试运转及调试，补刷（喷）油漆。

（2）项目特征

交流电梯的项目特征包括：名称，型号，用途，层数，站数，提升高度、速度，配线材质、规格、敷设方式，运转调试要求。

（3）计算规则

按设计图示数量计算。

2. 直流电梯（项目编码：030107002，计量单位：部）

工程内容、项目特征、计算规则同交流电梯。

3. 小型杂货电梯（项目编码：030107003，计量单位：部）

工程内容、项目特征、计算规则同交流电梯。

4. 观光电梯（项目编码：030107004，计量单位：部）

工程内容、项目特征、计算规则同交流电梯。

5. 液压电梯（项目编码：030107005，计量单位：部）

工程内容、项目特征、计算规则同交流电梯。

6. 自动扶梯（项目编码：030107006，计量单位：部）

（1）工程内容

自动扶梯的工程内容包括：本体安装，自动扶梯电气安装、调试，单机试运转及调试，补刷（喷）油漆。

（2）项目特征

自动扶梯的项目特征包括：名称，型号，层高，扶手中心距，运行速度，配线材质、规格、敷设方式，运转调试要求。

（3）计算规则

按设计图示数量计算。

7. 自动步行道（项目编码：030107007，计量单位：部）

（1）工程内容

自动步行道的工程内容包括：本体安装，步行道电气安装、调试，单机试运转及调试，补刷（喷）油漆。

（2）项目特征

自动步行道的项目特征包括：名称，型号，宽度、长度，前后轮距，运行速度，配线材质、规格、敷设方式，运转调试要求。

（3）计算规则

按设计图示数量计算。

8. 轮椅升降台（项目编码：030107008，计量单位：部）

（1）工程内容

轮椅升降台的工程内容包括：本体安装，轮椅升降台电气安装、调试，单机试运转及调试，补刷（喷）油漆。

（2）项目特征

轮椅升降台的项目特征包括：名称、型号、提升速度、运转调试要求。

（3）计算规则

按设计图示数量计算。

7.1.8 风机

1. 离心式通风机（项目编码：030108001，计量单位：台）

（1）工程内容

离心式通风机的工程内容包括：本体安装，拆装检查，减震台座制作、安装，二次灌浆，单机试运转，补刷（喷）油漆。

（2）项目特征

离心式通风机的项目特征包括：名称，型号，规格，质量，材质，减震底座形式、数量，灌浆配合比，单机试运转要求。

（3）计算规则

按设计图示数量计算。

2. 离心式引风机（项目编码：030108002，计量单位：台）

工程内容、项目特征、计算规则同离心式通风机。

3. 轴流通风机（项目编码：030108003，计量单位：台）

工程内容、项目特征、计算规则同离心式通风机。

4. 回转式鼓风机（项目编码：030108004，计量单位：台）

工程内容、项目特征、计算规则同离心式通风机。

5. 离心式鼓风机（项目编码：030108005，计量单位：台）

工程内容、项目特征、计算规则同离心式通风机。

6. 其他风机（项目编码：030108006，计量单位：台）

工程内容、项目特征、计算规则同离心式通风机。

注：1. 直联式风机的质量包括本体及电动机、底座的总质量。

2. 风机支架应按静置设备与工艺金属结构制作安装工程相关项目编码列项。

7.1.9 泵

1. 离心式泵（项目编码：030109001，计量单位：台）

（1）工程内容

离心式泵的工程内容包括：本体安装、泵拆装检查、电动机安装、二次灌浆、单机试运转、补刷（喷）油漆。

（2）项目特征

离心式泵的项目特征包括：名称，型号，规格，质量，材质，减震装置形式、数量，灌浆配合比，单机试运转要求。

（3）计算规则

按设计图示数量计算。

2. 旋涡泵（项目编码：030109002，计量单位：台）

工程内容、项目特征、计算规则同离心式泵。

3. 电动往复泵（项目编码：030109003，计量单位：台）

工程内容、项目特征、计算规则同离心式泵。

4. 柱塞泵（项目编码：030109004，计量单位：台）

工程内容、项目特征、计算规则同离心式泵。

5. 蒸汽往复泵（项目编码：030109005，计量单位：台）

工程内容、项目特征、计算规则同离心式泵。

6. 计量泵（项目编码：030109006，计量单位：台）

工程内容、项目特征、计算规则同离心式泵。

7. 螺杆泵（项目编码：030109007，计量单位：台）

工程内容、项目特征、计算规则同离心式泵。

8. 齿轮油泵（项目编码：030109008，计量单位：台）

工程内容、项目特征、计算规则同离心式泵。

9. 真空泵（项目编码：030109009，计量单位：台）

工程内容、项目特征、计算规则同离心式泵。

10. 屏蔽泵（项目编码：030109010，计量单位：台）

工程内容、项目特征、计算规则同离心式泵。

11. 潜水泵（项目编码：030109011，计量单位：台）

工程内容、项目特征、计算规则同离心式泵。

12. 其他泵（项目编码：030109012，计量单位：台）

工程内容、项目特征、计算规则同离心式泵。

注：直联式泵的质量包括本体、电动机及底座的总质量；非直联式的不包括电动机质量；深井泵的质量包括本体、电动机、底座及设备扬水管的总质量。

7.1.10　压缩机

1. 活塞式压缩机（项目编码：030110001，计量单位：台）

（1）工程内容

活塞式压缩机的工程内容包括：本体安装、拆装检查、二次灌浆、单机试运转、补刷（喷）油漆。

（2）项目特征

活塞式压缩机的项目特征包括：名称、型号、质量、结构形式、驱动方式、灌浆配合比、单机试运转要求。

（3）计算规则

按设计图示数量计算。

2. 回转式螺杆压缩机（项目编码：030110002，计量单位：台）

工程内容、项目特征、计算规则同活塞式压缩机。

3. 离心式压缩机（项目编码：030110003，计量单位：台）

工程内容、项目特征、计算规则同活塞式压缩机。

4. 透平式压缩机（项目编码：030110004，计量单位：台）

工程内容、项目特征、计算规则同活塞式压缩机。

注：1. 设备质量包括同一底座上主机、电动机、仪表盘及附件、底座等的总质量，但立式及 L 型压缩机、螺杆式压缩机、离心式压缩机不包括电动机等动力机械的质量。

2. 活塞式 D、M、H 型对称平衡压缩机的质量包括主机、电动机及随主机到货的附属设备的质量，但其安装不包括附属设备的安装。

3. 随机附属静置设备，应按静置设备与工艺金属结构制作安装工程相关项目编码列项。

7.1.11　工业炉

1. 电弧炼钢炉（项目编码：030111001，计量单位：台）

（1）工程内容

电弧炼钢炉的工程内容包括：本体安装，内衬砌筑、烘炉，补刷（喷）油漆。

（2）项目特征

电弧炼钢炉的项目特征包括：名称、型号、质量、设备容量、内衬砌筑要求。

（3）计算规则

按设计图示数量计算。

2. 无芯工频感应电炉（项目编码：030111002，计量单位：台）

（1）工程内容

无芯工频感应电炉的工程内容包括：本体安装，内衬砌筑、烘炉，补刷（喷）油漆。

（2）项目特征

无芯工频感应电炉的项目特征包括：名称、型号、质量、设备容量、内衬砌筑要求。

（3）计算规则

按设计图示数量计算。

3. 电阻炉（项目编码：030111003，计量单位：台）

（1）工程内容

电阻炉的工程内容包括：本体安装，内衬砌筑、烘炉，补刷（喷）油漆。

（2）项目特征

电阻炉的项目特征包括：名称、型号、质量、内衬砌筑要求。

（3）计算规则

按设计图示数量计算。

4. 真空炉（项目编码：030111004，计量单位：台）

工程内容、项目特征、计算规则同电阻炉。

5. 高频及中频感应炉（项目编码：030111005，计量单位：台）

工程内容、项目特征、计算规则同电阻炉。

6. 冲天炉（项目编码：030111006，计量单位：台）

（1）工程内容

冲天炉的工程内容包括：本体安装，前炉安装，冲天炉加料机的轨道加料车、卷扬装置等安装，轨道安装，车挡制作、安装，炉体管道的试压，内衬砌筑、烘炉，补刷（喷）油漆。

（2）项目特征

冲天炉的项目特征包括：名称、型号、质量、熔化率、车挡材质、试压标准、内衬砌筑要求。

（3）计算规则

按设计图示数量计算。

7. 加热炉（项目编码：030111007，计量单位：台）

（1）工程内容

加热炉的工程内容包括：本体安装，内衬砌筑、烘炉，补刷（喷）油漆。

（2）项目特征

加热炉的项目特征包括：名称、型号、质量、结构形式、内衬砌筑要求。

（3）计算规则

按设计图示数量计算。

8. 热处理炉（项目编码：030111008，计量单位：台）

（1）工程内容

热处理炉的工程内容包括：本体安装，内衬砌筑、烘炉，补刷（喷）油漆。

（2）项目特征

热处理炉的项目特征包括：名称、型号、质量、结构形式、内衬砌筑要求。

（3）计算规则

按设计图示数量计算。

9. 解体结构井式热处理炉（项目编码：030111009，计量单位：台）

（1）工程内容

解体结构井式热处理炉的工程内容包括：本体安装，设备补刷（喷）油漆，炉体管道安装、试压，内衬砌筑、烘炉。

（2）项目特征

解体结构井式热处理炉的项目特征包括：名称、型号、质量、试压标准、内衬砌筑要求。

（3）计算规则

按设计图示数量计算。

注：附属设备钢结构及导轨，应按静置设备与工艺金属结构制作安装工程相关项目编码列项。

7.1.12　煤气发生设备

1. 煤气发生炉（项目编码：030112001，计量单位：台）

（1）工程内容

煤气发生炉的工程内容包括：本体安装，容器构件制作、安装，补刷（喷）油漆。

（2）项目特征

煤气发生炉的项目特征包括：名称、型号、质量、规格、构件材质。

（3）计算规则

按设计图示数量计算。

2. 洗涤塔（项目编码：030112002，计量单位：台）

（1）工程内容

洗涤塔的工程内容包括：本体安装、二次灌浆、补刷（喷）油漆。

（2）项目特征

洗涤塔的项目特征包括：名称、型号、质量、规格、灌浆配合比。

（3）计算规则

按设计图示数量计算。

3. 电气滤清器（项目编码：030112003，计量单位：台）

（1）工程内容

电气滤清器的工程内容包括：本体安装、补刷（喷）油漆。

（2）项目特征

电气滤清器的项目特征包括：名称、型号、质量、规格。

（3）计算规则

按设计图示数量计算。

4. 竖管（项目编码：030112004，计量单位：台）

（1）工程内容

竖管的工程内容包括：本体安装、补刷（喷）油漆。

（2）项目特征

竖管的项目特征包括：类型、高度、规格。

（3）计算规则

按设计图示数量计算。

5. 附属设备（项目编码：030112005，计量单位：台）

（1）工程内容

附属设备的工程内容包括：本体安装、二次灌浆、补刷（喷）油漆。

（2）项目特征

附属设备的项目特征包括：名称、型号、质量、规格、灌浆配合比。

（3）计算规则

按设计图示数量计算。

注：附属设备钢结构及导轨，应按静置设备与工艺金属结构制作安装工程相关项目编码列项。

7.1.13 其他机械

1. 冷水机组（项目编码：030113001，计量单位：台）

（1）工程内容

冷水机组的工程内容包括：本体安装、二次灌浆、单机试运转、补刷（喷）油漆。

（2）项目特征

冷水机组的项目特征包括：名称、型号、质量、制冷（热）形式、制冷（热）量、灌浆配合比、单机试运转要求。

（3）计算规则

按设计图示数量计算。

2. 热力机组（项目编码：030113002，计量单位：台）

（1）工程内容

热力机组的工程内容包括：本体安装、二次灌浆、单机试运转、补刷（喷）油漆。

（2）项目特征

热力机组的项目特征包括：名称、型号、质量、制冷（热）形式、制冷（热）量、灌浆配合比、单机试运转要求。

（3）计算规则

按设计图示数量计算。

3. 制冰设备（项目编码：030113003，计量单位：台）

（1）工程内容

制冰设备的工程内容包括：本体安装、二次灌浆、单机试运转、补刷（喷）油漆。

（2）项目特征

制冰设备的项目特征包括：名称、型号、质量、制冰方式、灌浆配合比、单机试运转要求。

（3）计算规则

按设计图示数量计算。

4. 冷风机（项目编码：030113004，计量单位：台）

（1）工程内容

冷风机的工程内容包括：本体安装、二次灌浆、单机试运转、补刷（喷）油漆。

（2）项目特征

冷风机的项目特征包括：名称、规格、质量、灌浆配合比、单机试运转要求。

（3）计算规则

按设计图示数量计算。

5. 润滑油处理设备（项目编码：030113005，计量单位：台）

（1）工程内容

润滑油处理设备的工程内容包括：本体安装、二次灌浆、单机试运转、补刷（喷）油漆。

（2）项目特征

润滑油处理设备的项目特征包括：名称、型号、质量、灌浆配合比、单机试运转要求。

（3）计算规则

按设计图示数量计算。

6. 膨胀机（项目编码：030113006，计量单位：台）

工程内容、项目特征、计算规则同润滑油处理设备。

7. 柴油机（项目编码：030113007，计量单位：台）

工程内容、项目特征、计算规则同润滑油处理设备。

8. 柴油发电机组（项目编码：030113008，计量单位：台）

工程内容、项目特征、计算规则同润滑油处理设备。

9. 电动机（项目编码：030113009，计量单位：台）

工程内容、项目特征、计算规则同润滑油处理设备。

10. 电动发电机组（项目编码：030113010，计量单位：台）

工程内容、项目特征、计算规则同润滑油处理设备。

11. 冷凝器（项目编码：030113011，计量单位：台）

（1）工程内容

冷凝器的工程内容包括：本体安装、补刷（喷）油漆。

（2）项目特征

冷凝器的项目特征包括：名称、型号、结构、规格。

（3）计算规则

按设计图示数量计算。

12. 蒸发器（项目编码：0301130012，计量单位：台）

（1）工程内容

蒸发器的工程内容包括：本体安装、补刷（喷）油漆。

（2）项目特征

蒸发器的项目特征包括：名称、型号、结构、规格。

（3）计算规则

按设计图示数量计算。

13. 贮液器（排液桶）（项目编码：030113013，计量单位：台）

（1）工程内容

贮液器（排液桶）的工程内容包括：本体安装、补刷（喷）油漆。

（2）项目特征

贮液器（排液桶）的项目特征包括：名称、型号、质量、规格。

（3）计算规则

按设计图示数量计算。

14. 分离器（项目编码：030113014，计量单位：台）

（1）工程内容

分离器的工程内容包括：本体安装、补刷（喷）油漆。

（2）项目特征

分离器的项目特征包括：名称、介质、规格。

（3）计算规则

按设计图示数量计算。

15. 过滤器（项目编码：030113015，计量单位：台）

（1）工程内容

过滤器的工程内容包括：本体安装、补刷（喷）油漆。

（2）项目特征

过滤器的项目特征包括：名称、介质、规格。

（3）计算规则

按设计图示数量计算。

16. 中间冷却器（项目编码：030113016，计量单位：台）

（1）工程内容

中间冷却器的工程内容包括：本体安装、补刷（喷）油漆。

（2）项目特征

中间冷却器的项目特征包括：名称、型号、质量、规格。

（3）计算规则

按设计图示数量计算。

17. 冷却塔（项目编码：030113017，计量单位：台）

（1）工程内容

冷却塔的工程内容包括：本体安装、单机试运转、补刷（喷）油漆。

（2）项目特征

冷却塔的项目特征包括：名称、型号、规格、材质、质量、单机试运转要求。

（3）计算规则

按设计图示数量计算。

18. 集油器（项目编码：030113018，计量单位：台）

（1）工程内容

集油器的工程内容包括：本体安装、补刷（喷）油漆。

（2）项目特征

集油器的项目特征包括：名称、型号、规格。

（3）计算规则

按设计图示数量计算。

19. 紧急泄氨器（项目编码：030113019，计量单位：台）

（1）工程内容

紧急泄氨器的工程内容包括：本体安装、补刷（喷）油漆。

（2）项目特征

紧急泄氨器的项目特征包括：名称、型号、规格。

（3）计算规则

按设计图示数量计算。

20. 油视镜（项目编码：030113020，计量单位：支）

（1）工程内容

油视镜的工程内容包括：本体安装、补刷（喷）油漆。

（2）项目特征

油视镜的项目特征包括：名称、型号、规格。

（3）计算规则

按设计图示数量计算。

21. 储气罐（项目编码：030113021，计量单位：台）

（1）工程内容

储气罐的工程内容包括：本体安装、补刷（喷）油漆。

（2）项目特征

储气罐的项目特征包括：名称、型号、规格。

（3）计算规则

按设计图示数量计算。

22. 乙炔发生器（项目编码：030113022，计量单位：台）

（1）工程内容

乙炔发生器的工程内容包括：本体安装、补刷（喷）油漆。

（2）项目特征

乙炔发生器的项目特征包括：名称、型号、规格。

（3）计算规则

按设计图示数量计算。

23. 水压机蓄势罐（项目编码：030113023，计量单位：台）

（1）工程内容

水压机蓄势罐的工程内容包括：本体安装、补刷（喷）油漆。

（2）项目特征

水压机蓄势罐的项目特征包括：名称、型号、质量。

（3）计算规则

按设计图示数量计算。

24. 空气分离塔（项目编码：030113024，计量单位：台）

（1）工程内容

空气分离塔的工程内容包括：本体安装、补刷（喷）油漆。

（2）项目特征

空气分离塔的项目特征包括：名称、型号、规格。

（3）计算规则

按设计图示数量计算。

25. 小型制氧机附属设备（项目编码：030113025，计量单位：台）

（1）工程内容

小型制氧机附属设备的工程内容包括：本体安装、补刷（喷）油漆。

（2）项目特征

小型制氧机附属设备的项目特征包括：名称、型号、质量。

（3）计算规则

按设计图示数量计算。

26. 风力发电机（项目编码：030113026，计量单位：组）

（1）工程内容

风力发电机的工程内容包括：安装、调试、补刷（喷）油漆。

（2）项目特征

风力发电机的项目特征包括：名称、型号、规格、容量、塔高。

（3）计算规则

按设计图示数量计算。

注：附属设备钢结构及导轨，应按静置设备与工艺金属结构制作安装工程相关项目编码列项。

【例7-1】 如图7-1所示，卧式冷室压铸机（J116）2台，外形尺寸（长×宽×高）为：3780mm×1250mm×1450mm，单机重量4.5t。计算其工程量。

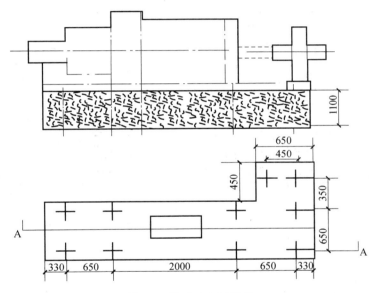

图7-1 卧式冷室压铸机

解：1. 基本工程量：

卧式冷室压铸机（4.5t）	2 台
地脚螺旋栓孔灌浆（m³）	0.6
底座与基础间灌浆（m³）	0.8
一般起重机摊销费（t）	4.5
试运转电费（元）	100
机油（kg）	25
黄油（kg）	1

2. 定额工程量：

（1）卧式冷室压铸机，重4.5t，本体安装（套用定额）

1）人工费：545.39×2＝1090.78（元）

2）材料费：391.30×2＝782.60（元）

3）机械费：194.12×2＝388.24（元）

（2）综合：

1）直接费合计：1090.78＋782.60＋388.24＝2261.62（元）

2）管理费：2261.62×34%＝768.95（元）

3）利润：2261.62×8%＝180.93（元）

4）总计：2261.62＋768.95＋180.93＝3211.50（元）

5）综合单价：3211.50÷2＝1605.75（元/台）

3. 清单工程量：

分部分项工程量清单合价表见表7-1。

表7-1　分部分项工程量清单合价

序号	项目编码	项目名称	项目特征描述	计量单位	工程量	金额（元）	
						综合单价	合价
1	030103006001	金属型铸造设备	卧式冷室压铸机（J116型）：3780mm×1250mm×1450mm	台	2	1605.75	3211.50

【例7-2】　如图7-2所示，混砂机（S114）3台，外形尺寸（长×宽×高）为2000mm×1800mm×1600mm，单机重量为4.0t，计算其工程量。

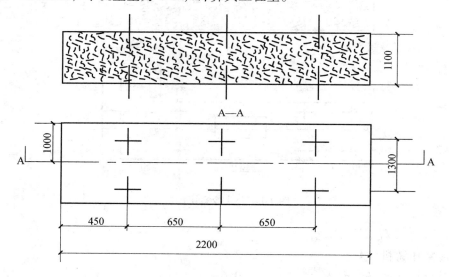

图7-2　混砂机示意图

解：1. 基本工程量：

混砂机（重4.0t）　　　　　　　　3台

地脚螺旋栓孔灌浆（m³）　　　　　0.6

底座与基础间灌浆（m³）　　　　　0.8

一般机具重量（t）　　　　　　　4.0

238

无负荷试运转电费（元）　　　　　　60

机油（kg）　　　　　　　　　　　20

黄油（kg）　　　　　　　　　　　2

混砂机安装预算定额见表7-2。

表7-2　混砂机安装预算定额表

定额编号	工程或费用名称	工程量		价值（元）		其中					
		定额单位	数量	定额单价	总价	单价（元）			合价（元）		
						人工费	材料费	机械费	人工费	材料费	机械费
—	混砂机	台	3	518.27	1554.81	293.48	184.70	40.09	880.44	554.1	120.27
—	地脚螺旋栓孔灌浆	m³	0.6	295.11	177.07	81.27	213.84	—	48.76	128.30	—
—	基础间灌浆	m³	0.8	421.72	337.38	119.35	302.37	—	95.48	241.9	—
—	一般机具摊销费	t	4.0	12	48.0	—	12.0	—	—	48.0	—
	试运转电费	元	—	—	60	—	—	—	—	60	—
	机油	kg	20	3.55	71	—	—	—	—	71	—
	黄油	kg	2	6.21	12.24	—	—	—	—	12.24	—
	总计	元			2260.5	494.1	712.91	40.09	1024.7	1115.54	120.27

2. 定额工程量：

（1）混砂机重4.0t，本体安装

1）人工费：293.48×3＝880.44（元）

2）材料费：184.70×3＝554.1（元）

3）机械费：40.09×3＝120.27（元）

（2）综合：

1）直接费合计：880.44＋554.1＋120.27＝1554.81（元）

2）管理费：1554.81×34%＝528.64（元）

3）利润：1554.81×8%＝124.38（元）

4）总计：1554.81＋528.64＋124.38＝2207.83（元）

5）综合单价：2207.83÷3＝735.94（元/台）

3. 清单工程量：

分部分项工程量清单合价见表7-3。

表7-3　分部分项工程量清单合价表

序号	项目编码	项目名称	项目特征描述	计量单位	工程量	金额（元）	
						综合单价	合价
1	030103001001	砂处理设备	混砂机（S114型）：2000mm×1800mm×1600mm	台	3	735.94	2207.83

7.2 静置设备与工艺金属结构制作安装工程

7.2.1 静置设备制作

1. 容器制作（项目编码：030301001，计量单位：台）

（1）工程内容

容器制作的工程内容包括：本体制作，附件制作，容器本体平台、梯子、栏杆、扶手制作、安装，预热、后热，压力试验。

（2）项目特征

容器制作的项目特征包括：名称，构造形式，材质，容积，规格，质量，压力等级，附件种类、规格及数量、材质，本体梯子、栏杆、扶手类型、质量，焊接方式，焊缝热处理设计要求。

（3）计算规则

按设计图示数量计算。

2. 塔器制作（项目编码：030301002，计量单位：台）

（1）工程内容

塔器制作的工程内容包括：本体制作，附件制作，塔本体平台、梯子、栏杆、扶手制作、安装，预热、后热，压力试验。

（2）项目特征

塔器制作的项目特征包括：名称，构造形式，材质，质量，压力等级，附件种类、规格及数量、材质，本体梯子、栏杆、扶手类型、质量，焊接方式，焊缝热处理设计要求。

（3）计算规则

按设计图示数量计算。

3. 换热器制作（项目编码：030301003，计量单位：台）

（1）工程内容

换热器制作的工程内容包括：换热器制作，接管制作与装配，附件制作，预热、后热，压力试验。

（2）项目特征

换热器制作的项目特征包括：名称，构造形式，材质，质量，压力等级，附件种类、规格及数量、材质，焊接方式，焊缝热处理设计要求。

（3）计算规则

按设计图示数量计算。

注：1. 本节在设置工程量清单项目时，项目名称应用该实体的本名称，项目特征应结合拟建工程的实际情况予以描述。

2. 容器的金属质量是指容器本体、容器内部固定件、开孔件、加强板、裙座（支座）的金属质量。其质量按制造图示尺寸计算，不扣除容器孔洞面积。外构件和外协件的质量应从制造图的重量内扣除，按成品单价计入容器制作中。

3. 塔器的金属质量是指塔器本体、塔器内部固定件、开孔件、加强板、裙座（支座）的金属质量。其质量按制造图示尺寸计算，不扣除容器孔洞面积。外构件和外协件的质量应从制造图的重量内扣除按成品单价计入容器制作中。

4. 换热器的金属质量是指换热器本体的金属质量。

5. 附件是指设备的鞍座、支座、设备法兰、地脚螺栓制作等项目特征描述时，应结合拟建工程实际予以描述。

6. 设备材质采用的复合板如需进行现场复合加工，应在项目特征中予以描述。

7.2.2 静置设备安装

1. 容器组装（项目编码：030302001，计量单位：台）

（1）工程内容

容器组装的工程内容包括：容器组装，内部构件组对，吊耳制作、安装，焊缝热处理，焊缝补漆。

（2）项目特征

容器组装的项目特征包括：名称、构造形式、到货状态、材质、质量、规格、内部构件名称、焊接方式、焊缝热处理设计要求。

（3）计算规则

按设计图示数量计算。

2. 整体容器安装（项目编码：030302002，计量单位：台）

（1）工程内容

整体容器安装的工程内容包括：安装，吊耳制作、安装，压力试验，清洗、脱脂、钝化，灌浆。

（2）项目特征

整体容器安装的项目特征包括：名称，构造形式，质量，规格，压力试验设计要求，清洗地、脱脂、钝化设计要求，安装高度，灌浆配合比。

（3）计算规则

按设计图示数量计算。

3. 塔器组装（项目编码：030302003，计量单位：台）

（1）工程内容

塔器组装的工程内容包括：塔器组装，塔盘安装，塔内固定件组对，吊耳制作、安装，焊缝热处理，设备填充，焊缝补漆。

（2）项目特征

塔器组装的项目特征包括：名称、构造形式、到货状态、材质、规格、质量、塔内固定件材质、塔盘结构类型、填充材料种类、焊接方式、焊缝热处理设计要求。

（3）计算规则

按设计图示数量计算。

4. 整体塔器安装（项目编码：030302004，计量单位：台）

（1）工程内容

整体塔器安装的工程内容包括：塔器安装，吊耳制作、安装，塔盘安装，设备填充，压力试验，清洗、脱脂、钝化，灌浆。

（2）项目特征

整体塔器安装的项目特征包括：名称，构造形式，质量，规格，安装高度，压力试验设计要求，清洗、脱脂、钝化设计要求，塔盘结构类型，填充材料种类，灌浆配合比。

（3）计算规则

按设计图示数量计算。

5. 热交换器类设备安装（项目编码：030302005，计量单位：台）

（1）工程内容

热交换器类设备安装的工程内容包括：安装、地面抽芯检查、灌浆。

（2）项目特征

热交换器类设备安装的项目特征包括：名称、构造形式、质量、安装高度、抽芯设计要求、灌浆配合比。

（3）计算规则

按设计图示数量计算。

6. 空气冷却器安装（项目编码：030302006，计量单位：台）

（1）工程内容

空气冷却器安装的工程内容包括：管束（翅片）安装、构架安装、风机安装、灌浆。

（2）项目特征

空气冷却器安装的项目特征包括：名称、管束质量、风机质量、构架质量、灌浆配合比。

（3）计算规则

按设计图示数量计算。

7. 反应器安装（项目编码：030302007，计量单位：台）

（1）工程内容

反应器安装的工程内容包括：安装、灌浆。

（2）项目特征

反应器安装的项目特征包括：名称、内部结构形式、质量、安装高度、灌浆配合比。

（3）计算规则

按设计图示数量计算。

8. 催化裂化再生器安装（项目编码：030302008，计量单位：台）

（1）工程内容

催化裂化再生器安装的工程内容包括：安装、冲击试验、龟甲网安装。

（2）项目特征

催化裂化再生器安装的项目特征包括：名称、安装高度、质量、龟甲网材料。

（3）计算规则

按设计图示数量计算。

9. 催化裂化沉降器安装（项目编码：030302009，计量单位：台）

（1）工程内容

催化裂化沉降器安装的工程内容包括：安装、冲击试验、龟甲网安装。

（2）项目特征

催化裂化沉降器安装的项目特征包括：名称、安装高度、质量、龟甲网材料。

（3）计算规则

按设计图示数量计算。

10. 催化裂化旋风分离器安装（项目编码：030302010，计量单位：台）

（1）工程内容

催化裂化旋风分离器安装的工程内容包括：安装、龟甲网安装。

（2）项目特征

催化裂化旋风分离器安装的项目特征包括：名称、安装高度、质量、龟甲网材料。

（3）计算规则

按设计图示数量计算。

11. 空气分馏塔安装（项目编码：030302011，计量单位：台）

（1）工程内容

空气分馏塔安装的工程内容包括：安装、保冷材料填充、灌浆。

（2）项目特征

空气分馏塔安装的项目特征包括：构造形式、安装高度、质量、规格型号、填充材料种类、灌浆配合比。

（3）计算规则

按设计图示数量计算。

12. 电解槽安装（项目编码：030302012，计量单位：台）

（1）工程内容

电解槽安装的工程内容包括：安装。

（2）项目特征

电解槽安装的项目特征包括：名称、构造形式、质量、底座材质。

（3）计算规则

按设计图示数量计算。

13. 电除雾器安装（项目编码：030302013，计量单位：套）

（1）工程内容

电除雾器安装的工程内容包括：安装。

（2）项目特征

电除雾器安装的项目特征包括：名称、构造形式、壳体材料。

（3）计算规则

按设计图示数量计算。

14. 电除尘器安装（项目编码：030302014，计量单位：台）

（1）工程内容

电除尘器安装的工程内容包括：安装。

（2）项目特征

电除尘器安装的项目特征包括：名称、壳体质量、内部结构、除尘面积。

（3）计算规则

按设计图示数量计算。

注：1. 在设置工程量清单项目时，项目名称应用该实体的本名称，项目特征应结合拟建工程的实际情况详细描述。

2. 容器组装的金属质量是指容器本体、容器内部固定件、开孔件、加强板、裙座（支座）的金属质量，其质量按设计图示尺寸计算，不扣除容器孔洞面积；容器整体安装质量是指容器本体、配件、内部构件、吊耳、绝缘内衬以及随容器一次吊装的管线、梯子、平台、栏杆、扶手和吊装加固件的全部质量。

3. 塔器组装的金属质量是指设备本体、裙座、内部固定件、开孔件、加强板等的全部质量，但不包括填充和内部可拆件以及外部平台、梯子、栏杆、扶手的质量，其质量按设计图示尺寸计算，不扣除孔洞面积；塔器整体安装质量是指塔器本体、裙座、内部固定件、开孔件、吊耳、绝缘内衬以及随塔器一次吊装就位的附塔管线、平台、梯子、栏杆、扶手和吊装加固件的全部质量。

4. 到货状态是指设备以分段或分片的结构状态运到施工现场。容器或塔器组装不包括组装成整体后的就位吊装，该部分的工作内容应另编码列项。

7.2.3 工业炉安装

1. 燃烧炉、灼烧炉（项目编码：030303001，计量单位：台）

（1）工程内容

燃烧炉、灼烧炉的工程内容包括：燃烧炉、灼烧炉安装，二次灌浆。

（2）项目特征

燃烧炉、灼烧炉的项目特征包括：名称、能力、质量、混凝土强度等级。

（3）计算规则

按设计图示数量计算。

2. 裂解炉制作安装（项目编码：030303002，计量单位：台）

（1）工程内容

裂解炉制作安装的工程内容包括：裂解炉制作、安装，附件安装，压力试验。

（2）项目特征

裂解炉制作安装的项目特征包括：名称，能力，质量，结构，附件种类、规格及数量、材质，压力试验设计要求。

（3）计算规则

按设计图示数量计算。

3. 转化炉制作安装（项目编码：030303003，计量单位：台）

（1）工程内容

转化炉制作安装的工程内容包括：转换炉制作、安装，附件安装，压力试验。

（2）项目特征

转化炉制作安装的项目特征包括：名称，结构，能力，质量，附件种类、规格及数量、材质，压力试验设计要求。

（3）计算规则

按设计图示数量计算。

4. 化肥装置加热炉制作安装（项目编码：030303004，计量单位：台）

（1）工程内容

化肥装置加热炉制作安装的工程内容包括：化肥装置加热炉制作、安装，附件安装，压力试验。

（2）项目特征

化肥装置加热炉制作安装的项目特征包括：名称，结构，能力，质量，附件种类、规格及数量、材质，压力试验设计要求。

（3）计算规则

按设计图示数量计算。

5. 芳烃装置加热炉制作安装（项目编码：030303005，计量单位：台）

（1）工程内容

芳烃装置加热炉制作安装的工程内容包括：芳烃装置加热炉制作、安装，附件安装，压力试验。

（2）项目特征

芳烃装置加热炉制作安装的项目特征包括：名称，结构，能力，质量，附件种类、规格及数量、材质，压力试验设计要求。

（3）计算规则

按设计图示数量计算。

6. 炼油厂加热炉制作安装（项目编码：030303006，计量单位：台）

（1）工程内容

炼油厂加热炉制作安装的工程内容包括：炼油厂加热炉制作、安装，附件安装，压力试验。

（2）项目特征

炼油厂加热炉制作安装的项目特征包括：名称，结构，能力，质量，附件种类、规格及数量、材质，压力试验设计要求。

（3）计算规则

按设计图示数量计算。

7. 废热锅炉安装（项目编码：030303007，计量单位：台）

（1）工程内容

废热锅炉安装的工程内容包括：废热锅炉安装、二次灌浆、压力试验。

（2）项目特征

废热锅炉安装的项目特征包括：名称、结构、质量、燃烧床形式、压力试验设计要求、灌浆配合比。

（3）计算规则

按设计图示数量计算。

注：废热锅炉的结构是指快装、半快装、散装，燃烧床形式是指单床、双床，单汽包、双汽包，工程量清单描述时应结合拟建工程实际予以描述。

7.2.4 金属油罐制作安装

1. 拱顶罐制作安装（项目编码：030304001，计量单位：台）

（1）工程内容

拱顶罐制作安装的工程内容包括：罐本体制作、安装，型钢圈煨制，充水试验，卷板平直，拱顶罐临时加固件制作、安装与拆除，本体梯子、平台、栏杆制作安装，附件制作、安装。

（2）项目特征

拱顶罐制作安装的项目特征包括：名称，构造形式，材质，容量，质量，本体梯子、平台、栏杆类型、质量，安装位置，型钢圈材质，临时加固件材质，附件种类、规格及数量、材质，压力试验设计要求。

（3）计算规则

按设计图示数量计算。

2. 浮顶罐制作安装（项目编码：030304002，计量单位：台）

（1）工程内容

浮顶罐制作安装的工程内容包括：罐本体制作、安装，型钢圈煨制，内浮顶罐充水试验，浮顶罐升降试验，卷板平直，浮顶罐组装加固，附件制作、安装，本体梯子、平台、栏杆制作安装。

（2）项目特征

浮顶罐制作安装的项目特征包括：名称，构造形式，材质，容量，质量，本体梯子、平台、栏杆类型、质量，安装位置，型钢圈材质，附件种类、规格及数量、材质，压力试验设计要求。

（3）计算规则

按设计图示数量计算。

3. 低温双壁金属罐制作安装（项目编码：030304003，计量单位：台）

（1）工程内容

低温双壁金属罐制作安装的工程内容包括：罐本体制作、安装，型钢圈煨制，内罐充水试验，内罐升降试验，外罐气密试验，卷板平直，双壁罐组装加固，附件制作、安装，本体梯子、平台、栏杆制作安装。

（2）项目特征

低温双壁金属罐制作安装的项目特征包括：名称，构造形式，材质，容量，质量，本体梯子、平台、栏杆类型、质量，安装位置，型钢圈材质，附件种类、规格及数量、材质，压力试验设计要求。

（3）计算规则

按设计图示数量计算。

4. 大型金属油罐制作安装（项目编码：030304004，计量单位：座）

（1）工程内容

大型金属油罐制作安装的工程内容包括：底板、壁板预制安装，底板、壁板板幅调整，浮船船舱预制安装，浮船支柱预制安装，抗风圈、加强圈预制安装，附件制作安装，大型油罐充水试验，本体浮船升降试验，焊缝预热、壁板焊缝热处理，盘梯、平台制作安装，钢板卷材平卷平直。

（2）项目特征

大型金属油罐制作安装的项目特征包括：名称，材质，容积，质量，焊接方式，焊缝热处理技术要求，罐底中幅板连接形式，板幅调整尺寸，浮船及支柱构造形式，抗风圈与加强圈类型，附件种类、规格及数量、材质，本体盘梯、平台类型、质量，压力试验设计要求。

（3）计算规则

按设计图示数量计算。

5. 加热器制作安装（项目编码：030304005，计量单位：m）

（1）工程内容

加热器制作安装的工程内容包括：制作、安装，支座制作、安装，连接管制作、安装，压力试验。

（2）项目特征

加热器制作安装的项目特征包括：名称、加热器构造形式、蒸汽盘管管径、排管的长度、连接管主管长度、支座构造形式、压力试验设计要求。

（3）计算规则

盘管式加热器按设计图示尺寸以长度计算；排管式加热器按配管长度范围计算。

注：1. 盘管式加热器安装不扣除管件所占长度。

2. 拱顶罐构造形式指壁板连接搭接式、对接式；本体质量包括罐底板、罐壁板、罐顶板（含中心板）、角钢圈、加强圈以及搭接、垫板、加强板的金属质量，不包括配件、附件的质量。罐底板、罐壁板、罐顶板质量按设计图所示尺寸以展开面积计算，不扣除罐体上孔洞所占面积。

3. 浮顶罐构造形式指双盘式、单盘式、内浮顶式；本体金属质量包括罐底板、罐壁板、罐顶板、角钢圈、加强圈以及搭接、垫板、加强板的全部质量，但不包括配件、附件质量。罐底板、罐壁板、罐顶板质量按设计图所示尺寸以展开面积计算，不扣除罐体上孔洞所占面积。

4. 低温双壁罐本体金属质量包括内外罐底板、罐壁板、罐顶板、角钢圈、加强圈以及搭接、垫板、加强板的全部质量，但不包括配件、附件质量。内外罐底板、罐壁板、罐顶板质量按设计图所示尺寸以展开面积计算，不扣除罐体上孔洞所占面积。

5. 大型金属油罐本体质量按油罐构造特点分部位及部件，以几何尺寸展开面积计算，不扣除孔洞所占面积，并增加各部位搭接和对接垫板的金属质量。不同的板幅应按规定调整其金属质量。

6. 大型金属油罐附件包括积水坑、排水管、接管与配件、加热盘管、浮顶加热器、人孔制作安装等，工程量清单描述时，应结合拟建工程实际予以描述。

7.2.5 球形罐组对安装

球形罐组对安装（项目编码：030305001，计量单位：台）

（1）工程内容

球形罐组对安装的工程内容包括：球形罐吊装、组对，产品试板试验，焊缝预热、后热，球形罐水压试验，球形罐气密性试验，基础灌浆，支柱耐火层施工，本体梯子、平台、栏杆制作安装。

（2）项目特征

球形罐组对安装的项目特征包括：名称，材质，球罐容量，球板厚度，本体质量，本体梯子、平台、栏杆类型、质量，焊接方式，焊缝热处理技术要求，压力试验设计要求，支柱耐火层材料，灌浆配合比。

（3）计算规则

按设计图示数量计算。

注：1. 球形罐组装的质量包括球壳板、支柱、拉杆、短管、加强板的全部质量，不扣除人孔、接管孔洞面积所占质量。

2. 如需进行焊接工艺评定，在专业措施项目中列项。

3. 胎具制作、安装与拆除，在专业措施项目中列项。

7.2.6 气柜制作安装

气柜制作安装（项目编码：030306001，计量单位：座）

（1）工程内容

气柜制作安装的工程内容包括：气柜本体制作、安装，焊缝热处理，型钢圈煨制，配重块安装，气柜充水、气密、快速升降试验，平台、梯子、栏杆制作安装，附件制作安装，二次灌浆。

（2）项目特征

气柜制作安装的项目特征包括：名称，构造形式，容量，质量，配重块材质、尺寸、质量，本体平台、梯子、栏杆类型、质量，附件种类、规格及数量、材质，充水、气密、快速升降试验设计要求，焊缝热处理设计要求，灌浆配合比。

（3）计算规则

按设计图示数量计算。

注：1. 构造形式指：螺旋式、直升式。

2. 气柜金属质量包括气柜本体、附件的全部质量，但不包括梯子、平台、栏杆、配重块的质量。其质量按设计尺寸以展开面积计算，不扣除孔洞和切角面积所占质量。

7.2.7　工艺金属结构制作安装

1. 联合平台制作安装（项目编码：030307001，计量单位：t）

（1）工程内容

联合平台制作安装的工程内容包括：制作、安装。

（2）项目特征

联合平台制作安装的项目特征包括：名称、每组质量、平台板材质。

（3）计算规则

按设计图示尺寸以质量计算。

2. 平台制作安装（项目编码：030307002，计量单位：t）

（1）工程内容

平台制作安装的工程内容包括：制作、安装。

（2）项目特征

平台制作安装的项目特征包括：名称、构造形式、每组质量、平台板材质。

（3）计算规则

按设计图示尺寸以质量计算。

3. 梯子、栏杆、扶手制作安装（项目编码：030307003，计量单位：t）

（1）工程内容

梯子、栏杆、扶手制作安装的工程内容包括：制作、安装。

（2）项目特征

梯子、栏杆、扶手制作安装的项目特征包括：名称、构造形式、踏步材质。

（3）计算规则

按设计图示尺寸以质量计算。

4. 桁架、管廊、设备框架、单梁结构制作安装（项目编码：030307004，计量单位：t）

（1）工程内容

桁架、管廊、设备框架、单梁结构制作安装的工程内容包括：制作、安装，钢板组合型钢制作，二次灌浆。

（2）项目特征

桁架、管廊、设备框架、单梁结构制作安装的项目特征包括：名称、构造形式、桁架每组质量、管廊高度、设备框架跨度、灌浆配合比。

（3）计算规则

按设计图示尺寸以质量计算。

5. 设备支架制作安装（项目编码：030307005，计量单位：t）

（1）工程内容

设备支架制作安装的工程内容包括：制作、安装。

（2）项目特征

设备支架制作安装的项目特征包括：名称、材质、支架每组质量。

（3）计算规则

按设计图示尺寸以质量计算。

6. 漏斗、料仓制作安装（项目编码：030307006，计量单位：t）

（1）工程内容

漏斗、料仓制作安装的工程内容包括：制作、安装，型钢圈煅制，二次灌浆。

（2）项目特征

漏斗、料仓制作安装的项目特征包括：名称、材质、漏斗形状、每组质量、灌浆配合比。

（3）计算规则

按设计图示尺寸以质量计算。

7. 烟囱、烟道制作安装（项目编码：030307007，计量单位：t）

（1）工程内容

烟囱、烟道制作安装的工程内容包括：制作、安装，型钢圈煅制，二次灌浆，地锚埋设。

（2）项目特征

烟囱、烟道制作安装的项目特征包括：名称、材质、烟囱直径、烟道构造形式、灌浆配合比。

（3）计算规则

按设计图示尺寸展开面积以质量计算。

8. 火炬及排气筒制作安装（项目编码：030307008，计量单位：座）

（1）工程内容

火炬及排气筒制作安装的工程内容包括：筒体制作组对，塔架制作组装，火炬、塔架、筒体吊装，火炬头安装，二次灌浆。

（2）项目特征

火炬及排气筒制作安装的项目特征包括：名称、构造形式、材质、质量、筒体直径、高度、灌浆配合比。

（3）计算规则

按设计图示数量计算。

注：1. 联合平台是指两台以上设备的平台互相连接组成的，便于检修、操作使用的平台。联合平台质量计算：包括平台上梯子、栏杆、扶手重量，不扣除孔眼和切角所占质量，多角形连接筋板质量以图示最长边和最宽边尺寸，按矩形面积计算。

2. 平台、桁架、管廊、设备框架、单梁结构质量计算：不扣除孔眼和切角所占质量，多角形连接筋板质量以图示最长边和最宽边尺寸，按矩形面积计算。

3. 漏斗、料仓质量计算：不扣除孔眼和切角所占面积。

4. 烟囱、烟道质量计算：不扣除孔洞和切角所占面积，烟囱、烟道的金属质量包括筒体、弯头、异径过渡段、加强圈、人孔、清扫孔、检查孔等全部质量。

5. 火炬、排气筒筒体质量计算：按设计图示尺寸计算，不扣除孔洞所占面积及配件的质量。

7.2.8 铝制、铸铁、非金属设备安装

1. 容器安装（项目编码：030308001，计量单位：台）

（1）工程内容

容器安装的工程内容包括：整体安装，清洗、钝化及脱脂，二次灌浆。

（2）项目特征

容器安装的项目特征包括：名称，材质，质量，灌浆配合比，清洗、钝化及脱脂设计要求。

（3）计算规则

按设计图示数量计算。

2. 塔器安装（项目编码：030308002，计量单位：台）

（1）工程内容

塔器安装的工程内容包括：塔器整体安装，塔器分段组装，塔器清洗、钝化及脱脂，二次灌浆。

（2）项目特征

塔器安装的项目特征包括：名称，材质，质量，规格、型号，塔器清洗、钝化及脱脂设计要求，灌浆配合比。

（3）计算规则

按设计图示数量计算。

3. 热交换器安装（项目编码：030308003，计量单位：台）

（1）工程内容

热交换器安装的工程内容包括：整体安装，二次灌浆。

（2）项目特征

热交换器安装的项目特征包括：名称、构造形式、质量、材质、灌浆配合比。

（3）计算规则

按设计图示数量计算。

注：1. 容器的安装质量包括本体、附件、绝热内衬及随设备吊装的管道、支架、临时加固措施、索具及平衡梁的质量，但不包括安装后所安装的内件和填充物的质量。

2. 塔器的安装质量按设计图示计算，包括内件及附件的质量多节铸铁塔的安装质量，包括塔本体、底座、冷却箱体、冷却水管、钛板换热器笠帽、塔盖等图示标注（供货）的全部质量。

3. 热交换器的安装质量按设计图纸的质量计算，包括内件及附件的质量。

7.2.9 撬块安装

撬块安装（项目编码：030309001，计量单位：套）

（1）工程内容

撬块安装的工程内容包括：撬块整体安装、撬上部件与撬外部件的连接、二次灌浆。

（2）项目特征

撬块安装的项目特征包括：名称、功能、质量、面积、灌浆配合比。

（3）计算规则

按设计图示数量计算。

注：撬块质量包括撬块本体钢结构及其连接器的质量，以及撬块上已安装的设备、工艺管道、阀门、管件、螺栓、垫片、电气、仪表部件和梯子、平台等金属结构的全部质量。

7.2.10 无损检验

1. X 射线探伤（项目编码：030310001，计量单位：张）

（1）工程内容

X 射线探伤的工程内容包括：无损检验。

（2）项目特征

X 射线探伤的项目特征包括：名称、板厚、底片规格。

（3）计算规则

按规范或设计要求计算。

2. γ 射线探伤（项目编码：030310002，计量单位：张）

（1）工程内容

γ 射线探伤的工程内容包括：无损检验。

（2）项目特征

γ 射线探伤的项目特征包括：名称、板厚、底片规格。

（3）计算规则

按规范或设计要求计算。

3. 超声波探伤（项目编码：030310003，计量单位：m/m^2）

（1）工程内容

超声波探伤的工程内容包括：对接焊缝、板面、板材周边超声波探伤，对比试块制作。

（2）项目特征

超声波探伤的项目特征包括：名称、部位、板厚。

（3）计算规则

1）金属板材对接焊缝、周边超声波探伤按长度计算。

2）板面超声波探伤检测按面积计算。

4. 磁粉探伤（项目编码：030310004，计量单位：m/m^2）

（1）工程内容

磁粉探伤的工程内容包括：板材周边、板面磁粉探伤，被检工件退磁。

（2）项目特征

磁粉探伤的项目特征包括：名称、部位。

（3）计算规则

1）金属板材周边磁粉探伤按长度计算。

2）板面磁粉波探伤按面积计算。

5. 渗透探伤（项目编码：030310005，计量单位：m）

（1）工程内容

渗透探伤的工程内容包括：渗透探伤。

（2）项目特征

渗透探伤的项目特征包括：名称、方式。

（3）计算规则

按设计图示数量以长度计算。

6. 整体热处理（项目编码：030310006，计量单位：台）

（1）工程内容

整体热处理的工程内容包括：整体热处理、硬度测定。

（2）项目特征

整体热处理的项目特征包括：设备名称、设备质量、容积、加热方式。

（3）计算规则

按设计图示数量计算。

注：拍片张数按设计规定计算的探伤焊缝总长度除以胶片的有效长度。设计无规定的，胶片有效长度按250mm计算。

【例7-3】 图7-3为某碳钢塔示意图，安装3台碳钢塔，直径6m，长度为30m，单机重130t，安装基础标高6.5m，每台间距6m。试计算工程量并套用定额（不含主材费）。

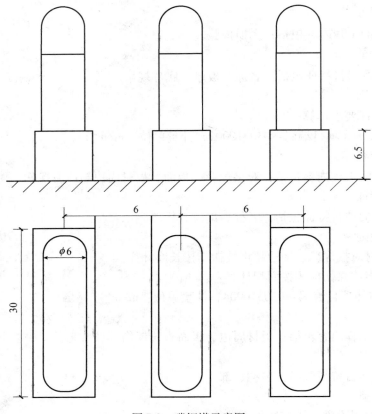

图7-3　碳钢塔示意图

解： 工程量：

1. 碳钢塔安装：

由已知可得直径为6m，长度为30m，单机重130t的碳钢塔3台

2. 双金属桅杆：

安装总高：30 + 6.5 = 36.5（m）

施工方案考虑汽车吊起能力不够，采用起重量为150t的双桅杆起吊，即选用规格为150t/50m的一座双金属桅杆，由于选取的为双金属桅杆，则按金属桅杆项目的执行要求即每座桅杆均乘以系数0.95就可得此项目工程量为0.95座规格为150t/50m的双金属桅杆。

3. 双金属桅杆的台次费：

根据累计位移距离为12m，明显小于60m可知双金属桅杆台次的工程量为1次。

4. 辅助桅杆台次费：

由3. 可知辅助桅杆的台次费工程量也为1次。

5. 位移：

由每台碳钢塔之间的距离为6m，且共有3台碳钢塔可知共需要位移2次，桅杆位移的

252

工程量为 1 座。

6. 吊耳制作：

每个碳钢塔上有 4 个吊耳，共 3 台碳钢塔即需要 12 个吊耳，即吊耳制作的工程量为12 个。

7. 拖拉坑挖埋：

由双金属桅杆 150t/50m 为 8 根缆绳，即桅杆顶部由 8 根缆绳拴住桅杆底座，以 6 根钢索用 20t 地锚固定，即可知需拖拉坑挖埋 8 个且每根缆绳载荷 30t。

8. 地脚螺旋栓孔灌浆：

由每台灌浆 1.5m³ 可知 3 台共灌浆 4.5m³。

9. 底座与基础间灌浆：

由每台灌浆 2.0m³ 可知 3 台共灌浆 6.0m³。

10. 脚手架搭拆费：

脚手架搭拆费按人工费的 10% 计算。

定额工程量计算见表 7-4。

表 7-4　碳钢塔设备安装定额工程量计算表

定额编号	工程名称	单位	数量	人工费（元）	材料费（元）	机械费（元）
—	双金属桅杆	座	0.95	22314.42	2296.44	13090.01
—	碳钢塔安装	台	3	6874.28	10111.35	4643.02
	辅助桅杆台次费	座	1	1.86		
	台次费	座	1	11.13		
—	地脚螺旋栓孔灌浆	m³	4.5	81.27	213.84	—
—	吊耳制作	个	12	71.05	223.31	64.07
—	拖拉坑挖埋	个	8	784.84	2702.62	111.54
—	桅杆位移	座	1	1161.00	990.22	1465.73
—	底座与基础间灌浆	m³	6	119.35	302.37	—
	脚手架搭拆费	元	人工费×10%			

【例 7-4】　某设备筒体由钢板卷制而成（图 7-4），直径 30m，长度 100m，椭圆形封头，钢板厚度为 20mm，对椭圆形封头的两条焊缝进行探伤。对其 25% 进行 X 射线探伤 30 张，对其 100% 进行超声波探伤，对其 100% 进行磁粉探伤，最后要对此设备进行焊接工艺评定。计算工程量并套用定额。

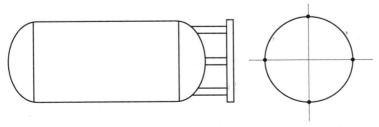

图 7-4　筒体示意图

253

解：工程量：

分析：首先计算椭圆形封头的两个焊接的展开长度：

展开长度：

$$L = \pi\left(\phi + \frac{\delta}{2}\right) \tag{7-1}$$

式中　L——焊接展开长度；

　　　ϕ——焊接内径；

　　　δ——钢板厚度。

由已知可得 $\phi = 30m$，$\delta = 20mm$，则

$$L = \pi\left(30 + \frac{0.02}{2}\right) = 3.1416 \times 30.01 = 94.28\,(m)$$

两个焊缝的展开长度为 $2L = 188.56$ （m）

1. X 射线探伤：

由已知 X 射线按 30% 探伤，且摄影量为 30 张，即探伤长度为：$188.56 \times 30\% = 56.57$ （m）

则 X 射线探伤的工程量为：$30 \div 10 = 3$。

2. 超声波探伤：

由已知超声波按 100% 探伤，超声波探伤长度为：$188.56 \times 100\% = 188.56$ （m），则其工程量为：

$188.56 \div 10 = 18.86$。

3. 磁粉探伤：

由已知磁粉按 100% 探伤，磁粉探伤长度为：$188.56 \times 100\% = 188.56$ （m），则其工程量为：

$188.56 \div 10 = 18.86$。

4. 焊接工艺评定：

因为椭圆形封头是焊接而成的，所以要对其进行焊接工艺评定，其工程量为 1 台。

5. 脚手架搭拆费：

脚手架搭拆费按人工费的 10% 计算。

6. 地脚螺旋栓孔灌浆：

地脚螺旋栓孔灌浆的体积为 $1.2m^3$，则其工程量为 $1.2m^3$。

7. 底座与基础间灌浆：

底座与基础间灌浆的体积为 $2.5m^3$，则其工程量为 $2.5m^3$。

7.3　电气设备安装工程

7.3.1　变压器安装

1. 油浸电力变压器（项目编码：030401001，计量单位：台）

（1）工程内容

油浸电力变压器的工程内容包括：本体安装，基础型钢制作、安装，本体安装，油过滤，干燥，接地，网门、保护门制作、安装，补刷（喷）油漆。

（2）项目特征

油浸电力变压器的项目特征包括：名称，型号，容量（kV·A），电压（kV），油过滤要求，干燥要求，基础型钢形式、规格，网门、保护门材质、规格，温控箱型号、规格。

（3）计算规则

按设计图示数量计算。

2. 干式变压器（项目编码：030401002，计量单位：台）

（1）工程内容

干式变压器的工程内容包括：本体安装，基础型钢制作、安装，温控箱安装，接地，网门、保护门制作、安装，补刷（喷）油漆。

（2）项目特征

干式变压器的项目特征包括：名称，型号，容量（kV·A），电压（kV），油过滤要求，干燥要求，基础型钢形式、规格，网门、保护门材质、规格，温控箱型号、规格。

（3）计算规则

按设计图示数量计算。

3. 整流变压器（项目编码：030401003，计量单位：台）

（1）工程内容

整流变压器的工程内容包括：本体安装，基础型钢制作、安装，油过滤，干燥，网门、保护门制作、安装，补刷（喷）油漆。

（2）项目特征

整流变压器的项目特征包括：名称，型号，容量（kV·A），电压（kV），油过滤要求，干燥要求，基础型钢形式、规格，网门、保护门材质、规格。

（3）计算规则

按设计图示数量计算。

4. 自耦变压器（项目编码：030401004，计量单位：台）

工程内容、项目特征、计算规则同整流变压器。

5. 有载调压变压器（项目编码：030401005，计量单位：台）

工程内容、项目特征、计算规则同整流变压器。

6. 电炉变压器（项目编码：030401006，计量单位：台）

（1）工程内容

电炉变压器的工程内容包括：本体安装，基础型钢制作、安装，网门、保护门制作、安装，补刷（喷）油漆。

（2）项目特征

电炉变压器的项目特征包括：名称，型号，容量（kV·A），电压（kV），基础型钢形式、规格，网门、保护门材质、规格。

（3）计算规则

按设计图示数量计算。

7. 消弧线圈（项目编码：030401007，计量单位：台）

（1）工程内容

消弧线圈的工程内容包括：本体安装，基础型钢制作、安装，油过滤，干燥，补刷（喷）油漆。

（2）项目特征

消弧线圈的项目特征包括：名称，型号，容量（kV·A），电压（kV），油过滤要求，干燥要求，基础型钢形式、规格。

（3）计算规则

按设计图示数量计算。

注：变压器油如需试验、化验、色谱分析应按《通用安装工程工程量计算规范》（GB 50856—2013）附录N措施项目相关项目编码列项。

7.3.2 配电装置安装

1. 油断路器（项目编码：030402001，计量单位：台）

（1）工程内容

油断路器的工程内容包括：本体安装、调试，基础型钢制作、安装，油过滤，补刷（喷）油漆，接地。

（2）项目特征

油断路器的项目特征包括：名称，型号，容量（A），电压等级（kV），安装条件，操作机构名称及型号，基础型钢规格，接线材质、规格，安装部位，油过滤要求。

（3）计算规则

按设计图示数量计算。

2. 真空断路器（项目编码：030402002，计量单位：台）

（1）工程内容

真空断路器的工程内容包括：本体安装、调试，基础型钢制作、安装，补刷（喷）油漆，接地。

（2）项目特征

真空断路器的项目特征包括：名称，型号，容量（A），电压等级（kV），安装条件，操作机构名称及型号，基础型钢规格，接线材质、规格，安装部位，油过滤要求。

（3）计算规则

按设计图示数量计算。

3. SF_6 断路器（项目编码：030402003，计量单位：台）

（1）工程内容

SF_6 断路器的工程内容包括：本体安装、调试，基础型钢制作、安装，补刷（喷）油漆，接地。

（2）项目特征

SF_6 断路器的项目特征包括：名称，型号，容量（A），电压等级（kV），安装条件，操作机构名称及型号，基础型钢规格，接线材质、规格，安装部位，油过滤要求。

（3）计算规则

按设计图示数量计算。

4. 空气断路器（项目编码：030402004，计量单位：台）

（1）工程内容

空气断路器的工程内容包括：本体安装、调试，基础型钢制作、安装，补刷（喷）油漆，接地。

（2）项目特征

空气断路器的项目特征包括：名称，型号，容量（A），电压等级（kV），安装条件，操作机构名称及型号，接线材质、规格，安装部位。

（3）计算规则

按设计图示数量计算。

5. 真空接触器（项目编码：030402005，计量单位：台）

（1）工程内容

真空接触器的工程内容包括：本体安装、调试，补刷（喷）油漆，接地。

（2）项目特征

真空接触器的项目特征包括：名称，型号，容量（A），电压等级（kV），安装条件，操作机构名称及型号，接线材质、规格，安装部位。

（3）计算规则

按设计图示数量计算。

6. 隔离开关（项目编码：030402006，计量单位：组）

（1）工程内容

隔离开关的工程内容包括：本体安装、调试，补刷（喷）油漆，接地。

（2）项目特征

隔离开关的项目特征包括：名称，型号，容量（A），电压等级（kV），安装条件，操作机构名称及型号，接线材质、规格，安装部位。

（3）计算规则

按设计图示数量计算。

7. 负荷开关（项目编码：030402007，计量单位：组）

（1）工程内容

负荷开关的工程内容包括：本体安装、调试，补刷（喷）油漆，接地。

（2）项目特征

负荷开关的项目特征包括：名称，型号，容量（A），电压等级（kV），安装条件，操作机构名称及型号，接线材质、规格，安装部位。

（3）计算规则

按设计图示数量计算。

8. 互感器（项目编码：030402008，计量单位：台）

（1）工程内容

互感器的工程内容包括：本体安装、调试，干燥，油过滤，接地。

（2）项目特征

互感器的项目特征包括：名称、型号、规格、类型、油过滤要求。

（3）计算规则

按设计图示数量计算。

9. 高压熔断器（项目编码：030402009，计量单位：组）

（1）工程内容

高压熔断器的工程内容包括：本体安装、调试，接地。

（2）项目特征

高压熔断器的项目特征包括：名称、型号、规格、安装部位。

（3）计算规则

按设计图示数量计算。

10. 避雷器（项目编码：030402010，计量单位：组）

（1）工程内容

避雷器的工程内容包括：本体安装、接地。

（2）项目特征

避雷器的项目特征包括：名称、型号、规格、电压等级、安装部位。

（3）计算规则

按设计图示数量计算。

11. 干式电抗器（项目编码：030402011，计量单位：组）

（1）工程内容

干式电抗器的工程内容包括：本体安装、干燥。

（2）项目特征

干式电抗器的项目特征包括：名称、型号、规格、质量、安装部位、干燥要求。

（3）计算规则

按设计图示数量计算。

12. 油浸电抗器（项目编码：030402012，计量单位：台）

（1）工程内容

油浸电抗器的工程内容包括：本体安装，油过滤，干燥。

（2）项目特征

油浸电抗器的项目特征包括：名称、型号、规格、容量（kV·A）、油过滤要求、干燥要求。

（3）计算规则

按设计图示数量计算。

13. 移相及串联电容器（项目编码：030402013，计量单位：个）

（1）工程内容

移相及串联电容器的工程内容包括：本体安装、接地。

（2）项目特征

移相及串联电容器的项目特征包括：名称、型号、规格、质量、安装部位。

（3）计算规则

按设计图示数量计算。

14. 集合式并联电容器（项目编码：030402014，计量单位：个）

（1）工程内容

集合式并联电容器的工程内容包括：本体安装、接地。

（2）项目特征

集合式并联电容器的项目特征包括：名称、型号、规格、质量、安装部位。

（3）计算规则

按设计图示数量计算。

15. 并联补偿电容器组架（项目编码：030402015，计量单位：台）

（1）工程内容

并联补偿电容器组架的工程内容包括：本体安装、接地。

（2）项目特征

并联补偿电容器组架的项目特征包括：名称、型号、规格、结构形式。

（3）计算规则

按设计图示数量计算。

16. 交流滤波装置组架（项目编码：030402016，计量单位：台）

（1）工程内容

交流滤波装置组架的工程内容包括：本体安装、接地。

（2）项目特征

交流滤波装置组架的项目特征包括：名称、型号、规格。

（3）计算规则

按设计图示数量计算。

17. 高压成套配电柜（项目编码：030402017，计量单位：台）

（1）工程内容

高压成套配电柜的工程内容包括：本体安装，基础型钢制作、安装，补刷（喷）油漆，接地。

（2）项目特征

高压成套配电柜的项目特征包括：名称，型号，规格，母线配置方式，种类，基础型钢形式、规格。

（3）计算规则

按设计图示数量计算。

18. 组合型成套箱式变电站（项目编码：030402018，计量单位：台）

（1）工程内容

组合型成套箱式变电站的工程内容包括：本体安装、基础浇筑、进箱母线安装、补刷（喷）油漆、接地。

（2）项目特征

组合型成套箱式变电站的项目特征包括：名称，型号，容量（kV·A），电压（kV），组合形式，基础规格、浇筑材质。

（3）计算规则

按设计图示数量计算。

注：1. 空气断路器的储气罐及储气罐至断路器的管路应按工业管道工程相关项目编码列项。

2. 干式电抗器项目适用于混凝土电抗器、铁芯干式电抗器、空心干式电抗器等。

3. 设备安装未包括地脚螺栓、浇注（二次灌浆、抹面），如需安装应按现行国家标准《房屋建筑与装饰工程工程量计算规范》（GB 50854—2013）相关项目编码列项。

7.3.3 母线安装

1. 软母线（项目编码：030403001，计量单位：m）

（1）工程内容

软母线的工程内容包括：母线安装、绝缘子耐压试验、跳线安装、绝缘子安装。

（2）项目特征

软母线的项目特征包括：名称，材质，型号，规格，绝缘子类型、规格。

（3）计算规则

按设计图示尺寸以单相长度计算（含预留长度）。

2. 组合软母线（项目编码：030403002，计量单位：m）

（1）工程内容

组合软母线的工程内容包括：母线安装、绝缘子耐压试验、跳线安装、绝缘子安装。

（2）项目特征

组合软母线的项目特征包括：名称，材质，型号，规格，绝缘子类型、规格。

（3）计算规则

按设计图示尺寸以单相长度计算（含预留长度）。

3. 带形母线（项目编码：030403003，计量单位：m）

（1）工程内容

带形母线的工程内容包括：母线安装，穿通板制作、安装，支持绝缘子、穿墙套管的耐压试验、安装，引下线安装，伸缩节安装，过渡板安装，刷分相漆。

（2）项目特征

带形母线的项目特征包括：名称，型号，规格，材质，绝缘子类型、规格，穿墙套管材质、规格，穿通板材质、规格，母线桥材质、规格，引下线材质、规格，伸缩节、过渡板材质、规格，分相漆品种。

（3）计算规则

按设计图示尺寸以单相长度计算（含预留长度）。

4. 槽形母线（项目编码：030403004，计量单位：m）

（1）工程内容

槽形母线的工程内容包括：母线制作、安装，与发电机、变压器连接，与断路器、隔离开关连接，刷分相漆。

（2）项目特征

槽形母线的项目特征包括：名称，型号，规格，材质，连接设备名称、规格，分相漆品种。

（3）计算规则

按设计图示尺寸以单相长度计算（含预留长度）。

5. 共箱母线（项目编码：030403005，计量单位：m）

（1）工程内容

共箱母线的工程内容包括：母线安装、补刷（喷）油漆。

（2）项目特征

共箱母线的项目特征包括：名称、型号、规格、材质。

（3）计算规则

按设计图示尺寸以中心线长度计算。

6. 低压封闭式插接母线槽（项目编码：030403006，计量单位：m）

（1）工程内容

低压封闭式插接母线槽的工程内容包括：母线安装、补刷（喷）油漆。

（2）项目特征

低压封闭式插接母线槽的项目特征包括：名称、型号、规格、容量（A）、线制、安装部位。

（3）计算规则

按设计图示尺寸以中心线长度计算。

7. 始端箱、分线箱（项目编码：030403007，计量单位：台）

（1）工程内容

始端箱、分线箱的工程内容包括：本体安装、补刷（喷）油漆。

（2）项目特征

始端箱、分线箱的项目特征包括：名称、型号、规格、容量（A）。

（3）计算规则

按设计图示数量计算。

8. 重型母线（项目编码：030403008，计量单位：t）

（1）工程内容

重型母线的工程内容包括：母线制作、安装，伸缩器及导板制作、安装，支承绝缘子安装，补刷（喷）油漆。

（2）项目特征

重型母线的项目特征包括：名称，型号，规格，容量（A），材质，绝缘子类型、规格，伸缩器及导板规格。

（3）计算规则

按设计图示尺寸以质量计算。

7.3.4 控制设备及低压电器安装

1. 控制屏（项目编码：030404001，计量单位：台）

（1）工程内容

控制屏的工程内容包括：本体安装，基础型钢制作、安装，端子板安装，焊、压接线端子，盘柜配线、端子接线，小母线安装，屏边安装，补刷（喷）油漆，接地。

（2）项目特征

控制屏的项目特征包括：名称，型号，规格，种类，基础型钢形式、规格，接线端子材质、规格，端子板外部接线材质、规格，小母线材质、规格，屏边规格。

（3）计算规则

按设计图示数量计算。

2. 继电、信号屏（项目编码：030404002，计量单位：台）

工程内容、项目特征、计算规则同控制屏。

3. 模拟屏（项目编码：030404003，计量单位：台）

工程内容、项目特征、计算规则同控制屏。

4. 低压开关柜（屏）（项目编码：030404004，计量单位：台）

（1）工程内容

低压开关柜的工程内容包括：本体安装，基础型钢制作、安装，端子板安装，焊、压接线端子，盘柜配线、端子接线，屏边安装，补刷（喷）油漆，接地。

（2）项目特征

低压开关柜的项目特征包括：名称，型号，规格，种类，基础型钢形式、规格，接线端子材质、规格，端子板外部接线材质、规格，小母线材质、规格，屏边规格。

（3）计算规则

按设计图示数量计算。

5. 弱电控制返回屏（项目编码：030404005，计量单位：台）

（1）工程内容

弱电控制返回屏的工程内容包括：本体安装，基础型钢制作、安装，端子板安装，焊、压接线端子，盘柜配线、端子接线，小母线安装，屏边安装，补刷（喷）油漆，接地。

（2）项目特征

弱电控制返回屏的项目特征包括：名称，型号，规格，种类，基础型钢形式、规格，接线端子材质、规格，端子板外部接线材质、规格，小母线材质、规格，屏边规格。

（3）计算规则

按设计图示数量计算。

6. 箱式配电室（项目编码：030404006，计量单位：套）

（1）工程内容

箱式配电室的工程内容包括：本体安装，基础型钢制作、安装，基础浇筑，补刷（喷）油漆，接地。

（2）项目特征

箱式配电室的项目特征包括：名称，型号，规格，质量，基础规格、浇筑材质，基础型钢形式、规格。

（3）计算规则

按设计图示数量计算。

7. 硅整流柜（项目编码：030404007，计量单位：台）

（1）工程内容

硅整流柜的工程内容包括：本体安装，基础型钢制作、安装，补刷（喷）油漆，接地。

（2）项目特征

硅整流柜的项目特征包括：名称，型号，规格，容量（A），基础型钢形式、规格。

（3）计算规则

按设计图示数量计算。

8. 可控硅柜（项目编码：030404008，计量单位：台）

（1）工程内容

可控硅柜的工程内容包括：本体安装，基础型钢制作、安装，补刷（喷）油漆，接地。

（2）项目特征

可控硅柜的项目特征包括：名称，型号，规格，容量（kW），基础型钢形式、规格。

（3）计算规则

按设计图示数量计算。

9. 低压电容器柜（项目编码：030404009，计量单位：台）

（1）工程内容

低压电容器柜的工程内容包括：本体安装，基础型钢制作、安装，端子板安装，焊、压接线端子，盘柜配线、端子接线，小母线安装，屏边安装，补刷（喷）油漆，接地。

（2）项目特征

低压电容器柜的项目特征包括：名称，型号，规格，基础型钢形式、规格，接线端子材质、规格，端子板外部接线材质、规格，小母线材质、规格，屏边规格。

（3）计算规则

按设计图示数量计算。

10. 自动调节励磁屏（项目编码：030404010，计量单位：台）

工程内容、项目特征、计算规则同低压电容器柜。

11. 励磁灭磁屏（项目编码：030404011，计量单位：台）

工程内容、项目特征、计算规则同低压电容器柜。

12. 蓄电池屏（柜）（项目编码：030404012，计量单位：台）

工程内容、项目特征、计算规则同低压电容器柜。

13. 直流馈电屏（项目编码：030404013，计量单位：台）

工程内容、项目特征、计算规则同低压电容器柜。

14. 事故照明切换屏（项目编码：030404014，计量单位：台）

工程内容、项目特征、计算规则同低压电容器柜。

15. 控制台（项目编码：030404015，计量单位：台）

（1）工程内容

控制台的工程内容包括：本体安装，基础型钢制作、安装，端子板安装，焊、压接线端子，盘柜配线、端子接线，小母线安装，补刷（喷）油漆，接地。

（2）项目特征

控制台的项目特征包括：名称，型号，规格，基础型钢形式、规格，接线端子材质、规格，端子板外部接线材质、规格，小母线材质、规格。

（3）计算规则

按设计图示数量计算。

16. 控制箱（项目编码：030404016，计量单位：台）

（1）工程内容

控制箱的工程内容包括：本体安装，基础型钢制作、安装，焊、压接线端子，补刷（喷）油漆，接地。

（2）项目特征

控制箱的项目特征包括：名称，型号，规格，基础型钢形式、规格，接线端子材质、规格，端子板外部接线材质、规格，安装方式。

（3）计算规则

按设计图示数量计算。

17. 配电箱（项目编码：030404017，计量单位：台）

（1）工程内容

配电箱的工程内容包括：本体安装，基础型钢制作、安装，焊、压接线端子，补刷（喷）油漆，接地。

（2）项目特征

配电箱的项目特征包括：名称，型号，规格，基础型钢形式、规格，接线端子材质、规格，端子板外部接线材质、规格，安装方式。

（3）计算规则

按设计图示数量计算。

18. 插座箱（项目编码：030404018，计量单位：台）

（1）工程内容

插座箱的工程内容包括：本体安装、接地。

（2）项目特征

插座箱的项目特征包括：名称、型号、规格、安装方式。

（3）计算规则

按设计图示数量计算。

19. 控制开关（项目编码：030404019，计量单位：个）

（1）工程内容

控制开关的工程内容包括：本体安装，焊、压接线端子，接线。

（2）项目特征

控制开关的项目特征包括：名称，型号，规格，接线端子材质、规格，额定电流（A）。

（3）计算规则

按设计图示数量计算。

20. 低压熔断器（项目编码：030404020，计量单位：个）

（1）工程内容

低压熔断器的工程内容包括：本体安装，焊、压接线端子，接线。

（2）项目特征

低压熔断器的项目特征包括：名称，型号，规格，接线端子材质、规格。

（3）计算规则

按设计图示数量计算。

21. 限位开关（项目编码：030404021，计量单位：个）

工程内容、项目特征、计算规则同低压熔断器。

22. 控制器（项目编码：030404022，计量单位：台）

工程内容、项目特征、计算规则同低压熔断器。

23. 接触器（项目编码：030404023，计量单位：台）

工程内容、项目特征、计算规则同低压熔断器。

24. 磁力启动器（项目编码：030404024，计量单位：台）

工程内容、项目特征、计算规则同低压熔断器。

25. Y-△自耦减压启动器（项目编码：030404025，计量单位：台）

工程内容、项目特征、计算规则同低压熔断器。

26. 电磁铁（电磁制动器）（项目编码：030404026，计量单位：台）

工程内容、项目特征、计算规则同低压熔断器。

27. 快速自动开关（项目编码：030404027，计量单位：台）

工程内容、项目特征、计算规则同低压熔断器。

28. 电阻器（项目编码：030404028，计量单位：箱）

工程内容、项目特征、计算规则同低压熔断器。

29. 油浸频敏变阻器（项目编码：030404029，计量单位：台）

工程内容、项目特征、计算规则同低压熔断器。

30. 分流器（项目编码：030404030，计量单位：个）

（1）工程内容

分流器的工程内容包括：本体安装，焊、压接线端子，接线。

（2）项目特征

分流器的项目特征包括：名称，型号，规格，容量（A），接线端子材质、规格。

（3）计算规则

按设计图示数量计算。

31. 小电器（项目编码：030404031，计量单位：个/套/台）

（1）工程内容

小电器的工程内容包括：本体安装，焊、压接线端子，接线。

（2）项目特征

小电器的项目特征包括：名称，型号，规格，接线端子材质、规格。

（3）计算规则

按设计图示数量计算。

32. 端子箱（项目编码：030404032，计量单位：台）

（1）工程内容

端子箱的工程内容包括：本体安装、接线。

（2）项目特征

端子箱的项目特征包括：名称、型号、规格、安装部位。

（3）计算规则

按设计图示数量计算。

33. 风扇（项目编码：030404033，计量单位：台）

（1）工程内容

风扇的工程内容包括：本体安装、调速开关安装。

（2）项目特征

风扇的项目特征包括：名称、型号、规格、安装方式。

（3）计算规则

按设计图示数量计算。

34. 照明开关（项目编码：030404034，计量单位：个）

（1）工程内容

照明开关的工程内容包括：本体安装、接线。

（2）项目特征

照明开关的项目特征包括：名称、材质、规格、安装方式。

（3）计算规则

按设计图示数量计算。

35. 插座（项目编码：030404035，计量单位：个）

（1）工程内容

插座的工程内容包括：本体安装、接线。

（2）项目特征

插座的项目特征包括：名称、材质、规格、安装方式。

（3）计算规则

按设计图示数量计算。

36. 其他电器（项目编码：030404036，计量单位：个/套/台）

（1）工程内容

其他电器的工程内容包括：安装、接线。

（2）项目特征

其他电器的项目特征包括：名称、规格、安装方式。

（3）计算规则

按设计图示数量计算。

注：1. 控制开关包括：自动空气开关、刀型开关、铁壳开关、胶盖刀闸开关、组合控制开关、万能转换开关、风机盘管三速开关、漏电保护开关等。

2. 小电器包括：按钮、电笛、电铃、水位电气信号装置、测量表针、继电器、电磁锁、屏上辅助设备、辅助电压互感器、小型安全变压器等。

3. 其他电器安装指：本节未列的电器项目。

4. 其他电器必须根据电器实际名称确定项目名称，明确描述工作内容、项目特征、计量单位、计算规则。

7.3.5 蓄电池安装

1. 蓄电池（项目编码：030405001，计量单位：个/组件）

（1）工程内容

蓄电池的工程内容包括：本体安装、防震支架安装、充放电。

（2）项目特征

蓄电池的项目特征包括：名称，型号，容量（A·h），防震支架形式、材质，充放电要求。

（3）计算规则

按设计图示数量计算。

2. 太阳能电池（项目编码：030405002，计量单位：组）

（1）工程内容

太阳能电池的工程内容包括：安装、电池方阵铁架安装、联调。

（2）项目特征

太阳能电池的项目特征包括：名称、型号、规格、容量、安装方式。

（3）计算规则

按设计图示数量计算。

7.3.6 电机检查接线及调试

1. 发电机（项目编码：030406001，计量单位：台）

（1）工程内容

发电机的工程内容包括：检查接线、接地、干燥、调试。

（2）项目特征

发电机的项目特征包括：名称，型号，容量（kW），接线端子材质、规格，干燥要求。

（3）计算规则

按设计图示数量计算。

2. 调相机（项目编码：030406002，计量单位：台）

（1）工程内容

调相机的工程内容包括：检查接线、接地、干燥、调试。

（2）项目特征

调相机的项目特征包括：名称，型号，容量（kW），接线端子材质、规格，干燥要求。

（3）计算规则

按设计图示数量计算。

3. 普通小型直流电动机（项目编码：030406003，计量单位：台）

（1）工程内容

普通小型直流电动机的工程内容包括：检查接线、接地、干燥、调试。

（2）项目特征

普通小型直流电动机的项目特征包括：名称，型号，容量（kW），接线端子材质、规格，干燥要求。

（3）计算规则

按设计图示数量计算。

4. 可控硅调速直流电动机（项目编码：030406004，计量单位：台）

（1）工程内容

可控硅调速直流电动机的工程内容包括：检查接线、接地、干燥、调试。

（2）项目特征

可控硅调速直流电动机的项目特征包括：名称、型号，容量（kW），类型，接线端子材质、规格，干燥要求。

（3）计算规则

按设计图示数量计算。

5. 普通交流同步电动机（项目编码：030406005，计量单位：台）

（1）工程内容

普通交流同步电动机的工程内容包括：检查接线、接地、干燥、调试。

（2）项目特征

普通交流同步电动机的项目特征包括：名称、型号，容量（kW），启动方式，电压等级（kV），接线端子材质、规格，干燥要求。

（3）计算规则

按设计图示数量计算。

6. 低压交流异步电动机（项目编码：030406006，计量单位：台）

（1）工程内容

低压交流异步电动机的工程内容包括：检查接线、接地、干燥、调试。

（2）项目特征

低压交流异步电动机的项目特征包括：名称、型号，容量（kW），控制保护方式，接线端子材质、规格，干燥要求。

（3）计算规则

按设计图示数量计算。

7. 高压交流异步电动机（项目编码：030406007，计量单位：台）

（1）工程内容

高压交流异步电动机的工程内容包括：检查接线、接地、干燥、调试。

（2）项目特征

高压交流异步电动机的项目特征包括：名称、型号，容量（kW），保护类别，接线端子材质、规格，干燥要求。

（3）计算规则

按设计图示数量计算。

8. 交流变频调速电动机（项目编码：030406008，计量单位：台）

（1）工程内容

交流变频调速电动机的工程内容包括：检查接线、接地、干燥、调试。

（2）项目特征

交流变频调速电动机的项目特征包括：名称、型号，容量（kW），类别，接线端子材质、规格，干燥要求。

（3）计算规则

按设计图示数量计算。

9. 微型电机、电加热器（项目编码：030406009，计量单位：台）

（1）工程内容

微型电机、电加热器的工程内容包括：检查接线、接地、干燥、调试。

（2）项目特征

微型电机、电加热器的项目特征包括：名称、型号，规格，接线端子材质、规格，干燥要求。

（3）计算规则

按设计图示数量计算。

10. 电动机组（项目编码：030406010，计量单位：组）

（1）工程内容

电动机组的工程内容包括：检查接线、接地、干燥、调试。

（2）项目特征

电动机组的项目特征包括：名称、型号，电动机台数，联锁台数，接线端子材质、规格，干燥要求。

（3）计算规则

按设计图示数量计算。

11. 备用励磁机组（项目编码：030406011，计量单位：组）

（1）工程内容

备用励磁机组的工程内容包括：检查接线、接地、干燥、调试。

（2）项目特征

备用励磁机组的项目特征包括：名称，型号，接线端子材质、规格，干燥要求。

（3）计算规则

按设计图示数量计算。

12. 励磁电阻器（项目编码：030406012，计量单位：台）

（1）工程内容

励磁电阻器的工程内容包括：本体安装、检查接线、干燥。

（2）项目特征

励磁电阻器的项目特征包括：名称，型号，规格，接线端子材质、规格，干燥要求。

（3）计算规则

按设计图示数量计算。

注：1. 可控硅调速直流电动机类型指一般可控硅调速直流电动机、全数字式控制可控硅调速直流电动机。

2. 交流变频调速电动机类型指交流同步变频电动机、交流异步变频电动机。

3. 电动机按其质量划分为大、中、小型：3t 以下为小型，3t～30t 为中型，30t 以上为大型。

7.3.7 滑触线装置安装

滑触线（项目编码：030407001，计量单位：m）

（1）工程内容

滑触线的工程内容包括：滑触线安装，滑触线支架制作、安装，拉紧装置及挂式支持器制作、安装，移动软电缆安装，伸缩接头制作、安装。

（2）项目特征

滑触线的项目特征包括：名称，型号，规格，材质，支架形式、材质，移动软电缆材质、规格、安装部位，拉紧装置类型，伸缩接头材质、规格。

（3）计算规则

按设计图示尺寸以单相长度计算（含预留长度）。

注：支架基础铁件及螺栓是否浇注需说明。

7.3.8 电缆安装

1. 电力电缆（项目编码：030408001，计量单位：m）

（1）工程内容

电力电缆的工程内容包括：电缆敷设、揭（盖）盖板。

（2）项目特征

电力电缆的项目特征包括：名称，型号，规格，材质，敷设方式、部位，电压等级（kV），地形。

（3）计算规则

按设计图示尺寸以长度计算（含预留长度及附加长度）。

2. 控制电缆（项目编码：030408002，计量单位：m）

（1）工程内容

控制电缆的工程内容包括：电缆敷设、揭（盖）盖板。

（2）项目特征

控制电缆的项目特征包括：名称，型号，规格，材质，敷设方式、部位，电压等级（kV），地形。

（3）计算规则

按设计图示尺寸以长度计算（含预留长度及附加长度）。

3. 电缆保护管（项目编码：030408003，计量单位：m）

（1）工程内容

控制电缆的工程内容包括：保护管敷设。

（2）项目特征

控制电缆的项目特征包括：名称、材质、规格、敷设方式。

（3）计算规则

按设计图示尺寸以长度计算。

4. 电缆槽盒（项目编码：030408004，计量单位：m）

（1）工程内容

电缆槽盒的工程内容包括：槽盒安装。

（2）项目特征

电缆槽盒的项目特征包括：名称、材质、规格、型号。

（3）计算规则

按设计图示尺寸以长度计算。

5. 铺砂、盖保护板（砖）（项目编码：030408005，计量单位：m）

（1）工程内容

铺砂、盖保护板（砖）的工程内容包括：铺砂、盖板（砖）。

（2）项目特征

铺砂、盖保护板（砖）的项目特征包括：种类、规格。

（3）计算规则

按设计图示尺寸以长度计算。

6. 电力电缆头（项目编码：030408006，计量单位：个）

（1）工程内容

电力电缆头的工程内容包括：电力电缆头制作、电力电缆头安装、接地。

（2）项目特征

电力电缆头的项目特征包括：名称，型号，规格，材质、类型，安装部位，电压等级（kV）。

（3）计算规则

按设计图示数量计算。

7. 控制电缆头（项目编码：030408007，计量单位：个）

（1）工程内容

控制电缆头的工程内容包括：电力电缆头制作、电力电缆头安装、接地。

（2）项目特征

控制电缆头的项目特征包括：名称，型号，规格，材质、类型，安装方式。

（3）计算规则

按设计图示数量计算。

8. 防火堵洞（项目编码：030408008，计量单位：处）

（1）工程内容

防火堵洞的工程内容包括：安装。

（2）项目特征

防火堵洞的项目特征包括：名称、材质、方式、部位。

（3）计算规则

按设计图示数量计算。

9. 防火隔板（项目编码：030408009，计量单位：m^2）

（1）工程内容

防火隔板的工程内容包括：安装。

（2）项目特征

防火隔板的项目特征包括：名称、材质、方式、部位。

（3）计算规则

按设计图示尺寸以面积计算。

10. 防火涂料（项目编码：030408010，计量单位：kg）

（1）工程内容

防火涂料的工程内容包括：安装。

（2）项目特征

防火涂料的项目特征包括：名称、材质、方式、部位。

（3）计算规则

按设计图示尺寸以质量计算。

11. 电缆分支箱（项目编码：030408011，计量单位：台）

（1）工程内容

电缆分支箱的工程内容包括：本体安装，基础制作、安装。

（2）项目特征

电缆分支箱的项目特征包括：名称，型号，规格，基础形式、材质、规格。

（3）计算规则

按设计图示数量计算。

注：1. 电缆穿刺线夹按电缆头编码列项。
　　2. 电缆井、电缆排管、顶管，应按现行国家标准《市政工程工程量计算规范》（GB 50857—2013）
　　　相关项目编码列项。

7.3.9　防雷及接地装置

1. 接地极（项目编码：030409001，计量单位：根/块）

（1）工程内容

接地极的工程内容包括：接地极（板、桩）制作、安装，基础接地网安装。

（2）项目特征

接地极的项目特征包括：名称、材质、规格、土质、基础接地形式。

（3）计算规则

按设计图示数量计算。

2. 接地母线（项目编码：030409002，计量单位：m）

（1）工程内容

接地母线的工程内容包括：接地母线制作、安装，补刷（喷）油漆。

（2）项目特征

接地母线的项目特征包括：名称、材质、规格、安装部位、安装形式。

（3）计算规则

按设计图示尺寸以长度计算（含附加长度）。

3. 避雷引下线（项目编码：030409003，计量单位：m）

（1）工程内容

避雷引下线的工程内容包括：避雷引下线制作、安装，断接卡子、箱制作、安装，利用主钢筋焊接，补刷（喷）油漆。

（2）项目特征

避雷引下线的项目特征包括：名称，材质，规格，安装部位，安装形式，断接卡子、箱材质、规格。

（3）计算规则

按设计图示尺寸以长度计算（含附加长度）。

4. 均压环（项目编码：030409004，计量单位：m）

（1）工程内容

均压环的工程内容包括：均压环敷设、钢铝窗接地、柱主筋与圈梁焊接、利用圈梁钢筋焊接、补刷（喷）油漆。

（2）项目特征

均压环的项目特征包括：名称、材质、规格、安装形式。

（3）计算规则

按设计图示尺寸以长度计算（含附加长度）。

5. 避雷网（项目编码：030409005，计量单位：m）

（1）工程内容

避雷网的工程内容包括：避雷网制作、安装，跨接，混凝土块制作，补刷（喷）油漆。

（2）项目特征

避雷网的项目特征包括：名称、材质、规格、安装形式、混凝土块强度等级。

（3）计算规则

按设计图示尺寸以长度计算（含附加长度）。

6. 避雷针（项目编码：030409006，计量单位：根）

（1）工程内容

避雷针的工程内容包括：避雷针制作、安装，跨接，补刷（喷）油漆。

（2）项目特征

避雷针的项目特征包括：名称，材质，规格，安装形式、高度。

（3）计算规则

按设计图示数量计算。

7. 半导体少长针消雷装置（项目编码：030409007，计量单位：套）

（1）工程内容

半导体少长针消雷装置的工程内容包括：本体安装。

（2）项目特征

半导体少长针消雷装置的项目特征包括：型号、高度。

（3）计算规则

按设计图示数量计算。

8. 等电位端子箱、测试板（项目编码：030409008，计量单位：台/块）

（1）工程内容

等电位端子箱、测试板的工程内容包括：本体安装。

（2）项目特征

等电位端子箱、测试板的项目特征包括：名称、材质、规格。

（3）计算规则

按设计图示数量计算。

9. 绝缘垫（项目编码：030409009，计量单位：m²）

（1）工程内容

绝缘垫的工程内容包括：制作、安装。

（2）项目特征

绝缘垫的项目特征包括：名称、材质、规格。

（3）计算规则

按设计图示尺寸以展开面积计算。

10. 浪涌保护器（项目编码：030409010，计量单位：个）

（1）工程内容

浪涌保护器的工程内容包括：本体安装、接线、接地。

（2）项目特征

浪涌保护器的项目特征包括：名称、规格、安装形式、防雷等级。

（3）计算规则

按设计图示数量计算。

11. 降阻剂（项目编码：030409011，计量单位：kg）

（1）工程内容

降阻剂的工程内容包括：挖土、施放降阻剂、回填土、运输。

（2）项目特征

降阻剂的项目特征包括：名称、类型。

（3）计算规则

按设计图示以质量计算。

注：1. 利用桩基础作接地极，应描述桩台下桩的根数，每桩台下需焊接柱筋根数，其工程量按柱引下线计算；利用基础钢筋作接地极按均压环项目编码列项。

2. 利用柱筋作引下线的，需描述柱筋焊接根数。

3. 利用圈梁筋作均压环的，需描述圈梁筋焊接根数。

4. 使用电缆、电线作接地极，应按电缆安装、照明器具安装相关项目编码列项。

7.3.10　10kV 以下架空配电线路

1. 电杆组立（项目编码：030410001，计量单位：根/基）

（1）工程内容

电杆组立的工程内容包括：施工定位，电杆组立，土（石）方挖填，底盘、拉盘、卡盘安装，电杆防腐，拉线制作、安装，现浇基础、基础垫层，工地运输。

（2）项目特征

电杆组立的项目特征包括：名称，材质，规格，类型，地形，土质，底盘、拉盘、卡盘规格，拉线材质、规格、类型，现浇基础类型、钢筋类型、规格，基础垫层要求，电杆防腐要求。

（3）计算规则

按设计图示数量计算。

2. 横担组装（项目编码：030410002，计量单位：组）

（1）工程内容

横担组装的工程内容包括：横担安装，瓷瓶、金具组装。

（2）项目特征

横担组装的项目特征包括：名称，材质，规格，类型，电压等级（kV），瓷瓶型号、规格，金具品种规格。

（3）计算规则

按设计图示数量计算。

3. 导线架设（项目编码：030410003，计量单位：km）

（1）工程内容

导线架设的工程内容包括：导线架设、导线跨越及进户线架设、工地运输。

（2）项目特征

导线架设的项目特征包括：名称、型号、规格、地形、跨越类型。

（3）计算规则

按设计图示尺寸以单线长度计算（含预留长度）。

4. 杆上设备（项目编码：030410004，计量单位：台/组）

（1）工程内容

杆上设备的工程内容包括：支撑架安装，本体安装，焊压接线端子、接线，补刷（喷）油漆，接地。

（2）项目特征

杆上设备的项目特征包括：名称，型号，规格，电压等级（kV），支撑架种类、规格，接线端子材质、规格，接地要求。

（3）计算规则

按设计图示数量计算。

注：杆上设备调试，应按电气调整试验相关项目编码列项。

7.3.11 配管、配线

1. 配管（项目编码：030411001，计量单位：m）

（1）工程内容

配管的工程内容包括：电线管路敷设、钢索架设（拉紧装置安装）、预留沟槽、接地。

（2）项目特征

配管的项目特征包括：名称，材质，规格，配置形式，接地要求，钢索材质、规格。

（3）计算规则

按设计图示尺寸以长度计算。

2. 线槽（项目编码：030411002，计量单位：m）

（1）工程内容

线槽的工程内容包括：本体安装、补刷（喷）油漆。

（2）项目特征

线槽的项目特征包括：名称、材质、规格。

（3）计算规则

按设计图示尺寸以长度计算。

3. 桥架（项目编码：030411003，计量单位：m）

（1）工程内容

桥架的工程内容包括：本体安装、接地。

（2）项目特征

桥架的项目特征包括：名称、型号、规格、材质、类型、接地方式。

（3）计算规则

按设计图示尺寸以长度计算。

4. 配线（项目编码：030411004，计量单位：m）

（1）工程内容

配线的工程内容包括：配线，钢索架设（拉紧装置安装），支持体（夹板、绝缘子、槽板等）安装。

（2）项目特征

配线的项目特征包括：名称，配线形式，型号，规格，材质，配线部位，配线线制，钢索材质、规格。

（3）计算规则

按设计图示尺寸以单线长度计算（含预留长度）。

5. 接线箱（项目编码：030411005，计量单位：个）

（1）工程内容

接线箱的工程内容包括：本体安装。

（2）项目特征

接线箱的项目特征包括：名称、材质、规格、安装形式。

（3）计算规则

按设计图示数量计算计算。

6. 接线盒（项目编码：030411006，计量单位：个）

（1）工程内容

接线盒的工程内容包括：本体安装。

（2）项目特征

接线盒的项目特征包括：名称、材质、规格、安装形式。

（3）计算规则

按设计图示数量计算计算。

注：1. 配管、线槽安装不扣除管路中间的接线箱（盒）、灯头盒、开关盒所占长度。

2. 配管名称指电线管、钢管、防爆管、塑料管、软管、波纹管等。

3. 配管配置形式指明配、暗配、吊顶内、钢结构支架、钢索配管、埋地敷设、水下敷设、砌筑沟内敷设等。

4. 配线名称指管内穿线、瓷夹板配线、塑料夹板配线、绝缘子配线、槽板配线、塑料护套配线、线槽配线、车间带形母线等。

5. 配线形式指照明线路，动力线路，木结构，顶棚内，砖、混凝土结构，沿支架、钢索、屋架、梁、柱、墙，以及跨屋架、梁、柱。

6. 配线保护管遇到下列情况之一时，应增设管路接线盒和拉线盒：（1）管长度每超过30m，无弯曲；（2）管长度每超过20m，有1个弯曲；（3）管长度每超过15m，有2个弯曲；（4）管长度每超过8m，有3个弯曲。垂直敷设的电线保护管遇到下列情况之一时，应增设固定导线用的拉线盒：（1）管内导线截面为50mm^{2}及以下，长度每超过30m；（2）管内导线截面为70~95mm^2，长度每超过20m；（3）管内导线截面为120～240mm^2，长度每超过18m。在配管清单项目计量时，设计无要求时上述规定可以作为计量接线盒、拉线盒的依据。

7. 配管安装中不包括凿槽、刨沟，应按附属工程相关项目编码列项。

7.3.12 照明器具安装

1. 普通灯具（项目编码：030412001，计量单位：套）

（1）工程内容

普通灯具的工程内容包括：本体安装。

（2）项目特征

普通灯具的项目特征包括：名称、型号、规格、类型。

（3）计算规则

按设计图示数量计算。

2. 工厂灯（项目编码：030412002，计量单位：套）

（1）工程内容

工厂灯的工程内容包括：本体安装。

（2）项目特征

工厂灯的项目特征包括：名称、型号、规格、安装形式。

（3）计算规则

按设计图示数量计算。

3. 高度标志（障碍）灯（项目编码：030412003，计量单位：套）

（1）工程内容

高度标志（障碍）灯的工程内容包括：本体安装。

（2）项目特征

高度标志（障碍）灯的项目特征包括：名称、型号、规格、安装部位、安装高度。

（3）计算规则

按设计图示数量计算。

4. 装饰灯（项目编码：030412004，计量单位：套）

（1）工程内容

装饰灯的工程内容包括：本体安装。

（2）项目特征

装饰灯的项目特征包括：名称、型号、规格、安装形式。

（3）计算规则

按设计图示数量计算。

5. 荧光灯（项目编码：030412005，计量单位：套）

（1）工程内容

荧光灯的工程内容包括：本体安装。

（2）项目特征

荧光灯的项目特征包括：名称、型号、规格、安装形式。

（3）计算规则

按设计图示数量计算。

6. 医疗专用灯（项目编码：030412006，计量单位：套）

（1）工程内容

医疗专用灯的工程内容包括：本体安装。

（2）项目特征

医疗专用灯的项目特征包括：名称、型号、规格。

（3）计算规则

按设计图示数量计算。

7. 一般路灯（项目编码：030412007，计量单位：套）

（1）工程内容

一般路灯的工程内容包括：基础制作、安装，立灯杆，杆座安装，灯架及灯具附件安装，焊、压接线端子，补刷（喷）油漆，灯杆编号，接地。

（2）项目特征

一般路灯的项目特征包括：名称，型号，规格，灯杆材质、规格，灯架形式及臂长，附件配置要求，灯杆形式（单、双），基础形式、砂浆配合比，杆座材质、规格，接线端子材质、规格，编号，接地要求。

（3）计算规则

按设计图示数量计算。

8. 中杆灯（项目编码：030412008，计量单位：套）

（1）工程内容

中杆灯的工程内容包括：基础浇筑，立灯杆，杆座安装，灯架及灯具附件安装，焊、压接线端子，铁构件安装，补刷（喷）油漆，灯杆编号，接地。

（2）项目特征

中杆灯的项目特征包括：名称，灯杆的材质及高度，灯架的型号、规格，附件配置，光源数量，基础形式、浇筑材质，杆座材质、规格，接线端子材质、规格，铁构件规格，编号，灌浆配合比，接地要求。

（3）计算规则

按设计图示数量计算。

9. 高杆灯（项目编码：030412009，计量单位：套）

（1）工程内容

高杆灯的工程内容包括：基础浇筑，立灯杆，杆座安装，灯架及灯具附件安装，焊、压接线端子，铁构件安装，补刷（喷）油漆，灯杆编号，升降机构接线调试，接地。

（2）项目特征

高杆灯的项目特征包括：名称，灯杆高度，灯架形式（成套或组装、固定或升降），附件配置，光源数量，基础形式、浇筑材质，杆座材质、规格，接线端子材质、规格，铁构件规格，编号，灌浆配合比，接地要求。

（3）计算规则

按设计图示数量计算。

10. 桥栏杆灯（项目编码：030412010，计量单位：套）

（1）工程内容

桥栏杆灯的工程内容包括：灯具安装、补刷（喷）油漆。

（2）项目特征

桥栏杆灯的项目特征包括：名称、型号、规格、安装形式。

（3）计算规则

按设计图示数量计算。

11．地道涵洞灯（项目编码：030412011，计量单位：套）

（1）工程内容

地道涵洞灯的工程内容包括：灯具安装、补刷（喷）油漆。

（2）项目特征

地道涵洞灯的项目特征包括：名称、型号、规格、安装形式。

（3）计算规则

按设计图示数量计算。

注：1. 普通灯具包括圆球吸顶灯、半圆球吸顶灯、方形吸顶灯、软线吊灯、座灯头、吊链灯、防水吊灯、壁灯等。

2. 工厂灯包括工厂罩灯、防水灯、防尘灯、碘钨灯、投光灯、泛光灯、混光灯、密闭灯等。

3. 高度标志（障碍）灯包括烟囱标志灯、高塔标志灯、高层建筑屋顶障碍指示灯等。

4. 装饰灯包括吊式艺术装饰灯、吸顶式艺术装饰灯、荧光艺术装饰灯、几何型组合艺术装饰灯、标志灯、诱导装饰灯、水下（上）艺术装饰灯、点光源艺术灯、歌舞厅灯具、草坪灯具等。

5. 医疗专用灯包括病房指示灯、病房暗脚灯、紫外线杀菌灯、无影灯等。

6. 中杆灯是指安装在高度小于或等于 19m 的灯杆上的照明器具。

7. 高杆灯是指安装在高度大于 19m 的灯杆上的照明器具。

7.3.13　附属工程

1．铁构件（项目编码：030413001，计量单位：kg）

（1）工程内容

铁构件的工程内容包括：制作、安装、补刷（喷）油漆。

（2）项目特征

铁构件的项目特征包括：名称、材质、规格。

（3）计算规则

按设计图示尺寸以质量计算。

2．凿（压）槽（项目编码：030413002，计量单位：m）

（1）工程内容

凿（压）槽的工程内容包括：开槽、恢复处理。

（2）项目特征

凿（压）槽的项目特征包括：名称、规格、类型、填充（恢复）方式、混凝土标准。

（3）计算规则

按设计图示尺寸以长度计算。

3．打洞（孔）（项目编码：030413003，计量单位：个）

（1）工程内容

打洞（孔）的工程内容包括：开孔、洞，恢复处理。

（2）项目特征

打洞（孔）的项目特征包括：名称、规格、类型、填充（恢复）方式、混凝土标准。

（3）计算规则

按设计图示数量计算。

4. 管道包封（项目编码：030413004，计量单位：m）

（1）工程内容

管道包封的工程内容包括：灌注、养护。

（2）项目特征

管道包封的项目特征包括：名称、规格、混凝土强度等级。

（3）计算规则

按设计图示长度计算。

5. 人（手）孔砌筑（项目编码：030413005，计量单位：个）

（1）工程内容

人（手）孔砌筑的工程内容包括：砌筑。

（2）项目特征

人（手）孔砌筑的项目特征包括：名称、规格、类型。

（3）计算规则

按设计图示数量计算。

6. 人（手）孔防水（项目编码：030413006，计量单位：m²）

（1）工程内容

人（手）孔防水的工程内容包括：防水。

（2）项目特征

人（手）孔防水的项目特征包括：名称、类型、规格、防水材质及做法。

（3）计算规则

按设计图示防水面积计算。

注：铁构件适用于电气工程的各种支架、铁构件的制作安装。

7.3.14 电气调整试验

1. 电力变压器系统（项目编码：030414001，计量单位：系统）

（1）工程内容

电力变压器系统的工程内容包括：系统调试。

（2）项目特征

电力变压器系统的项目特征包括：名称、型号、容量（kV·A）。

（3）计算规则

按设计图示系统计算。

2. 送配电装置系统（项目编码：030414002，计量单位：系统）

（1）工程内容

送配电装置系统的工程内容包括：系统调试。

（2）项目特征

送配电装置系统的项目特征包括：名称、型号、电压等级（kV）、类型。

（3）计算规则

按设计图示系统计算。

3. 特殊保护装置（项目编码：030414003，计量单位：台/套）

（1）工程内容

特殊保护装置的工程内容包括：调试。

（2）项目特征

特殊保护装置的项目特征包括：名称、类型。

（3）计算规则

按设计图示数量计算。

4. 自动投入装置（项目编码：030414004，计量单位：系统/台/套）

（1）工程内容

自动投入装置的工程内容包括：调试。

（2）项目特征

自动投入装置的项目特征包括：名称、类型。

（3）计算规则

按设计图示数量计算。

5. 中央信号装置（项目编码：030414005，计量单位：系统/台）

（1）工程内容

中央信号装置的工程内容包括：调试。

（2）项目特征

中央信号装置的项目特征包括：名称、类型。

（3）计算规则

按设计图示数量计算。

6. 事故照明切换装置（项目编码：030414006，计量单位：系统）

（1）工程内容

事故照明切换装置的工程内容包括：调试。

（2）项目特征

事故照明切换装置的项目特征包括：名称、类型。

（3）计算规则

按设计图示系统计算。

7. 不间断电源（项目编码：030414007，计量单位：系统）

（1）工程内容

不间断电源的工程内容包括：调试。

（2）项目特征

不间断电源的项目特征包括：名称、类型、容量。

（3）计算规则

按设计图示系统计算。

8. 母线（项目编码：030414008，计量单位：段）

（1）工程内容

母线的工程内容包括：调试。

（2）项目特征

母线的项目特征包括：名称、电压等级（kV）。

（3）计算规则

按设计图示数量计算。

9. 避雷器（项目编码：030414009，计量单位：组）

（1）工程内容

避雷器的工程内容包括：调试。

（2）项目特征

避雷器的项目特征包括：名称、电压等级（kV）。

（3）计算规则

按设计图示数量计算。

10. 电容器（项目编码：030414010，计量单位：组）

（1）工程内容

电容器的工程内容包括：调试。

（2）项目特征

电容器的项目特征包括：名称、电压等级（kV）。

（3）计算规则

按设计图示数量计算。

11. 接地装置（项目编码：030414011，计量单位：系统/组）

（1）工程内容

接地装置的工程内容包括：接地电阻测试。

（2）项目特征

接地装置的项目特征包括：名称、类别。

（3）计算规则

1）以系统计量，按设计图示系统计算。

2）以组计量，按设计图示数量计算。

12. 电抗器、消弧线圈（项目编码：030414012，计量单位：台）

（1）工程内容

电抗器、消弧线圈的工程内容包括：调试。

（2）项目特征

电抗器、消弧线圈的项目特征包括：名称、类别。

（3）计算规则

按设计图示数量计算。

13. 电除尘器（项目编码：030414013，计量单位：组）

（1）工程内容

电除尘器的工程内容包括：调试。

（2）项目特征

电除尘器的项目特征包括：名称、型号、规格。

（3）计算规则

按设计图示数量计算。

14. 硅整流设备、可控硅整流装置（项目编码：030414014，计量单位：系统）

（1）工程内容

硅整流设备、可控硅整流装置的工程内容包括：调试。

（2）项目特征

硅整流设备、可控硅整流装置的项目特征包括：名称、类别、电压（V）、电流（A）。

（3）计算规则

按设计图示系统计算。

15. 电缆试验（项目编码：030414015，计量单位：次/根/点）

（1）工程内容

电缆试验的工程内容包括：试验。

（2）项目特征

电缆试验的项目特征包括：名称、电压等级（kV）。

（3）计算规则

按设计图示数量计算。

注：1. 功率大于10kW电动机及发电机的启动调试用的蒸汽、电力和其他动力能源消耗及变压器空载试运转的电力消耗及设备需烘干处理应说明。

2. 配合机械设备及其他工艺的单体试车，应按《通用安装工程工程量计算规范》（GB 50856—2013）附录N措施项目相关项目编码列项。

3. 计算机系统调试应按《通用安装工程工程量计算规范》（GB 50856—2013）附录F自动化控制仪表安装工程相关项目编码列项。

【例7-5】 如图7-5所示，层高3.0m，配电箱安装高度1.5m，计算管线工程量。

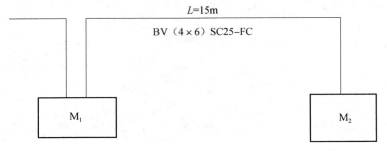

图7-5 配线工程图

解： 由图可知

配电箱有2个

$$15 + (3 - 1.5) \times 3 = 19.5 (m)$$

BV6的工程量 $= 19.5 \times 4 = 78$（m）

（因为配电箱 M_1 有进出两根立管，所以垂直部分有3根管，层高3.0m，配电箱为1.5m，所以垂直部分为3.0 − 1.5 = 1.5m）

【例7-6】 一新建工程采用架空线路（图7-6）。其中混凝土电杆高15m，间距为50m，属于丘陵地区架设施工，选用BLX-（3×70+1×35），室外杆上变压器容量为320kVA，表后杆高20m。计算（1）列概预算项目；（2）各项工程量。

解： 1. 概预算项目：概预算项目分为混凝土电杆、杆上变台组装（320kVA）、导线架设（70mm² 和35mm²）、普通拉线制作安装、进户线铁横担安装。

2. 基本工程量：

70mm² 导线长度　$(50 \times 4 + 20) \times 3 = 660$（m）

35mm² 导线长度　$(50 \times 4 + 20) \times 1 = 220$（m）

普通拉线制作 共4组

立混凝土电杆 共4根

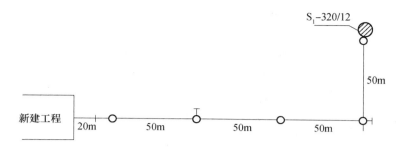

图 7-6 某外线工程平面图

杆上变台组装（320kVA）共 1 台

进户线铁横担安装 1 组

【例 7-7】 如图 7-7 所示，管线采用 BV（$3 \times 10 + 1 \times 4$）、SC32，水平距离 20m，计算管线工程量。

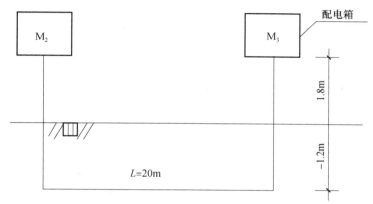

图 7-7 管线布置图

解： 由图可以看出 SC32 的工程量 = 20 + （1.2 + 1.8）×2 = 26 （m）

则 BV10 的工程量 = 26 × 3 = 78 （m）

BV4 的工程量 = 26 × 1 = 26 （m）

BV（$3 \times 10 + 1 \times 4$）的工程量：78 + 26 = 104 （m）

7.4 通风空调工程

7.4.1 通风及空调设备及部件制作安装

1. 空气加热器（冷却器）（项目编码：030701001，计量单位：台）

（1）工程内容

空气加热器（冷却器）的工程内容包括：本体安装、调试，设备支架制作、安装，补刷（喷）油漆。

（2）项目特征

空气加热器（冷却器）的项目特征包括：名称，型号，规格，质量，安装形式，支架形式、材质。

（3）计算规则

按设计图示数量计算。

283

2. 除尘设备（项目编码：030701002，计量单位：台）

（1）工程内容

除尘设备的工程内容包括：本体安装、调试，设备支架制作、安装，补刷（喷）油漆。

（2）项目特征

除尘设备的项目特征包括：名称，型号，规格，质量，安装形式，支架形式、材质。

（3）计算规则

按设计图示数量计算。

3. 空调器（项目编码：030701003，计量单位：台/组）

（1）工程内容

空调器的工程内容包括：本体安装或组装、调试，设备支架制作、安装，补刷（喷）油漆。

（2）项目特征

空调器的项目特征包括：名称，型号，规格，安装形式，质量，隔振垫（器）、支架形式、材质。

（3）计算规则

按设计图示数量计算。

4. 风机盘管（项目编码：030701004，计量单位：台）

（1）工程内容

风机盘管的工程内容包括：本体安装、调试，支架制作、安装，试压，补刷（喷）油漆。

（2）项目特征

风机盘管的项目特征包括：名称，型号，规格，安装形式，减振器、支架形式、材质，试压要求。

（3）计算规则

按设计图示数量计算。

5. 表冷器（项目编码：030701005，计量单位：台）

（1）工程内容

表冷器的工程内容包括：本体安装，型钢制作、安装，过滤器安装，挡水板安装，调试及运转，补刷（喷）油漆。

（2）项目特征

表冷器的项目特征包括：名称、型号、规格。

（3）计算规则

按设计图示数量计算。

6. 密闭门（项目编码：030701006，计量单位：个）

（1）工程内容

密闭门的工程内容包括：本体制作，本体安装，支架制作、安装。

（2）项目特征

密闭门的项目特征包括：名称，型号，规格，形式，支架形式、材质。

（3）计算规则

按设计图示数量计算。

7. 挡水板（项目编码：030701007，计量单位：个）

（1）工程内容

挡水板的工程内容包括：本体制作，本体安装，支架制作、安装。

（2）项目特征

挡水板的项目特征包括：名称，型号，规格，形式，支架形式、材质。

（3）计算规则

按设计图示数量计算。

8. 滤水器、溢水盘（项目编码：030701008，计量单位：个）

（1）工程内容

滤水器、溢水盘的工程内容包括：本体制作，本体安装，支架制作、安装。

（2）项目特征

滤水器、溢水盘的项目特征包括：名称，型号，规格，形式，支架形式、材质。

（3）计算规则

按设计图示数量计算。

9. 金属壳体（项目编码：030701009，计量单位：个）

（1）工程内容

金属壳体的工程内容包括：本体制作，本体安装，支架制作、安装。

（2）项目特征

金属壳体的项目特征包括：名称，型号，规格，形式，支架形式、材质。

（3）计算规则

按设计图示数量计算。

10. 过滤器（项目编码：030701010，计量单位：台/m²）

（1）工程内容

过滤器的工程内容包括：本体安装，框架制作、安装，补刷（喷）油漆。

（2）项目特征

过滤器的项目特征包括：名称，型号，规格，类型，框架形式、材质。

（3）计算规则

1）以台计量，按设计图示数量计算。

2）以面积计量，按设计图示尺寸以过滤面积计算。

11. 净化工作台（项目编码：030701011，计量单位：台）

（1）工程内容

净化工作台的工程内容包括：本体安装、补刷（喷）油漆。

（2）项目特征

净化工作台的项目特征包括：名称、型号、规格、类型。

（3）计算规则

按设计图示数量计算。

12. 风淋室（项目编码：030701012，计量单位：台）

（1）工程内容

风淋室的工程内容包括：本体安装、补刷（喷）油漆。

（2）项目特征

风淋室的项目特征包括：名称、型号、规格、类型、质量。

（3）计算规则

按设计图示数量计算。

13. 洁净室（项目编码：030701013，计量单位：台）

（1）工程内容

洁净室的工程内容包括：本体安装、补刷（喷）油漆。

（2）项目特征

洁净室的项目特征包括：名称、型号、规格、类型、质量。

（3）计算规则

按设计图示数量计算。

14. 除湿机（项目编码：030701014，计量单位：台）

（1）工程内容

除湿机的工程内容包括：本体安装。

（2）项目特征

除湿机的项目特征包括：名称、型号、规格、类型。

（3）计算规则

按设计图示数量计算。

15. 人防过滤吸收器（项目编码：030701015，计量单位：台）

（1）工程内容

人防过滤吸收器的工程内容包括：过滤吸收器安装，支架制作、安装。

（2）项目特征

人防过滤吸收器的项目特征包括：名称，规格，形式，材质，支架形式、材质。

（3）计算规则

按设计图示数量计算。

注：通风空调设备安装的地脚螺栓按设备自带考虑。

7.4.2 通风管道制作安装

1. 碳钢通风管道（项目编码：030702001，计量单位：m²）

（1）工程内容

碳钢通风管道的工程内容包括：风管、管件、法兰、零件、支吊架制作、安装，过跨风管落地支架制作、安装。

（2）项目特征

碳钢通风管道的项目特征包括：名称，材质，形状，规格，板材厚度，管件、法兰等附件及支架设计要求，接口形式。

（3）计算规则

按设计图示内径尺寸以展开面积计算。

2. 净化通风管道（项目编码：030702002，计量单位：m²）

（1）工程内容

净化通风管道的工程内容包括：风管、管件、法兰、零件、支吊架制作、安装，过跨风管落地支架制作、安装。

（2）项目特征

286

净化通风管道的项目特征包括：名称，材质，形状，规格，板材厚度，管件、法兰等附件及支架设计要求，接口形式。

（3）计算规则

按设计图示内径尺寸以展开面积计算。

3. 不锈钢板通风管道（项目编码：030702003，计量单位：m²）

（1）工程内容

不锈钢板通风管道的工程内容包括：风管、管件、法兰、零件、支吊架制作、安装，过跨风管落地支架制作、安装。

（2）项目特征

不锈钢板通风管道的项目特征包括：名称，形状，规格，板材厚度，管件、法兰等附件及支架设计要求，接口形式。

（3）计算规则

按设计图示内径尺寸以展开面积计算。

4. 铝板通风管道（项目编码：030702004，计量单位：m²）

（1）工程内容

铝板通风管道的工程内容包括：风管、管件、法兰、零件、支吊架制作、安装，过跨风管落地支架制作、安装。

（2）项目特征

铝板通风管道的项目特征包括：名称，形状，规格，板材厚度，管件、法兰等附件及支架设计要求，接口形式。

（3）计算规则

按设计图示内径尺寸以展开面积计算。

5. 塑料通风管道（项目编码：030702005，计量单位：m²）

（1）工程内容

塑料通风管道的工程内容包括：风管、管件、法兰、零件、支吊架制作、安装，过跨风管落地支架制作、安装。

（2）项目特征

塑料通风管道的项目特征包括：名称，形状，规格，板材厚度，管件、法兰等附件及支架设计要求，接口形式。

（3）计算规则

按设计图示内径尺寸以展开面积计算。

6. 玻璃钢通风管道（项目编码：030702006，计量单位：m²）

（1）工程内容

玻璃钢通风管道的工程内容包括：风管、管件安装，支吊架制作、安装，过跨风管落地支架制作、安装。

（2）项目特征

玻璃钢通风管道的项目特征包括：名称，形状，规格，板材厚度，支架形式、材质，接口形式。

（3）计算规则

按设计图示外径尺寸以展开面积计算。

287

7. 复合型风管（项目编码：030702007，计量单位：m^2）

（1）工程内容

复合型风管的工程内容包括：风管、管件安装，支吊架制作、安装，过跨风管落地支架制作、安装。

（2）项目特征

复合型风管的项目特征包括：名称，材质，形状，规格，板材厚度，接口形式，支架形式、材质。

（3）计算规则

按设计图示外径尺寸以展开面积计算。

8. 柔性软风管（项目编码：030702008，计量单位：m/节）

（1）工程内容

柔性软风管的工程内容包括：风管安装，风管接头安装，支吊架制作、安装。

（2）项目特征

柔性软风管的项目特征包括：名称，材质，形状，风管接头、支架形式、材质。

（3）计算规则

1）以米计量，按设计图示中心线以长度计算。

2）以节计量，按设计图示数量计算。

9. 弯头导流叶片（项目编码：030702009，计量单位：m^2/组）

（1）工程内容

弯头导流叶片的工程内容包括：制作、组装。

（2）项目特征

弯头导流叶片的项目特征包括：名称、材质、规格、形式。

（3）计算规则

1）以面积计量，按设计图示以展开面积平方米计算。

2）以组计量，按设计图示数量计算。

10. 风管检查孔（项目编码：030702010，计量单位：kg/个）

（1）工程内容

风管检查孔的工程内容包括：制作、安装。

（2）项目特征

风管检查孔的项目特征包括：名称、材质、规格。

（3）计算规则

1）以千克计量，按风管检查孔质量计算。

2）以个计量，按设计图示数量计算。

11. 温度、风量测定孔（项目编码：030702011，计量单位：个）

（1）工程内容

温度、风量测定孔的工程内容包括：制作、安装。

（2）项目特征

温度、风量测定孔的项目特征包括：名称、材质、规格、设计要求。

（3）计算规则

按设计图示数量计算。

288

注: 1. 风管展开面积，不扣除检查孔、测定孔、送风口、吸风口等所占面积；风管长度一律以设计图示中心线长度为准（主管与支管以其中心线交点划分），包括弯头、三通、变径管、天圆地方等管件的长度，但不包括部件所占的长度。风管展开面积不包括风管、管口重叠部分面积。风管渐缩管：圆形风管按平均直径，矩形风管按平均周长。

2. 穿墙套管按展开面积计算，计入通风管道工程量中。

3. 通风管道的法兰垫料或封口材料，按图纸要求应在项目特征中描述。

4. 净化通风管的空气清洁度按100000级标准编制，净化通风管使用的型钢材料如要求镀锌时，工作内容应注明支架镀锌。

5. 弯头导流叶片数量，按设计图纸或规范要求计算。

6. 风管检查孔、温度测定孔、风量测定孔数量，按设计图纸或规范要求计算。

7.4.3 通风管道部件制作安装

1. 碳钢调节阀（项目编码：030703001，计量单位：个）

（1）工程内容

碳钢调节阀的工程内容包括：阀体制作，阀体安装，支架制作、安装。

（2）项目特征

碳钢调节阀的项目特征包括：名称、型号、规格、质量、类型、支架形式、材质。

（3）计算规则

按设计图示数量计算。

2. 柔性软风管阀门（项目编码：030703002，计量单位：个）

（1）工程内容

柔性软风管阀门的工程内容包括：阀体安装。

（2）项目特征

柔性软风管阀门的项目特征包括：名称、规格、材质、类型。

（3）计算规则

按设计图示数量计算。

3. 铝蝶阀（项目编码：030703003，计量单位：个）

（1）工程内容

铝蝶阀的工程内容包括：阀体安装。

（2）项目特征

铝蝶阀的项目特征包括：名称、规格、质量、类型。

（3）计算规则

按设计图示数量计算。

4. 不锈钢蝶阀（项目编码：030703004，计量单位：个）

（1）工程内容

不锈钢蝶阀的工程内容包括：阀体安装。

（2）项目特征

不锈钢蝶阀的项目特征包括：名称、规格、质量、类型。

（3）计算规则

按设计图示数量计算。

5. 塑料阀门（项目编码：030703005，计量单位：个）

（1）工程内容

塑料阀门的工程内容包括：阀体安装。

（2）项目特征

塑料阀门的项目特征包括：名称、型号、规格、类型。

（3）计算规则

按设计图示数量计算。

6. 玻璃钢蝶阀（项目编码：030703006，计量单位：个）

（1）工程内容

玻璃钢蝶阀的工程内容包括：阀体安装。

（2）项目特征

玻璃钢蝶阀的项目特征包括：名称、型号、规格、类型。

（3）计算规则

按设计图示数量计算。

7. 碳钢风口、散流器、百叶窗（项目编码：030703007，计量单位：个）

（1）工程内容

碳钢风口、散流器、百叶窗的工程内容包括：风口制作、安装，散流器制作、安装，百叶窗安装。

（2）项目特征

碳钢风口、散流器、百叶窗的项目特征包括：名称、型号、规格、质量、类型、形式。

（3）计算规则

按设计图示数量计算。

8. 不锈钢风口、散流器、百叶窗（项目编码：030703008，计量单位：个）

（1）工程内容

不锈钢风口、散流器、百叶窗的工程内容包括：风口制作、安装，散流器制作、安装，百叶窗安装。

（2）项目特征

不锈钢风口、散流器、百叶窗的项目特征包括：名称、型号、规格、质量、类型、形式。

（3）计算规则

按设计图示数量计算。

9. 塑料风口、散流器、百叶窗（项目编码：030703009，计量单位：个）

（1）工程内容

塑料风口、散流器、百叶窗的工程内容包括：风口制作、安装，散流器制作、安装，百叶窗安装。

（2）项目特征

塑料风口、散流器、百叶窗的项目特征包括：名称、型号、规格、质量、类型、形式。

（3）计算规则

按设计图示数量计算。

10. 玻璃钢风口（项目编码：030703010，计量单位：个）

（1）工程内容

玻璃钢风口的工程内容包括：风口安装。

（2）项目特征

玻璃钢风口的项目特征包括：名称、型号、规格、类型、形式。

（3）计算规则

按设计图示数量计算。

11. 铝及铝合金风口、散流器（项目编码：030703011，计量单位：个）

（1）工程内容

铝及铝合金风口、散流器的工程内容包括：风口制作、安装，散流器制作、安装。

（2）项目特征

铝及铝合金风口、散流器的项目特征包括：名称、型号、规格、类型、形式。

（3）计算规则

按设计图示数量计算。

12. 碳钢风帽（项目编码：030703012，计量单位：个）

（1）工程内容

碳钢风帽的工程内容包括：风帽制作、安装，筒形风帽滴水盘制作、安装，风帽筝绳制作、安装，风帽泛水制作、安装。

（2）项目特征

碳钢风帽的项目特征包括：名称，规格，质量，类型，形式，风帽筝绳、泛水设计要求。

（3）计算规则

按设计图示数量计算。

13. 不锈钢风帽（项目编码：030703013，计量单位：个）

（1）工程内容

不锈钢风帽的工程内容包括：风帽制作、安装，筒形风帽滴水盘制作、安装，风帽筝绳制作、安装，风帽泛水制作、安装。

（2）项目特征

不锈钢风帽的项目特征包括：名称，规格，质量，类型，形式，风帽筝绳、泛水设计要求。

（3）计算规则

按设计图示数量计算。

14. 塑料风帽（项目编码：030703014，计量单位：个）

（1）工程内容

塑料风帽的工程内容包括：风帽制作、安装，筒形风帽滴水盘制作、安装，风帽筝绳制作、安装，风帽泛水制作、安装。

（2）项目特征

塑料风帽的项目特征包括：名称，规格，质量，类型，形式，风帽筝绳、泛水设计要求。

（3）计算规则

按设计图示数量计算。

15. 铝板伞形风帽（项目编码：030703015，计量单位：个）

（1）工程内容

铝板伞形风帽的工程内容包括：板伞形风帽制作、安装，风帽筝绳制作、安装，风帽泛水制作、安装。

（2）项目特征

铝板伞形风帽的项目特征包括：名称，规格，质量，类型，形式，风帽筝绳、泛水设计要求。

（3）计算规则

按设计图示数量计算。

16. 玻璃钢风帽（项目编码：030703016，计量单位：个）

（1）工程内容

玻璃钢风帽的工程内容包括：玻璃钢风帽安装，筒形风帽滴水盘安装，风帽筝绳安装，风帽泛水安装。

（2）项目特征

玻璃钢风帽的项目特征包括：名称，规格，质量，类型，形式，风帽筝绳、泛水设计要求。

（3）计算规则

按设计图示数量计算。

17. 碳钢罩类（项目编码：030703017，计量单位：个）

（1）工程内容

碳钢罩类的工程内容包括：罩类制作、罩类安装。

（2）项目特征

碳钢罩类的项目特征包括：名称、型号、规格、质量、类型、形式。

（3）计算规则

按设计图示数量计算。

18. 塑料罩类（项目编码：030703018，计量单位：个）

（1）工程内容

塑料罩类的工程内容包括：罩类制作、罩类安装。

（2）项目特征

塑料罩类制的项目特征包括：名称、型号、规格、质量、类型、形式。

（3）计算规则

按设计图示数量计算。

19. 柔性接口（项目编码：030703019，计量单位：m^2）

（1）工程内容

柔性接口的工程内容包括：柔性接口制作、柔性接口安装。

（2）项目特征

柔性接口的项目特征包括：名称、规格、材质、类型、形式。

（3）计算规则

按设计图示尺寸以展开面积计算。

20. 消声器（项目编码：030703020，计量单位：个）

（1）工程内容

消声器的工程内容包括：消声器制作、消声器安装、支架制作安装。

（2）项目特征

消声器的项目特征包括：名称，规格，材质，形式，质量，支架形式、材质。

（3）计算规则

按设计图示数量计算。

21. 静压箱（项目编码：030703021，计量单位：个/m²）

（1）工程内容

静压箱的工程内容包括：静压箱制作、安装，支架制作、安装。

（2）项目特征

静压箱的项目特征包括：名称，规格，形式，材质，支架形式、材质。

（3）计算规则

1）以个计量，按设计图示数量计算。

2）以平方米计量，按设计图示尺寸展开面积计算。

22. 人防超压自动排气阀（项目编码：030703022，计量单位：个）

（1）工程内容

人防超压自动排气阀的工程内容包括：安装。

（2）项目特征

人防超压自动排气阀的项目特征包括：名称、型号、规格、类型。

（3）计算规则

按设计图示数量计算。

23. 人防手动密闭阀（项目编码：030703023，计量单位：个）

（1）工程内容

人防手动密闭阀的工程内容包括：密闭阀安装，支架制作、安装。

（2）项目特征

人防手动密闭阀的项目特征包括：名称，型号，规格，支架形式、材质。

（3）计算规则

按设计图示数量计算。

24. 人防其他部件（项目编码：030703024，计量单位：个/套）

（1）工程内容

人防其他部件的工程内容包括：安装。

（2）项目特征

人防其他部件的项目特征包括：名称、型号、规格、类型。

（3）计算规则

按设计图示数量计算。

注：1. 碳钢阀门包括：空气加热器上通阀、空气加热器旁通阀、圆形瓣式启动阀、风管蝶阀、风管止回阀、密闭式斜插板阀、矩形风管三通调节阀、对开多叶调节阀、风管防火阀、各型风罩调节阀、人防工程密闭阀、自动排气活门等。

2. 塑料阀门包括：塑料蝶阀、塑料插板阀、各型风罩塑料调节阀。

3. 碳钢风口、散流器、百叶窗包括：百叶风口、矩形送风口、矩形空气分布器、风管插板风口、旋转吹风口、圆形散流器、方形散流器、流线型散流器、送吸风口、活动箅式风口、网式风口、钢百叶窗等。

4. 碳钢罩类包括：皮带防护罩、电动机防雨罩、侧吸罩、中小型零件焊接台排气罩、整体分组式槽边侧吸罩、吹吸式槽边通风罩、条缝槽边抽风罩、泥心烘炉排气罩、升降式回转排气罩、上下吸式圆形回转罩、升降式排气罩、手锻炉排气罩。

5. 塑料罩类包括：塑料槽边侧吸罩、塑料槽边风罩、塑料条缝槽边抽风罩。

6. 柔性接口指：金属、非金属软接口及伸缩节。

7. 消声器包括：片式消声器、矿棉管式消声器、聚脂泡沫管式消声器、卡普隆纤维管式消声器、弧形声流式消声器、阻抗复合式消声器、微穿孔板消声器、消声弯头。

8. 通风部件图纸要求制作安装、要求用成品部件只安装不制作，这类特征在项目特征中应明确描述。

9. 静压箱的面积计算：按设计图示尺寸以展开面积计算，不扣除开口的面积。

7.4.4 通风工程检测、调试

1. 通风工程检测、调试（项目编码：030704001，计量单位：系统）

（1）工程内容

通风工程检测、调试的工程内容包括：通风管道风量测定，风压测定，温度测定，各系统风口、阀门调整。

（2）项目特征

通风工程检测、调试的项目特征包括：风管工程量。

（3）计算规则

按通风系统计算。

2. 风管漏光试验、漏风试验（项目编码：030704002，计量单位：m²）

（1）工程内容

风管漏光试验、漏风试验的工程内容包括：通风管道漏光试验、漏风试验。

（2）项目特征

风管漏光试验、漏风试验的项目特征包括：漏光试验、漏风试验、设计要求。

（3）计算规则

按设计图纸或规范要求以展开面积计算。

【例 7-8】 根据图 7-8 所示尺寸，计算管道的清单工程量。（$\delta = 2$mm，不含主材费）

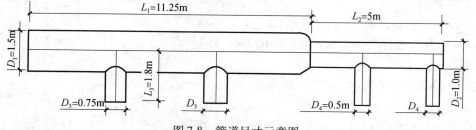

图 7-8 管道尺寸示意图

解： 清单工程量：

对于 $D_1 = 1500$mm 风管的工程量为：

$$F_1 = \pi D_1 L_1 = 3.1416 \times 1.5 \times 11.25 = 53.01 \ （m^2）$$

对于 $D_2 = 1000$mm 风管的工程量为：

$$F_2 = \pi D_2 L_2 = 3.1416 \times 1.0 \times 5 = 15.71 \ （m^2）$$

对于 $D_3 = 750$mm 风管的工程量为：

$$F_3 = 2\pi D_3 L_3 = 2 \times 3.1416 \times 0.75 \times 1.875 = 8.84 \ （m^2）$$

之所以要乘以 2 是因为有两根 $D_3 = 750$mm 的风管

对于 $D_4 = 500$mm 风管的工程量为：

$$F_4 = 2\pi D_4 L_4 = 2 \times 3.1416 \times 0.5 \times 1.875 = 5.89 \ (\text{m}^2)$$

乘以 2 的原因同上。

又 $D_3 = 750$mm 的风管接了尺寸为 400×240 的单层百叶风口，$D_4 = 500$mm 的风管接了尺寸为 200×150 的单层百叶风口。

故 400×240 的单层百叶风口的工程量为下列所示。

400×240 的单层百叶风口工程量为 2 个，同理，200×150 的单层百叶风口工程量为 2 个，清单工程量计算见表 7-5：

表 7-5 清单工程量计算表

序号	项目编码	项目名称	项目特征描述	单位	数量	计算式
1	030702001001	碳钢通风管道制作安装	直径为 150mm，长度 11.25mm	m²	53.01	$3.14 \times 1.2 \times 9$
2	030702001002	碳钢通风管道制作安装	直径为 1000mm，长度 5m	m²	15.71	$3.14 \times 0.8 \times 4$
3	030702001003	碳钢通风管道制作安装	直径为 750mm，长度 1.875m	m²	8.84	$3.14 \times 0.6 \times 1.5 \times 2$
4	030702001004	碳钢通风管道制作安装	直径为 500mm，长度 1.875m	m²	5.89	$3.14 \times 0.4 \times 1.5 \times 2$
5	030703009001	单层百叶塑料风口	1.94kg/个，400×240	个	2	
6	030703009002	单层百叶塑料风口	0.88kg/个，200×150	个	2	

【例 7-9】 根据图 7-9 所示尺寸，计算净化通风管管道的清单工程量。（$\delta = 2$mm，不含主材费）

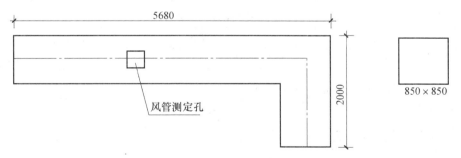

图 7-9 管道尺寸示意图

解： 清单工程量：
$$S = 2 \times (0.85 + 0.85) \times (5.68 - 0.4 + 2.0 - 0.4)$$
$$= 3.4 \times 6.88 = 23.39(\text{m}^2)$$

查《建设工程工程量清单计价规范》（GB 50500—2013）附录 C，安装工程工程量清单项目及计算规则，C.9 通风空调工程，表 C.9.2 通风管道制作安装（编码：030902），净化通风管制作安装中的工程量计算规则可知，不扣除风管测定孔面积，故不计算风管测定孔的工程量。

清单工程量计算见表7-6：

表 7-6　清单工程量计算表

项目编码	项目名称	项目特征描述	单位	数量	计算式
030702002001	净化通风管制作安装	850×850	m²	23.39	$2 \times (0.85 + 0.85) \times (5.68 - 0.4 + 2.0 - 0.4)$

【**例7-10**】　已知（图7-10）铝板渐缩管均匀送风管，大头直径为750mm，小头直径500mm，其上开一个270×230的风管检查孔孔长20m。试计算清单工程量。（$\delta = 2$mm，不含主材费）。

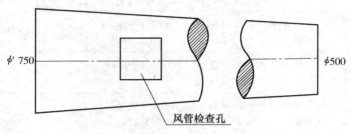

图 7-10　送风示意图

解： 清单工程量：

铝板通风管的工程量为：

$$S = L\pi(D + d)/2$$
$$= 20 \times 3.14 \times \frac{(0.75 + 0.5)}{2}$$
$$= 39.25 (\text{m}^2)$$

清单工程量计算见表7-7：

表 7-7　清单工程量计算表

项目编码	项目名称	项目特征描述	单位	数量	计算式
030702004001	铝板通风管道制作安装	$\phi_大$ 为750mm，$\phi_小$ 为500mm	m²	39.25	$20 \times 3.14 \times 0.625$

【**例7-11**】　根据图7-11所示尺寸，计算清单工程量。（$\delta = 2$mm，不含主材费）

解： 清单工程量：

ϕD_1 的渐缩风管工程量为：

$$F_1 = \pi L_1 \frac{(D_1 + D_2)}{2} = \frac{\pi L_1}{2}(D_1 + D_2) \tag{7-2}$$

ϕD_2 的渐缩风管工程量为：

$$F_2 = \left(\pi L_2 D_2 + \frac{\pi^2 D_2^2}{4} \right) \tag{7-3}$$

软接头的工程量为：

$$F_3 = \pi L_1(D_2 + D_3)/2 = \frac{\pi L_3}{2}(D_2 + D_3) \tag{7-4}$$

ϕD_4 的渐缩风管工程量为：

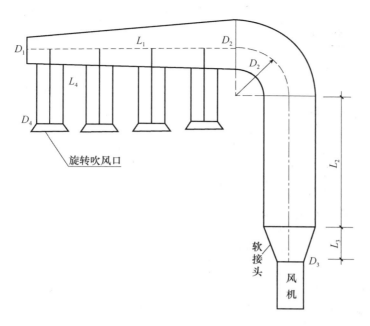

图 7-11   风管平面图

$$F_3 = 4\pi L_4 D_4 \tag{7-5}$$

旋转吹风口的工程量为 $1 \times 4 = 4$（个），6 号离心式通风机的工程量为 1 台。

清单工程量计算见表 7-8：

表 7-8   清单工程量计算表

序号	项目编号	项目名称	项目特征描述	单位	数 量	计算式
1	030702003001	不锈钢板风管制作安装	ϕD_1，长度 L_1	m²	$\dfrac{\pi L_1}{2}(D_1 + D_2)$	$\dfrac{\pi L_1}{2}(D_1 + D_2)$
2	030702003002	不锈钢板风管制作安装	ϕD_2	m²	$\pi L_2 D_2 + \dfrac{1}{4}\pi^2 D_2^2$	$\pi L_2 D_2 + \dfrac{1}{4}\pi^2 D_2^2$
3	030702003003	不锈钢板风管制作安装	ϕD_4	m²	$\pi D_4 L_4 \times 4$	$\pi D_4 L_4 \times 4$
4	030702008001	柔性软风管	长度 L_3	m	L_3	

【例 7-12】   一矩形通风管制作安装如图 7-12 所示，计算清单工程量。（$\delta = 2\text{mm}$）

解： 960×600 矩形通风管长度 $L = 9.6\text{m}$，周长为

$$(0.96 + 0.6) \times 2 = 3.12 \text{（m）}$$

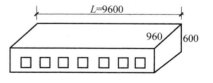

图 7-12   矩形风管示意图

展开面积 $F = 9.6 \times (0.96 + 0.6) \times 2 = 29.95$（m²）$= 3.00$（10m²）

清单工程量计算见表 7-9：

表 7-9   清单工程量计算表

项目编码	项目名称	项目特征描述	计量单位	工程量
030702001001	镀锌风管	960×600	m²	29.95

7.5 工业管道工程

7.5.1 管道

7.5.1.1 低压管道

1. 低压碳钢管（项目编码：030801001，计量单位：m）

（1）工程内容

低压碳钢管的工程内容包括：安装，压力试验，吹扫、清洗，脱脂。

（2）项目特征

低压碳钢管的项目特征包括：材质，规格，连接形式、焊接方法，压力试验、吹扫与清洗设计要求，脱脂设计要求。

（3）计算规则

按设计图示管道中心线以长度计算。

2. 低压碳钢伴热管（项目编码：030801002，计量单位：m）

（1）工程内容

低压碳钢伴热管的工程内容包括：安装，压力试验，吹扫、清洗。

（2）项目特征

低压碳钢伴热管的项目特征包括：材质，规格，连接形式，安装位置，压力试验、吹扫与清洗设计要求。

（3）计算规则

按设计图示管道中心线以长度计算。

3. 衬里钢管预制安装（项目编码：030801003，计量单位：m）

（1）工程内容

衬里钢管预制安装的工程内容包括：管道、管件及法兰安装，管道、管件拆除，压力试验，吹扫、清洗。

（2）项目特征

衬里钢管预制安装的项目特征包括：材质，规格，安装方式（预制安装或成品管道），连接形式，压力试验、吹扫与清洗设计要求。

（3）计算规则

按设计图示管道中心线以长度计算。

4. 低压不锈钢伴热管（项目编码：030801004，计量单位：m）

（1）工程内容

低压不锈钢伴热管的工程内容包括：安装，压力试验，吹扫、清洗。

（2）项目特征

低压不锈钢伴热管的项目特征包括：材质，规格，连接形式，安装位置，压力试验、吹扫与清洗设计要求。

（3）计算规则

按设计图示管道中心线以长度计算。

5. 低压碳钢板卷管（项目编码：030801005，计量单位：m）

（1）工程内容

低压碳钢板卷管的工程内容包括：安装，压力试验，吹扫、清洗，脱脂。

（2）项目特征

低压碳钢板卷管的项目特征包括：材质，规格，焊接方法，压力试验、吹扫与清洗设计要求，脱脂设计要求。

（3）计算规则

按设计图示管道中心线以长度计算。

6. 低压不锈钢管（项目编码：030801006，计量单位：m）

（1）工程内容

低压不锈钢管的工程内容包括：安装，焊口充氩保护，压力试验，吹扫、清洗，脱脂。

（2）项目特征

低压不锈钢管的项目特征包括：材质，规格，焊接方法，充氩保护方式、部位，压力试验、吹扫与清洗设计要求，脱脂设计要求。

（3）计算规则

按设计图示管道中心线以长度计算。

7. 低压不锈钢板卷管（项目编码：030801007，计量单位：m）

（1）工程内容

低压不锈钢板卷管的工程内容包括：安装，焊口充氩保护，压力试验，吹扫、清洗，脱脂。

（2）项目特征

低压不锈钢板卷管的项目特征包括：材质，规格，焊接方法，充氩保护方式、部位，压力试验、吹扫与清洗设计要求，脱脂设计要求。

（3）计算规则

按设计图示管道中心线以长度计算。

8. 低压合金钢管（项目编码：030801008，计量单位：m）

（1）工程内容

低压合金钢管的工程内容包括：安装，压力试验，吹扫、清洗，脱脂。

（2）项目特征

低压合金钢管的项目特征包括：材质，规格，焊接方法，压力试验、吹扫与清洗设计要求，脱脂设计要求。

（3）计算规则

按设计图示管道中心线以长度计算。

9. 低压钛及钛合金管（项目编码：030801009，计量单位：m）

（1）工程内容

低压钛及钛合金管的工程内容包括：安装，焊口充氩保护，压力试验，吹扫、清洗，脱脂。

（2）项目特征

低压钛及钛合金管的项目特征包括：材质，规格，焊接方法，充氩保护方式、部位，压力试验、吹扫与清洗设计要求，脱脂设计要求。

（3）计算规则

按设计图示管道中心线以长度计算。

10. 低压镍及镍合金管（项目编码：030801010，计量单位：m）

（1）工程内容

低压镍及镍合金管的工程内容包括：安装，焊口充氩保护，压力试验，吹扫、清洗，脱脂。

（2）项目特征

低压镍及镍合金管的项目特征包括：材质，规格，焊接方法，充氩保护方式、部位，压力试验、吹扫与清洗设计要求，脱脂设计要求。

（3）计算规则

按设计图示管道中心线以长度计算。

11. 低压锆及锆合金管（项目编码：030801011，计量单位：m）

（1）工程内容

低压锆及锆合金管的工程内容包括：安装，焊口充氩保护，压力试验，吹扫、清洗，脱脂。

（2）项目特征

低压锆及锆合金管的项目特征包括：材质，规格，焊接方法，充氩保护方式、部位，压力试验、吹扫与清洗设计要求，脱脂设计要求。

（3）计算规则

按设计图示管道中心线以长度计算。

12. 低压铝及铝合金管（项目编码：030801012，计量单位：m）

（1）工程内容

低压铝及铝合金管的工程内容包括：安装，焊口充氩保护，压力试验，吹扫、清洗，脱脂。

（2）项目特征

低压铝及铝合金管的项目特征包括：材质，规格，焊接方法，充氩保护方式、部位，压力试验、吹扫与清洗设计要求，脱脂设计要求。

（3）计算规则

按设计图示管道中心线以长度计算。

13. 低压铝及铝合金板卷管（项目编码：030801013，计量单位：m）

（1）工程内容

低压铝及铝合金板卷管的工程内容包括：安装，焊口充氩保护，压力试验，吹扫、清洗，脱脂。

（2）项目特征

低压铝及铝合金板卷管的项目特征包括：材质，规格，焊接方法，充氩保护方式、部位，压力试验、吹扫与清洗设计要求，脱脂设计要求。

（3）计算规则

按设计图示管道中心线以长度计算。

14. 低压铜及铜合金管（项目编码：030801014，计量单位：m）

（1）工程内容

低压铜及铜合金管的工程内容包括：安装，压力试验，吹扫、清洗，脱脂。

（2）项目特征

低压铜及铜合金管的项目特征包括：材质，规格，焊接方法，压力试验、吹扫与清洗设计要求，脱脂设计要求。

（3）计算规则

按设计图示管道中心线以长度计算。

15. 低压铜及铜合金板卷管（项目编码：030801015，计量单位：m）

（1）工程内容

低压铜及铜合金板卷管的工程内容包括：安装，压力试验，吹扫、清洗，脱脂。

（2）项目特征

低压铜及铜合金板卷管的项目特征包括：材质，规格，焊接方法，压力试验、吹扫与清洗设计要求，脱脂设计要求。

（3）计算规则

按设计图示管道中心线以长度计算。

16. 低压塑料管（项目编码：030801016，计量单位：m）

（1）工程内容

低压塑料管的工程内容包括：安装、压力试验、吹扫、脱脂。

（2）项目特征

低压塑料管的项目特征包括：材质，规格，连接形式，压力试验、吹扫设计要求，脱脂设计要求。

（3）计算规则

按设计图示管道中心线以长度计算。

17. 金属骨架复合管（项目编码：030801017，计量单位：m）

（1）工程内容

金属骨架复合管的工程内容包括：安装、压力试验、吹扫、脱脂。

（2）项目特征

金属骨架复合管的项目特征包括：材质，规格，连接形式，压力试验、吹扫设计要求，脱脂设计要求。

（3）计算规则

按设计图示管道中心线以长度计算。

18. 低压玻璃钢管（项目编码：030801018，计量单位：m）

（1）工程内容

低压玻璃钢管的工程内容包括：安装、压力试验、吹扫、脱脂。

（2）项目特征

低压玻璃钢管的项目特征包括：材质，规格，连接形式，压力试验、吹扫设计要求，脱脂设计要求。

（3）计算规则

按设计图示管道中心线以长度计算。

19. 低压铸铁管（项目编码：030801019，计量单位：m）

（1）工程内容

低压铸铁管的工程内容包括：安装、压力试验、吹扫、脱脂。

（2）项目特征

低压铸铁管的项目特征包括：材质，规格，连接形式，接口材料，压力试验、吹扫设计要求，脱脂设计要求。

（3）计算规则

按设计图示管道中心线以长度计算。

20. 低压预应力混凝土管（项目编码：030801020，计量单位：m）

（1）工程内容

低压预应力混凝土管的工程内容包括：安装、压力试验、吹扫、脱脂。

（2）项目特征

低压预应力混凝土管的项目特征包括：材质，规格，连接形式，接口材料，压力试验、吹扫设计要求，脱脂设计要求。

（3）计算规则

按设计图示管道中心线以长度计算。

注：1. 管道工程量计算不扣除阀门、管件所占长度；室外埋设管道不扣除附属建筑物（井）所占长度；方形补偿器以其所占长度列入管道安装工程量。

2. 衬里钢管预制安装包括直管、管件及法兰的预安装及拆除。

3. 压力试验按设计要求描述试验方法，如水压试验、气压试验、泄露性试验、真空试验等。

4. 吹扫与清洗按设计要求描述吹扫与清洗方法和介质，如水冲洗、空气吹扫、蒸汽吹扫、化学清洗、油清洗等。

5. 脱脂按设计要求描述脱脂介质种类，如二氯乙烷、三氯乙烯、四氯化碳、动力苯、丙酮或酒精等。

7.5.1.2 中压管道

1. 中压碳钢管（项目编码：030802001，计量单位：m）

（1）工程内容

中压碳钢管的工程内容包括：安装，压力试验，吹扫、清洗，脱脂。

（2）项目特征

中压碳钢管的项目特征包括：材质，规格，连接形式、焊接方法，压力试验、吹扫与清洗设计要求，脱脂设计要求。

（3）计算规则

按设计图示管道中心线以长度计算。

2. 中压螺旋卷管（项目编码：030802002，计量单位：m）

（1）工程内容

中压螺旋卷管的工程内容包括：安装，压力试验，吹扫、清洗，脱脂。

（2）项目特征

中压螺旋卷管的项目特征包括：材质，规格，连接形式、焊接方法，压力试验、吹扫与清洗设计要求，脱脂设计要求。

（3）计算规则

按设计图示管道中心线以长度计算。

3. 中压不锈钢管（项目编码：030802003，计量单位：m）

（1）工程内容

中压不锈钢管的工程内容包括：安装，焊口充氩保护，压力试验，吹扫、清洗，脱脂。

（2）项目特征

中压不锈钢管的项目特征包括：材质，规格，焊接方法，充氩保护方式、部位，压力试验、吹扫与清洗设计要求，脱脂设计要求。

（3）计算规则

按设计图示管道中心线以长度计算。

4. 中压合金钢管（项目编码：030802004，计量单位：m）

（1）工程内容

中压合金钢管的工程内容包括：安装，焊口充氩保护，压力试验，吹扫、清洗，脱脂。

（2）项目特征

中压合金钢管的项目特征包括：材质，规格，焊接方法，充氩保护方式、部位，压力试验、吹扫与清洗设计要求，脱脂设计要求。

（3）计算规则

按设计图示管道中心线以长度计算。

5. 中压铜及铜合金管（项目编码：030802005，计量单位：m）

（1）工程内容

中压铜及铜合金管的工程内容包括：安装，压力试验，吹扫、清洗，脱脂。

（2）项目特征

中压铜及铜合金管的项目特征包括：材质，规格，焊接方法，压力试验、吹扫与清洗设计要求，脱脂设计要求。

（3）计算规则

按设计图示管道中心线以长度计算。

6. 中压钛及钛合金管（项目编码：030802006，计量单位：m）

（1）工程内容

中压钛及钛合金管的工程内容包括：安装，焊口充氩保护，压力试验，吹扫、清洗，脱脂。

（2）项目特征

中压钛及钛合金管的项目特征包括：材质，规格，焊接方法，充氩保护方式、部位，压力试验、吹扫与清洗设计要求，脱脂设计要求。

（3）计算规则

按设计图示管道中心线以长度计算。

7. 中压锆及锆合金管（项目编码：030802007，计量单位：m）

（1）工程内容

中压锆及锆合金管的工程内容包括：安装，焊口充氩保护，压力试验，吹扫、清洗，脱脂。

（2）项目特征

中压锆及锆合金管的项目特征包括：材质，规格，焊接方法，充氩保护方式、部位，压力试验、吹扫与清洗设计要求，脱脂设计要求。

（3）计算规则

按设计图示管道中心线以长度计算。

8. 中压镍及镍合金管（项目编码：030802008，计量单位：m）

（1）工程内容

中压镍及镍合金管的工程内容包括：安装，焊口充氩保护，压力试验，吹扫、清洗，脱脂。

（2）项目特征

中压镍及镍合金管的项目特征包括：材质，规格，焊接方法，充氩保护方式、部位，压力试验、吹扫与清洗设计要求，脱脂设计要求。

（3）计算规则

按设计图示管道中心线以长度计算。

注：1. 管道工程量计算不扣除阀门、管件所占长度；方形补偿器以其所占长度列入管道安装工程量。

2. 压力试验按设计要求描述试验方法，如水压试验、气压试验、泄露性试验、真空试验等。

3. 吹扫与清洗按设计要求描述吹扫与清洗方法和介质，如水冲洗、空气吹扫、蒸汽吹扫、化学清洗、油清洗等。

4. 脱脂按设计要求描述脱脂介质种类，如二氯乙烷、三氯乙烯、四氯化碳、动力苯、丙酮或酒精等。

7.5.1.3　高压管道

1. 高压碳钢管（项目编码：030803001，计量单位：m）

（1）工程内容

高压碳钢管的工程内容包括：安装，焊口充氩保护，压力试验，吹扫、清洗，脱脂。

（2）项目特征

高压碳钢管的项目特征包括：材质，规格，连接形式、焊接方法，充氩保护方式、部位，压力试验、吹扫与清洗设计要求，脱脂设计要求。

（3）计算规则

按设计图示管道中心线以长度计算。

2. 高压合金钢管（项目编码：030803002，计量单位：m）

工程内容、项目特征、计算规则同高压碳钢管。

3. 高压不锈钢管（项目编码：030803003，计量单位：m）

工程内容、项目特征、计算规则同高压碳钢管。

注：1. 管道工程量计算不扣除阀门、管件所占长度；方形补偿器以其所占长度列入管道安装工程量。

2. 压力试验按设计要求描述试验方法，如水压试验、气压试验、泄露性试验、真空试验等。

3. 吹扫与清洗按设计要求描述吹扫与清洗方法和介质，如水冲洗、空气吹扫、蒸汽吹扫、化学清洗、油清洗等。

4. 脱脂按设计要求描述脱脂介质种类，如二氯乙烷、三氯乙烯、四氯化碳、动力苯、丙酮或酒精等。

7.5.2　管件

7.5.2.1　低压管件

1. 低压碳钢管件（项目编码：030804001，计量单位：个）

（1）工程内容

低压碳钢管件的工程内容包括：安装，三通补强圈制作、安装。

（2）项目特征

低压碳钢管件的项目特征包括：材质，规格，连接方式，补强圈材质、规格。

（3）计算规则

按设计图示数量计算。

2. 低压碳钢板卷管件（项目编码：030804002，计量单位：个）

（1）工程内容

低压碳钢板卷管件的工程内容包括：安装，三通补强圈制作、安装。

（2）项目特征

低压碳钢板卷管件的项目特征包括：材质，规格，连接方式，补强圈材质、规格。

（3）计算规则

按设计图示数量计算。

3. 低压不锈钢管件（项目编码：030804003，计量单位：个）

（1）工程内容

低压不锈钢管件的工程内容包括：安装，管件焊口充氩保护，三通补强圈制作、安装。

（2）项目特征

低压不锈钢管件的项目特征包括：材质，规格，焊接方法，补强圈材质、规格，充氩保护方式、部位。

（3）计算规则

按设计图示数量计算。

4. 低压不锈钢板卷管件（项目编码：030804004，计量单位：个）

（1）工程内容

低压不锈钢板卷管件的工程内容包括：安装，管件焊口充氩保护，三通补强圈制作、安装。

（2）项目特征

低压不锈钢板卷管件的项目特征包括：材质，规格，焊接方法，补强圈材质、规格，充氩保护方式、部位。

（3）计算规则

按设计图示数量计算。

5. 低压合金钢管件（项目编码：030804005，计量单位：个）

（1）工程内容

低压合金钢管件的工程内容包括：安装，管件焊口充氩保护，三通补强圈制作、安装。

（2）项目特征

低压合金钢管件的项目特征包括：材质，规格，焊接方法，补强圈材质、规格，充氩保护方式、部位。

（3）计算规则

按设计图示数量计算。

6. 低压加热外套碳钢管件（两半）（项目编码：030804006，计量单位：个）

（1）工程内容

低压加热外套碳钢管件（两半）的工程内容包括：安装。

（2）项目特征

低压加热外套碳钢管件（两半）的项目特征包括：材质、规格、连接形式。

（3）计算规则

按设计图示数量计算。

7. 低压加热外套不锈钢管件（两半）（项目编码：030804007，计量单位：个）

（1）工程内容

低压加热外套不锈钢管件（两半）的工程内容包括：安装。

（2）项目特征

低压加热外套不锈钢管件（两半）的项目特征包括：材质、规格、连接形式。

（3）计算规则

按设计图示数量计算。

8. 低压铝及铝合金管件（项目编码：030804008，计量单位：个）

（1）工程内容

低压铝及铝合金管件的工程内容包括：安装，三通补强圈制作、安装。

（2）项目特征

低压铝及铝合金管件的项目特征包括：材质，规格，焊接方法，补强圈材质、规格。

（3）计算规则

按设计图示数量计算。

9. 低压铝及铝合金板卷管件（项目编码：030804009，计量单位：个）

（1）工程内容

低压铝及铝合金板卷管件的工程内容包括：安装，三通补强圈制作、安装。

（2）项目特征

低压铝及铝合金板卷管件的项目特征包括：材质，规格，焊接方法，补强圈材质、规格。

（3）计算规则

按设计图示数量计算。

10. 低压铜及铜合金管件（项目编码：030804010，计量单位：个）

（1）工程内容

低压铜及铜合金管件的工程内容包括：安装。

（2）项目特征

低压铜及铜合金管件的项目特征包括：材质、规格、焊接方法。

（3）计算规则

按设计图示数量计算。

11. 低压钛及钛合金管件（项目编码：030804011，计量单位：个）

（1）工程内容

低压钛及钛合金管件的工程内容包括：安装、管件焊口充氩保护。

（2）项目特征

低压钛及钛合金管件的项目特征包括：材质，规格，焊接方法，充氩保护方式、部位。

（3）计算规则

按设计图示数量计算。

12. 低压锆及锆合金管件（项目编码：030804012，计量单位：个）

（1）工程内容

低压锆及锆合金管件的工程内容包括：安装、管件焊口充氩保护。

（2）项目特征

低压锆及锆合金管件的项目特征包括：材质，规格，焊接方法，充氩保护方式、部位。

（3）计算规则

按设计图示数量计算。

13. 低压镍及镍合金管件（项目编码：030804013，计量单位：个）

（1）工程内容

低压镍及镍合金管件的工程内容包括：安装、管件焊口充氩保护。

（2）项目特征

低压镍及镍合金管件的项目特征包括：材质，规格，焊接方法，充氩保护方式、部位。

（3）计算规则

按设计图示数量计算。

14. 低压塑料管件（项目编码：030804014，计量单位：个）

（1）工程内容

低压塑料管件的工程内容包括：安装。

（2）项目特征

低压塑料管件的项目特征包括：材质、规格、连接形式、接口材料。

（3）计算规则

按设计图示数量计算。

15. 金属骨架复合管件（项目编码：030804015，计量单位：个）

工程内容、项目特征、计算规则同低压塑料管件。

16. 低压玻璃钢管件（项目编码：030804016，计量单位：个）

工程内容、项目特征、计算规则同低压塑料管件。

17. 低压铸铁管件（项目编码：030804017，计量单位：个）

工程内容、项目特征、计算规则同低压塑料管件。

18. 低压预应力混凝土转换件（项目编码：030804018，计量单位：个）

工程内容、项目特征、计算规则同低压塑料管件。

注：1. 管件包括弯头、三通、四通、异径管、管接头、管帽、方形补偿器弯头、管道上仪表一次部件、仪表温度计扩大管制作安装等。

2. 管件压力试验、吹扫、清洗、脱脂均包括在管道安装中。

3. 在主管上挖眼接管的三通和摔制异径管，均以主管径按管件安装工程量计算，不另计制作费和主材费；挖眼接管的三通支线管径小于主管径1/2时，不计算管件安装工程量；在主管上挖眼接管的焊接接头、凸台等配件，按配件管径计算管件工程量。

4. 三通、四通、异径管均按大管径计算。

5. 管件用法兰连接时执行法兰安装项目，管件本身不再计算安装。

6. 半加热外套管摔口后焊接在内套管上，每处焊口按一个管件计算；外套碳钢管如焊接不锈钢内套管上时，焊口间需加不锈钢短管衬垫，每处焊口按两个管件计算。

7.5.2.2 中压管件

1. 中压碳钢管件（项目编码：030805001，计量单位：个）

（1）工程内容

中压碳钢管件的工程内容包括：安装，三通补强圈制作、安装。

（2）项目特征

中压碳钢管件的项目特征包括：材质，规格，焊接方法，补强圈材质、规格。

（3）计算规则

按设计图示数量计算。

2. 中压螺旋卷管件（项目编码：030805002，计量单位：个）

（1）工程内容

中压螺旋卷管件的工程内容包括：安装，三通补强圈制作、安装。

（2）项目特征

中压螺旋卷管件的项目特征包括：材质，规格，焊接方法，补强圈材质、规格。

（3）计算规则

按设计图示数量计算。

3. 中压不锈钢管件（项目编码：030805003，计量单位：个）

（1）工程内容

中压不锈钢管件的工程内容包括：安装、管件焊口充氩保护。

（2）项目特征

中压不锈钢管件的项目特征包括：材质，规格，焊接方法，充氩保护方式、部位。

（3）计算规则

按设计图示数量计算。

4. 中压合金钢管件（项目编码：030805004，计量单位：个）

（1）工程内容

中压合金钢管件的工程内容包括：安装，三通补强圈制作、安装。

（2）项目特征

中压合金钢管件的项目特征包括：材质，规格，焊接方法，充氩保护方式，补强圈材质、规格。

（3）计算规则

按设计图示数量计算。

5. 中压铜及铜合金管件（项目编码：030805005，计量单位：个）

（1）工程内容

中压铜及铜合金管件的工程内容包括：安装。

（2）项目特征

中压铜及铜合金管件的项目特征包括：材质、规格、焊接方法。

（3）计算规则

按设计图示数量计算。

6. 中压钛及钛合金管件（项目编码：030805006，计量单位：个）

（1）工程内容

中压钛及钛合金管件的工程内容包括：安装、管件焊口充氩保护。

（2）项目特征

中压钛及钛合金管件的项目特征包括：材质，规格，焊接方法，充氩保护方式、部位。

（3）计算规则

按设计图示数量计算。

7. 中压锆及锆合金管件（项目编码：030805007，计量单位：个）

（1）工程内容

中压锆及锆合金管件的工程内容包括：安装、管件焊口充氩保护。

（2）项目特征

中压锆及锆合金管件的项目特征包括：材质，规格，焊接方法，充氩保护方式、部位。

（3）计算规则

按设计图示数量计算。

8. 中压镍及镍合金管件（项目编码：030805008，计量单位：个）

（1）工程内容

中压镍及镍合金管件的工程内容包括：安装、管件焊口充氩保护。

（2）项目特征

中压镍及镍合金管件的项目特征包括：材质，规格，焊接方法，充氩保护方式、部位。

（3）计算规则

按设计图示数量计算。

注：1. 管件包括弯头、三通、四通、异径管、管接头、管帽、方形补偿器弯头、管道上仪表一次部件、仪表温度计扩大管制作安装等。

2. 管件压力试验、吹扫、清洗、脱脂均包括在管道安装中。

3. 在主管上挖眼接管的三通和摔制异径管，均以主管径按管件安装工程量计算，不另计制作费和主材费；挖眼接管的三通支线管径小于主管径1/2时，不计算管件安装工程量；在主管上挖眼接管的焊接接头、凸台等配件，按配件管径计算管件工程量。

4. 三通、四通、异径管均按大管径计算。

5. 管件用法兰连接时执行法兰安装项目，管件本身不再计算安装。

6. 半加热外套管摔口后焊接在内套管上，每处焊口按一个管件计算；外套碳钢管如焊接不锈钢内套管上时，焊口间需加不锈钢短管衬垫，每处焊口按两个管件计算。

7.5.2.3 高压管件

1. 高压碳钢管件（项目编码：030806001，计量单位：个）

（1）工程内容

高压碳钢管件的工程内容包括：安装、管件焊口充氩保护。

（2）项目特征

高压碳钢管件的项目特征包括：材质，规格，连接形式、焊接方法，充氩保护方式、部位。

（3）计算规则

按设计图示数量计算。

2. 高压不锈钢管件（项目编码：030806002，计量单位：个）

工程内容、项目特征、计算规则同高压碳钢管件。

3. 高压合金钢管件（项目编码：030806003，计量单位：个）

工程内容、项目特征、计算规则同高压碳钢管件。

注：1. 管件包括弯头、三通、四通、异径管、管接头、管帽、方形补偿器弯头、管道上仪表一次部件、仪表温度计扩大管制作安装等。

2. 管件压力试验、吹扫、清洗、脱脂均包括在管道安装中。

3. 三通、四通、异径管均按大管径计算。

4. 管件用法兰连接时执行法兰安装项目，管件本身不再计算安装。

5. 半加热外套管摔口后焊接在内套管上，每处焊口按一个管件计算；外套碳钢管如焊接不锈钢内套管上时，焊口间需加不锈钢短管衬垫，每处焊口按两个管件计算。

7.5.3 阀门

7.5.3.1 低压阀门

1. 低压螺纹阀门（项目编码：030807001，计量单位：个）

（1）工程内容

低压螺纹阀门的工程内容包括：安装，操纵装置安装，壳体压力试验、解体检查及研磨，调试。

（2）项目特征

低压螺纹阀门的项目特征包括：名称，材质，型号、规格，连接形式，焊接方法。

（3）计算规则

按设计图示数量计算。

2. 低压焊接阀门（项目编码：030807002，计量单位：个）

工程内容、项目特征、计算规则同低压螺纹阀门。

3. 低压法兰阀门（项目编码：030807003，计量单位：个）

工程内容、项目特征、计算规则同低压螺纹阀门。

4. 低压齿轮、液压传动、电动阀门（项目编码：030807004，计量单位：个）

（1）工程内容

低压齿轮、液压传动、电动阀门的工程内容包括：安装，壳体压力试验、解体检查及研磨，调试。

（2）项目特征

低压齿轮、液压传动、电动阀门的项目特征包括：名称，材质，型号、规格，连接形式，焊接方法。

（3）计算规则

按设计图示数量计算。

5. 低压安全阀门（项目编码：030807005，计量单位：个）

（1）工程内容

低压安全阀门的工程内容包括：安装，壳体压力试验、解体检查及研磨，调试。

（2）项目特征

低压安全阀门的项目特征包括：名称，材质，型号、规格，连接形式，焊接方法。

（3）计算规则

按设计图示数量计算。

6. 低压调节阀门（项目编码：030807006，计量单位：个）

（1）工程内容

低压调节阀门的工程内容包括：安装，临时短管装拆，壳体压力试验、解体检查及研磨，调试。

（2）项目特征

低压调节阀门的项目特征包括：名称，材质，型号、规格，连接形式。

（3）计算规则

按设计图示数量计算。

注：1. 减压阀直径按高压侧计算。

    2. 电动阀门包括电动机安装。

3. 操纵装置安装按规范或设计技术要求计算。

7.5.3.2　中压阀门

1. 中压螺纹阀门（项目编码：030808001，计量单位：个）

（1）工程内容

中压螺纹阀门的工程内容包括：安装，操纵装置安装，壳体压力试验、解体检查及研磨，调试。

（2）项目特征

中压螺纹阀门的项目特征包括：名称，材质，型号、规格，连接形式，焊接方法。

（3）计算规则

按设计图示数量计算。

2. 中压焊接阀门（项目编码：030808002，计量单位：个）

工程内容、项目特征、计算规则同中压螺纹阀门。

3. 中压法兰阀门（项目编码：030808003，计量单位：个）

工程内容、项目特征、计算规则同中压螺纹阀门。

4. 中压齿轮、液压传动、电动阀门（项目编码：030808004，计量单位：个）

（1）工程内容

中压齿轮、液压传动、电动阀门的工程内容包括：安装，壳体压力试验、解体检查及研磨，调试。

（2）项目特征

中压齿轮、液压传动、电动阀门的项目特征包括：名称，材质，型号、规格，连接形式，焊接方法。

（3）计算规则

按设计图示数量计算。

5. 中压安全阀门（项目编码：030808005，计量单位：个）

（1）工程内容

中压安全阀门的工程内容包括：安装，壳体压力试验、解体检查及研磨，调试。

（2）项目特征

中压安全阀门的项目特征包括：名称，材质，型号、规格，连接形式，焊接方法。

（3）计算规则

按设计图示数量计算。

6. 中压调节阀门（项目编码：030808006，计量单位：个）

（1）工程内容

中压调节阀门的工程内容包括：安装，临时短管装拆，壳体压力试验、解体检查及研磨，调试。

（2）项目特征

中压调节阀门的项目特征包括：名称，材质，型号、规格，连接形式。

（3）计算规则

按设计图示数量计算。

注：1. 减压阀直径按高压侧计算。

　　2. 电动阀门包括电动机安装。

311

3. 操纵装置安装按规范或设计技术要求计算。

7.5.3.3 高压阀门

1. 高压螺纹阀门（项目编码：030809001，计量单位：个）

（1）工程内容

高压螺纹阀门的工程内容包括：安装，壳体压力试验、解体检查及研磨。

（2）项目特征

高压螺纹阀门的项目特征包括：名称，材质，型号、规格，连接形式，法兰垫片材质。

（3）计算规则

按设计图示数量计算。

2. 高压法兰阀门（项目编码：030809002，计量单位：个）

（1）工程内容

高压法兰阀门的工程内容包括：安装，壳体压力试验、解体检查及研磨。

（2）项目特征

高压法兰阀门的项目特征包括：名称，材质，型号、规格，连接形式，法兰垫片材质。

（3）计算规则

按设计图示数量计算。

3. 高压焊接阀门（项目编码：030809003，计量单位：个）

（1）工程内容

高压焊接阀门的工程内容包括：安装，焊口充氩保护，壳体压力试验、解体检查及研磨。

（2）项目特征

高压焊接阀门的项目特征包括：名称，材质，型号、规格，焊接方法，充氩保护方式、部位。

（3）计算规则

按设计图示数量计算。

注：减压阀直径按高压侧计算。

7.5.4 法兰

7.5.4.1 低压法兰

1. 低压碳钢螺纹法兰（项目编码：030810001，计量单位：副/片）

（1）工程内容

低压碳钢螺纹法兰的工程内容包括：安装、翻边活动法兰短管制作。

（2）项目特征

低压碳钢螺纹法兰的项目特征包括：材质，结构形式，型号、规格。

（3）计算规则

按设计图示数量计算。

2. 低压碳钢焊接法兰（项目编码：030810002，计量单位：副/片）

（1）工程内容

低压碳钢焊接法兰的工程内容包括：安装、翻边活动法兰短管制作。

（2）项目特征

低压碳钢焊接法兰的项目特征包括：材质，结构形式，型号、规格，连接形式，焊接方法。

（3）计算规则

按设计图示数量计算。

3. 低压铜及铜合金法兰（项目编码：030810003，计量单位：副/片）

（1）工程内容

低压铜及铜合金法兰的工程内容包括：安装、翻边活动法兰短管制作。

（2）项目特征

低压铜及铜合金法兰的项目特征包括：材质，结构形式，型号、规格，连接形式，焊接方法。

（3）计算规则

按设计图示数量计算。

4. 低压不锈钢法兰（项目编码：030810004，计量单位：副/片）

（1）工程内容

低压不锈钢法兰的工程内容包括：安装、翻边活动法兰短管制作、焊口充氩保护。

（2）项目特征

低压不锈钢法兰的项目特征包括：材质，结构形式，型号、规格，连接形式，焊接方法，充氩保护方式、部位。

（3）计算规则

按设计图示数量计算。

5. 低压合金钢法兰（项目编码：030810005，计量单位：副/片）

工程内容、项目特征、计算规则同低压不锈钢法兰。

6. 低压铝及铝合金法兰（项目编码：030810006，计量单位：副/片）

工程内容、项目特征、计算规则同低压不锈钢法兰。

7. 低压钛及钛合金法兰（项目编码：030810007，计量单位：副/片）

工程内容、项目特征、计算规则同低压不锈钢法兰。

8. 低压锆及锆合金法兰（项目编码：030810008，计量单位：副/片）

工程内容、项目特征、计算规则同低压不锈钢法兰。

9. 低压镍及镍合金法兰（项目编码：030810009，计量单位：副/片）

工程内容、项目特征、计算规则同低压不锈钢法兰。

10. 钢骨架复合塑料法兰（项目编码：030810010，计量单位：副/片）

（1）工程内容

钢骨架复合塑料法兰的工程内容包括：安装。

（2）项目特征

钢骨架复合塑料法兰的项目特征包括：材质、规格、连接形式、法兰垫片材质。

（3）计算规则

按设计图示数量计算。

注：1. 法兰焊接时，要在项目特征中描述法兰的连接形式（平焊法兰、对焊法兰、翻边活动法兰及焊环活动法兰等），不同连接形式应分别列项。

2. 配法兰的盲板不计安装工程量。

3. 焊接盲板（封头）按管件连接计算工程量。

7.5.4.2　中压法兰

1. 中压碳钢螺纹法兰（项目编码：030811001，计量单位：副/片）

（1）工程内容

中压碳钢螺纹法兰的工程内容包括：安装、翻边活动法兰短管制作。

（2）项目特征

中压碳钢螺纹法兰的项目特征包括：材质，结构形式，型号、规格。

（3）计算规则

按设计图示数量计算。

2. 中压碳钢焊接法兰（项目编码：030811002，计量单位：副/片）

（1）工程内容

中压碳钢焊接法兰的工程内容包括：安装、翻边活动法兰短管制作。

（2）项目特征

中压碳钢焊接法兰的项目特征包括：材质，结构形式，型号、规格，连接方式，焊接方法。

（3）计算规则

按设计图示数量计算。

3. 中压铜及铜合金法兰（项目编码：030811003，计量单位：副/片）

（1）工程内容

中压铜及铜合金法兰的工程内容包括：安装、翻边活动法兰短管制作。

（2）项目特征

中压铜及铜合金法兰的项目特征包括：材质，结构形式，型号、规格，连接方式，焊接方法。

（3）计算规则

按设计图示数量计算。

4. 中压不锈钢法兰（项目编码：030811004，计量单位：副/片）

（1）工程内容

中压不锈钢法兰的工程内容包括：安装、焊口充氩保护、翻边活动法兰短管制作。

（2）项目特征

中压不锈钢法兰的项目特征包括：材质，结构形式，型号、规格，连接方式，焊接方法，充氩保护方式、部位。

（3）计算规则

按设计图示数量计算。

5. 中压合金钢法兰（项目编码：030811005，计量单位：副/片）

工程内容、项目特征、计算规则同中压不锈钢法兰。

6. 中压钛及钛合金法兰（项目编码：030811006，计量单位：副/片）

工程内容、项目特征、计算规则同中压不锈钢法兰。

7. 中压锆及锆合金法兰（项目编码：030811007，计量单位：副/片）

工程内容、项目特征、计算规则同中压不锈钢法兰。

8. 中压镍及镍合金法兰（项目编码：030811008，计量单位：副/片）

工程内容、项目特征、计算规则同中压不锈钢法兰。

注：1. 法兰焊接时，要在项目特征中描述法兰的连接形式（平焊法兰、对焊法兰等），不同连接形式应分别列项。

2. 配法兰的盲板不计安装工程量。

3. 焊接盲板（封头）按管件连接计算工程量。

7.5.4.3 高压法兰

1. 高压碳钢螺纹法兰（项目编码：030812001，计量单位：副/片）

（1）工程内容

高压碳钢螺纹法兰的工程内容包括：安装。

（2）项目特征

高压碳钢螺纹法兰的项目特征包括：材质，结构形式，型号、规格，法兰垫片材质。

（3）计算规则

按设计图示数量计算。

2. 高压碳钢焊接法兰（项目编码：030812002，计量单位：副/片）

（1）工程内容

高压碳钢焊接法兰的工程内容包括：安装、焊口充氩保护。

（2）项目特征

高压碳钢焊接法兰的项目特征包括：材质，结构形式，型号、规格，焊接方法，充氩保护方式、部位，法兰垫片材质。

（3）计算规则

按设计图示数量计算。

3. 高压不锈钢焊接法兰（项目编码：030812003，计量单位：副/片）

工程内容、项目特征、计算规则同高压碳钢焊接法兰。

4. 高压合金钢焊接法兰（项目编码：030812004，计量单位：副/片）

工程内容、项目特征、计算规则同高压碳钢焊接法兰。

注：1. 配法兰的盲板不计安装工程量。

2. 焊接盲板（封头）按管件连接计算工程量。

7.5.5 管件及其他项目

7.5.5.1 板卷管制作

1. 碳钢板直管制作（项目编码：030813001，计量单位：t）

（1）工程内容

碳钢板直管制作的工程内容包括：制作、卷筒式板材开卷及平直。

（2）项目特征

碳钢板直管制作的项目特征包括：材质、规格、焊接方法。

（3）计算规则

按设计图示质量计算。

2. 不锈钢板直管制作（项目编码：030813002，计量单位：t）

（1）工程内容

不锈钢板直管制作的工程内容包括：制作、焊口充氩保护。

（2）项目特征

不锈钢板直管制作的项目特征包括：材质，规格，焊接方法，充氩保护方式、部位。

（3）计算规则

按设计图示质量计算。

3. 铝及铝合金板直管制作（项目编码：030813003，计量单位：t）

（1）工程内容

铝板直管制作的工程内容包括：制作、焊口充氩保护。

（2）项目特征

铝板直管制作的项目特征包括：材质，规格，焊接方法，充氩保护方式、部位。

（3）计算规则

按设计图示质量计算。

7.5.5.2 管件制作

1. 碳钢板管件制作（项目编码：030814001，计量单位：t）

（1）工程内容

碳钢板管件制作的工程内容包括：制作，卷筒式板材开卷及平直。

（2）项目特征

碳钢板管件制作的项目特征包括：材质、规格、焊接方法。

（3）计算规则

按设计图示质量计算。

2. 不锈钢板管件制作（项目编码：030814002，计量单位：t）

（1）工程内容

不锈钢板管件制作的工程内容包括：制作，焊口充氩保护。

（2）项目特征

不锈钢板管件制作的项目特征包括：材质，规格，焊接方法，充氩保护方式、部位。

（3）计算规则

按设计图示质量计算。

3. 铝及铝合金板管件制作（项目编码：030814003，计量单位：t）

（1）工程内容

铝及铝合金板管件制作的工程内容包括：制作。

（2）项目特征

铝及铝合金板管件制作的项目特征包括：材质、规格、焊接方法。

（3）计算规则

按设计图示质量计算。

4. 碳钢管虾体弯制作（项目编码：030814004，计量单位：个）

（1）工程内容

碳钢管虾体弯制作的工程内容包括：制作。

（2）项目特征

碳钢管虾体弯制作的项目特征包括：材质、规格、焊接方法。

（3）计算规则

按设计图示数量计算。

5. 中压螺旋卷管虾体弯制作（项目编码：030814005，计量单位：个）

（1）工程内容

中压螺旋卷管虾体弯制作的工程内容包括：制作。

（2）项目特征

中压螺旋卷管虾体弯制作的项目特征包括：材质、规格、焊接方法。

（3）计算规则

按设计图示数量计算。

6. 不锈钢管虾体弯制作（项目编码：030814006，计量单位：个）

（1）工程内容

不锈钢管虾体弯制作的工程内容包括：制作，焊口充氩保护。

（2）项目特征

不锈钢管虾体弯制作的项目特征包括：材质，规格，充氩保护方式、部位。

（3）计算规则

按设计图示数量计算。

7. 铝及铝合金管虾体弯制作（项目编码：030814007，计量单位：个）

（1）工程内容

铝及铝合金管虾体弯制作的工程内容包括：制作。

（2）项目特征

铝及铝合金管虾体弯制作的项目特征包括：材质、规格、焊接方法。

（3）计算规则

按设计图示数量计算。

8. 铜及铜合金管虾体弯制作（项目编码：030814008，计量单位：个）

（1）工程内容

铜及铜合金管虾体弯制作的工程内容包括：制作。

（2）项目特征

铜及铜合金管虾体弯制作的项目特征包括：材质、规格、焊接方法。

（3）计算规则

按设计图示数量计算。

9. 管道机械煨弯（项目编码：030814009，计量单位：个）

（1）工程内容

管道机械煨弯的工程内容包括：煨弯。

（2）项目特征

管道机械煨弯的项目特征包括：压力，材质，型号、规格。

（3）计算规则

按设计图示数量计算。

10. 管道中频煨弯（项目编码：030814010，计量单位：个）

（1）工程内容

管道中频煨弯的工程内容包括：煨弯。

（2）项目特征

管道中频煨弯的项目特征包括：压力，材质，型号、规格。

（3）计算规则

按设计图示数量计算。

11. 塑料管煨弯（项目编码：030814011，计量单位：个）

（1）工程内容

塑料管煨弯的工程内容包括：煨弯。

（2）项目特征

塑料管煨弯的项目特征包括：材质，型号、规格。

（3）计算规则

按设计图示数量计算。

注：管件包括弯头、三通、异径管；异径管按大头口径计算，三通按主管口径计算。

7.5.5.3　管架制作安装

管架制作安装（项目编码：030815001，计量单位：kg）

（1）工程内容

管架制作安装的工程内容包括：制作、安装，弹簧管架物理性试验。

（2）项目特征

管架制作安装的项目特征包括：单件支架质量、材质、管架形式、支架衬垫材质、减震器形式及做法。

（3）计算规则

按设计图示质量计算。

注：1. 单件支架质量有100kg以下和100kg以上时，应分别列项。

　　2. 支架衬垫需注明采用何种衬垫，如防腐木垫、不锈钢衬垫、铝衬垫等。

　　3. 采用弹簧减震器时需注明是否做相应试验。

7.5.5.4　无损探伤与热处理

1. 管材表面超声波探伤（项目编码：030816001，计量单位：m/m²）

（1）工程内容

管材表面超声波探伤的工程内容包括：探伤。

（2）项目特征

管材表面超声波探伤的项目特征包括：名称、规格。

（3）计算规则

1）以米计量，按管材无损探伤长度计算。

2）以平方米计量，按管材表面探伤检测面积计算。

2. 管材表面磁粉探伤（项目编码：030816002，计量单位：m/m²）

（1）工程内容

管材表面磁粉探伤的工程内容包括：探伤。

（2）项目特征

管材表面磁粉探伤的项目特征包括：名称、规格。

（3）计算规则

1）以米计量，按管材无损探伤长度计算。

2）以平方米计量，按管材表面探伤检测面积计算。

3. 焊缝X光射线探伤（项目编码：030816003，计量单位：张/口）

（1）工程内容

焊缝X光射线探伤的工程内容包括：探伤。

（2）项目特征

焊缝 X 光射线探伤的项目特征包括：名称、底片规格、管壁厚度。

（3）计算规则

按规范或设计技术要求计算。

4. 焊缝 γ 射线探伤（项目编码：030816004，计量单位：张/口）

（1）工程内容

焊缝 γ 射线探伤的工程内容包括：探伤。

（2）项目特征

焊缝 γ 射线探伤的项目特征包括：底片规格，管壁厚度。

（3）计算规则

按规范或设计技术要求计算。

5. 焊缝超声波探伤（项目编码：030816005，计量单位：口）

（1）工程内容

焊缝超声波探伤的工程内容包括：探伤、对比试块的制作。

（2）项目特征

焊缝超声波探伤的项目特征包括：名称、管道规格、对比试块设计要求。

（3）计算规则

按规范或设计技术要求计算。

6. 焊缝磁粉探伤（项目编码：030816006，计量单位：口）

（1）工程内容

焊缝磁粉探伤的工程内容包括：探伤。

（2）项目特征

焊缝磁粉探伤的项目特征包括：名称、管道规格。

（3）计算规则

按规范或设计技术要求计算。

7. 焊缝渗透探伤（项目编码：030816007，计量单位：口）

（1）工程内容

焊缝渗透探伤的工程内容包括：探伤。

（2）项目特征

焊缝渗透探伤的项目特征包括：名称、管道规格。

（3）计算规则

按规范或设计技术要求计算。

8. 焊前预热、后热处理（项目编码：030816008，计量单位：口）

（1）工程内容

焊前预热、后热处理的工程内容包括：热处理、硬度测定。

（2）项目特征

焊前预热、后热处理的项目特征包括：材质、规格及管壁厚、压力等级、热处理方法、硬度测定设计要求。

（3）计算规则

按规范或设计技术要求计算。

9. 焊口热处理（项目编码：030816009，计量单位：口）

（1）工程内容

焊口热处理的工程内容包括：热处理、硬度测定。

（2）项目特征

焊口热处理的项目特征包括：材质、规格及管壁厚、压力等级、热处理方法、硬度测定设计要求。

（3）计算规则

按规范或设计技术要求计算。

注：探伤项目包括固定探伤仪支架的制作、安装。

7.5.5.5 其他项目制作安装

1. 冷排管制作安装（项目编码：030817001，计量单位：m）

（1）工程内容

冷排管制作安装的工程内容包括：制作、安装，钢带退火，加氨，冲、套翅片。

（2）项目特征

冷排管制作安装的项目特征包括：排管形式，组合长度。

（3）计算规则

按设计图示以长度计算。

2. 分、集汽（水）缸制作安装（项目编码：030817002，计量单位：台）

（1）工程内容

分、集汽（水）缸制作安装的工程内容包括：制作、安装。

（2）项目特征

分、集汽（水）缸制作安装的项目特征包括：质量，材质、规格，安装方式。

（3）计算规则

按设计图示数量计算。

3. 空气分气筒制作安装（项目编码：030817003，计量单位：组）

（1）工程内容

空气分气筒制作安装的工程内容包括：制作、安装。

（2）项目特征

空气分气筒制作安装的项目特征包括：材质、规格。

（3）计算规则

按设计图示数量计算。

4. 空气调节喷雾管安装（项目编码：030817004，计量单位：组）

（1）工程内容

空气调节喷雾管安装的工程内容包括：安装。

（2）项目特征

空气调节喷雾管安装的项目特征包括：材质、规格。

（3）计算规则

按设计图示数量计算。

5. 钢制排水漏斗制作安装（项目编码：030817005，计量单位：个）

（1）工程内容

钢制排水漏斗制作安装的工程内容包括：制作、安装。

（2）项目特征

钢制排水漏斗制作安装的项目特征包括：形式、材质，口径规格。

（3）计算规则

按设计图示数量计算。

6. 水位计安装（项目编码：030817006，计量单位：组）

（1）工程内容

水位计安装的工程内容包括：安装。

（2）项目特征

水位计安装的项目特征包括：规格、型号。

（3）计算规则

按设计图示数量计算。

7. 手摇泵安装（项目编码：030817007，计量单位：个）

（1）工程内容

手摇泵安装的工程内容包括：安装、调试。

（2）项目特征

手摇泵安装的项目特征包括：规格、型号。

（3）计算规则

按设计图示数量计算。

8. 套管制作安装（项目编码：030817008，计量单位：台）

（1）工程内容

套管制作安装的工程内容包括：制作，安装，除锈、刷油。

（2）项目特征

套管制作安装的项目特征包括：类型、材质、规格、填料材质。

（3）计算规则

按设计图示数量计算。

注：1. 冷排管制作安装项目中包括钢带退火，加氨，冲、套翅片，按设计要求计算。

2. 钢制排水漏斗制作安装，其口径规格按下口公称直径描述。

3. 套管制作安装，适用于穿基础、墙、楼板等部位的防水套管、一般钢套管及防火套管等，应分别列项。

【例7-13】 某车间工业管道如图7-13所示，计算各项工程量。

解：清单工程量计算：见表7-10。

表7-10　工程量计算

序号	工程名称	计算式	单位	工程量	备注
1	螺纹钢管 16Mnϕ529×7	$1.8+0.6+0.72+1.8$	m	4.92	地下
2	螺纹钢管 16Mnϕ426×7	$0.72+1.8$	m	2.52	地下
3	无缝钢管 20#ϕ219×7	$2.5+0.36+2.4+(2.4-0.6)$	m	7.06	地下
		$1.013-0.426\div2$	m	0.8	地下

序号	工程名称	计算式	单位	工程量	备注
4	无缝钢管 20#ϕ159×6	$0.6+2.5+0.36+0.84+0.24+0.24$	m	4.78	地下
		$1.065-0.529\div2$	m	0.8	地下
5	无缝钢管 20#ϕ60×3.5	$0.6+0.72+(2.4-0.24)$	m	3.48	地上
6	无缝钢管 20#ϕ32×3	$0.6+0.72+(2.4-0.6)+(2.4-0.24)$	m	5.28	地上

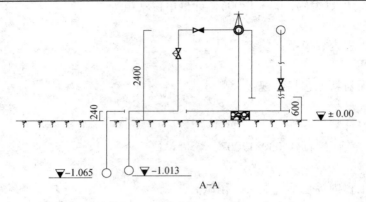

1	y1	ϕ529×7	16锰钢管
2	y2	ϕ426×7	16锰钢管
3	y3	ϕ219×7	20#无缝钢管
4	y4	ϕ159×6	20#无缝钢管
5	y5	ϕ60×3.5	20#无缝钢管
6	y6	ϕ32×3	20#无缝钢管

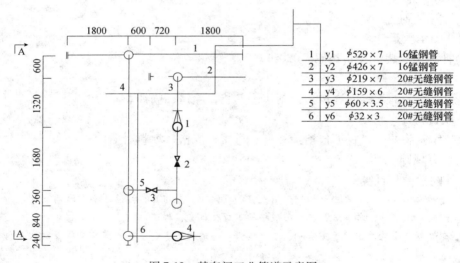

图 7-13　某车间工业管道示意图

【**例 7-14**】　图 7-14 为一锅炉蒸汽供热部分管道图，计算管件、阀门安装工程量。

解：如图，组成管道为一主干管线 $\phi65\times2.5$mm，一分支管线 $\phi45\times2.5$mm 蒸汽分支

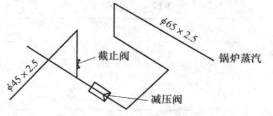

图 7-14　锅炉蒸汽供热部分管道图

供汽前经过一次减压阀，经减压后利用一个异径三通分汽，主干送气管道继续往前输送，分支管网通过截止阀控制所需用汽量，管件工程量见表7-11。

表7-11 管件工程量

定额编号	清单项目名称	工作内容	计量单位	数量	其中（元）			
					人工费	材料费	机械费	小计
—	ϕ65×2.5管件	安装ϕ65×2.5管件	个	4	69.50	32.25	66.76	168.51
—	减压阀	安装减压阀	个	1	12.59	1.12	—	13.71
—	ϕ45×2.5管件	安装ϕ45×2.5管件	个	1	46.11	12.28	35.71	94.1
—	截止阀	安装截止阀	个	1	6.73	4.06	2.17	12.96
小计					134.57	49.71	104.64	289.28

清单工程量计算同定额工程量计算：

ϕ65×2.5管件，弯头：工程量为4个

ϕ65×2.5管件，三通：工程量为1个

减压阀：工程量为1个

ϕ45×2.5管件：工程量为1个

截止阀：工程量为1个

7.6 给排水、采暖、燃气工程

7.6.1 给排水、采暖、燃气管道

1. 镀锌钢管（项目编码：031001001，计量单位：m）

（1）工程内容

镀锌钢管的工程内容包括：管道安装，管件制作、安装，压力试验，吹扫、冲洗，警示带铺设。

（2）项目特征

镀锌钢管的项目特征包括：安装部位，介质，规格、压力等级，连接形式，压力试验及吹、洗设计要求，警示带形式。

（3）计算规则

按设计图示管道中心线以长度计算。

2. 钢管（项目编码：031001002，计量单位：m）

工程内容、项目特征、计算规则同镀锌钢管。

3. 不锈钢管（项目编码：031001003，计量单位：m）

工程内容、项目特征、计算规则同镀锌钢管。

4. 铜管（项目编码：031001004，计量单位：m）

工程内容、项目特征、计算规则同镀锌钢管。

5. 铸铁管（项目编码：031001005，计量单位：m）

（1）工程内容

铸铁管的工程内容包括：管道安装，管件安装，压力试验，吹扫、冲洗，警示带铺设。

（2）项目特征

铸铁管的项目特征包括：安装部位，介质，材质、规格，连接形式，接口材料，压力试

验及吹、洗设计要求，警示带形式。

（3）计算规则

按设计图示管道中心线以长度计算。

6. 塑料管（项目编码：031001006，计量单位：m）

（1）工程内容

塑料管的工程内容包括：管道安装，管件安装，塑料卡固定，阻火圈安装，压力试验，吹扫、冲洗，警示带铺设。

（2）项目特征

塑料管的项目特征包括：安装部位，介质，材质、规格，连接形式，阻火圈设计要求，压力试验及吹、洗设计要求，警示带形式。

（3）计算规则

按设计图示管道中心线以长度计算。

7. 复合管（项目编码：031001007，计量单位：m）

（1）工程内容

复合管的工程内容包括：管道安装，管件安装，塑料卡固定，压力试验，吹扫、冲洗，警示带铺设。

（2）项目特征

复合管的项目特征包括：安装部位，介质，材质、规格，连接形式，压力试验及吹、洗设计要求，警示带形式。

（3）计算规则

按设计图示管道中心线以长度计算。

8. 直埋式预制保温管（项目编码：031001008，计量单位：m）

（1）工程内容

直埋式预制保温管的工程内容包括：管道安装，管件安装，接口保温，压力试验，吹扫、冲洗，警示带铺设。

（2）项目特征

直埋式预制保温管的项目特征包括：埋设深度，介质，管道材质、规格，连接形式，接口保温材料，压力试验及吹、洗设计要求，警示带形式。

（3）计算规则

按设计图示管道中心线以长度计算。

9. 承插陶瓷缸瓦管（项目编码：031001009，计量单位：m）

（1）工程内容

承插陶瓷缸瓦管的工程内容包括：管道安装，管件安装，压力试验，吹扫、冲洗，警示带铺设。

（2）项目特征

承插陶瓷缸瓦管的项目特征包括：埋设深度，规格，接口方式及材料，压力试验及吹、洗设计要求，警示带形式。

（3）计算规则

按设计图示管道中心线以长度计算。

10. 承插水泥管（项目编码：031001010，计量单位：m）

（1）工程内容

承插水泥管的工程内容包括：管道安装，管件安装，压力试验，吹扫、冲洗，警示带铺设。

（2）项目特征

承插水泥管的项目特征包括：埋设深度，规格，接口方式及材料，压力试验及吹、洗设计要求，警示带形式。

（3）计算规则

按设计图示管道中心线以长度计算。

11. 室外管道碰头（项目编码：031001011，计量单位：处）

（1）工程内容

室外管道碰头的工程内容包括：挖填工作坑或暖气沟拆除及修复、碰头、接口处防腐、接口处绝热及保护层。

（2）项目特征

室外管道碰头的项目特征包括：介质，碰头形式，材质、规格，连接形式，防腐、绝热设计要求。

（3）计算规则

按设计图示以处计算。

注：1. 安装部位，指管道安装在室内、室外。

2. 输送介质包括给水、排水、中水、雨水、热媒体、燃气、空调水等。

3. 方形补偿器制作安装应含在管道安装综合单价中。

4. 铸铁管安装适用于承插铸铁管、球墨铸铁管、柔性抗震铸铁管等。

5. 塑料管安装适用于 UPVC、PVC、PP－C、PP－R、PE、PB 管等塑料管材。

6. 复合管安装适用于钢塑复合管、铝塑复合管、钢骨架复合管等复合型管道安装。

7. 直埋保温管包括直埋保温管件安装及接口保温。

8. 排水管道安装包括立管检查口、透气帽。

9. 室外管道碰头：

（1）适用于新建或扩建工程热源、水源、气源管道与原（旧）有管道碰头；

（2）室外管道碰头包括挖工作坑、土方回填或暖气沟局部拆除及修复；

（3）带介质管道碰头包括开关闸、临时放水管线铺设等费用；

（4）热源管道碰头每处包括供、回水两个接口；

（5）碰头形式指带介质碰头、不带介质碰头。

10. 管道工程量计算不扣除阀门、管件（包括减压器、疏水器、水表、伸缩器等组成安装）及附属构筑物所占长度；方形补偿器以其所占长度列入管道安装工程量。

11. 压力试验按设计要求描述试验方法，如水压试验、气压试验、泄漏性试验、闭水试验、通球试验、真空试验等。

12. 吹、洗按设计要求描述吹扫、冲洗方法，如水冲洗、消毒冲洗、空气吹扫等。

7.6.2 支架及其他

1. 管道支架（项目编码：031002001，计量单位：kg/套）

（1）工程内容

管道支架的工程内容包括：制作、安装。

（2）项目特征

管道支架的项目特征包括：材质、管道形式。

（3）计算规则

1）以千克计量，按设计图示质量计算。

2）以套计量，按设计图示数量计算。

2. 设备支架（项目编码：031002002，计量单位：kg/套）

（1）工程内容

设备支架的工程内容包括：制作、安装。

（2）项目特征

设备支架的项目特征包括：材质、形式。

（3）计算规则

1）以千克计量，按设计图示质量计算。

2）以套计量，按设计图示数量计算。

3. 套管（项目编码：031002003，计量单位：个）

（1）工程内容

套管的工程内容包括：制作、安装，除锈、刷油。

（2）项目特征

套管的项目特征包括：名称、类型，材质，规格，填料材质。

（3）计算规则

按设计图示数量计算。

注：1. 单件支架质量100kg以上的管道支吊架执行设备支吊架制作安装。

2. 成品支架安装执行相应管道支架或设备支架项目，不再计取制作费，支架本身价值含在综合单价中。

3. 套管制作安装，适用于穿基础、墙、楼板等部位的防水套管、填料套管、无填料套管及防火套管等，应分别列项。

7.6.3 管道附件

1. 螺纹阀门（项目编码：031003001，计量单位：个）

（1）工程内容

螺纹阀门的工程内容包括：安装、电气连线、调试。

（2）项目特征

螺纹阀门的项目特征包括：类型，材质，规格、压力等级，连接形式，焊接方法。

（3）计算规则

按设计图示数量计算。

2. 螺纹法兰阀门（项目编码：031003002，计量单位：个）

（1）工程内容

螺纹法兰阀门的工程内容包括：安装、电气连线、调试。

（2）项目特征

螺纹法兰阀门的项目特征包括：类型，材质，规格、压力等级，连接形式，焊接方法。

（3）计算规则

按设计图示数量计算。

3. 焊接法兰阀门（项目编码：031003003，计量单位：个）

（1）工程内容

焊接法兰阀门的工程内容包括：安装、电气连线、调试。

（2）项目特征

焊接法兰阀门的项目特征包括：类型，材质，规格、压力等级，连接形式，焊接方法。

（3）计算规则

按设计图示数量计算。

4. 带短管甲乙阀门（项目编码：031003004，计量单位：个）

（1）工程内容

带短管甲乙的法兰阀的工程内容包括：安装、电气连线、调试。

（2）项目特征

带短管甲乙的法兰阀的项目特征包括：材质，规格、压力等级，连接形式，接口方式及材质。

（3）计算规则

按设计图示数量计算。

5. 塑料阀门（项目编码：031003005，计量单位：个）

（1）工程内容

塑料阀门的工程内容包括：安装、调试。

（2）项目特征

塑料阀门的项目特征包括：规格、连接形式。

（3）计算规则

按设计图示数量计算。

6. 减压器（项目编码：031003006，计量单位：组）

（1）工程内容

减压器的工程内容包括：组装。

（2）项目特征

减压器的项目特征包括：材质，规格、压力等级，连接形式，附件配置。

（3）计算规则

按设计图示数量计算。

7. 疏水器（项目编码：031003007，计量单位：组）

（1）工程内容

减疏水器的工程内容包括：组装。

（2）项目特征

疏水器的项目特征包括：材质，规格、压力等级，连接形式，附件配置。

（3）计算规则

按设计图示数量计算。

8. 除污器（过滤器）（项目编码：031003008，计量单位：组）

（1）工程内容

除污器（过滤器）的工程内容包括：安装。

（2）项目特征

除污器（过滤器）的项目特征包括：材质，规格、压力等级，连接形式。

（3）计算规则

按设计图示数量计算。

9. 补偿器（项目编码：031003009，计量单位：个）

（1）工程内容

补偿器的工程内容包括：安装。

（2）项目特征

补偿器的项目特征包括：类型，材质，规格、压力等级，连接形式。

（3）计算规则

按设计图示数量计算。

10. 软接头（软管）（项目编码：031003010，计量单位：个/组）

（1）工程内容

软接头（软管）的工程内容包括：安装。

（2）项目特征

软接头（软管）的项目特征包括：材质、规格、连接形式。

（3）计算规则

按设计图示数量计算。

11. 法兰（项目编码：031003011，计量单位：副/片）

（1）工程内容

法兰的工程内容包括：安装。

（2）项目特征

法兰的项目特征包括：材质，规格、压力等级，连接形式。

（3）计算规则

按设计图示数量计算。

12. 倒流防止器（项目编码：031003012，计量单位：套）

（1）工程内容

倒流防止器的工程内容包括：安装。

（2）项目特征

倒流防止器的项目特征包括：材质，型号、规格，连接形式。

（3）计算规则

按设计图示数量计算。

13. 水表（项目编码：031003013，计量单位：组/个）

（1）工程内容

水表的工程内容包括：组装。

（2）项目特征

水表的项目特征包括：安装部位（室内外），型号、规格，连接形式，附件配置。

（3）计算规则

按设计图示数量计算。

14. 热量表（项目编码：031003014，计量单位：块）

（1）工程内容

热量表的工程内容包括：安装。

（2）项目特征

热量表的项目特征包括：类型，型号、规格，连接形式。

（3）计算规则

按设计图示数量计算。

15. 塑料排水管消声器（项目编码：031003015，计量单位：个）

（1）工程内容

塑料排水管消声器的工程内容包括：安装。

（2）项目特征

塑料排水管消声器的项目特征包括：规格、连接形式。

（3）计算规则

按设计图示数量计算。

16. 浮标液面计（项目编码：031003016，计量单位：组）

（1）工程内容

浮标液面计的工程内容包括：安装。

（2）项目特征

浮标液面计的项目特征包括：规格、连接形式。

（3）计算规则

按设计图示数量计算。

17. 浮漂水位标尺（项目编码：031003017，计量单位：套）

（1）工程内容

浮漂水位标尺的工程内容包括：安装。

（2）项目特征

浮漂水位标尺的项目特征包括：用途、规格。

（3）计算规则

按设计图示数量计算。

注：1. 法兰阀门安装包括法兰连接，不得另计。阀门安装如仅为一侧法兰连接时，应在项目特征中描述。

2. 塑料阀门连接形式需注明热熔连接、粘结、热风焊接等方式。

3. 减压器规格按高压侧管道规格描述。

4. 减压器、疏水器、倒流防止器等项目包括组成与安装工作内容，项目特征应根据设计要求描述附件配置情况，或根据××图集或××施工图做法描述。

7.6.4 卫生器具

1. 浴缸（项目编码：031004001，计量单位：组）

（1）工程内容

浴缸的工程内容包括：器具安装、附件安装。

（2）项目特征

浴缸的项目特征包括：材质，规格、类型，组装形式，附件名称、数量。

（3）计算规则

按设计图示数量计算。

2. 净身盆（项目编码：031004002，计量单位：组）

工程内容、项目特征、计算规则同浴缸。

3. 洗脸盆（项目编码：031004003，计量单位：组）

工程内容、项目特征、计算规则同浴缸。

4. 洗涤盆（项目编码：031004004，计量单位：组）

工程内容、项目特征、计算规则同浴缸。

5. 化验盆（项目编码：031004005，计量单位：组）

工程内容、项目特征、计算规则同浴缸。

6. 大便器（项目编码：031004006，计量单位：组）

工程内容、项目特征、计算规则同浴缸。

7. 小便器（项目编码：031004007，计量单位：组）

工程内容、项目特征、计算规则同浴缸。

8. 其他成品卫生器具（项目编码：031004008，计量单位：组）

工程内容、项目特征、计算规则同浴缸。

9. 烘手器（项目编码：031004009，计量单位：个）

（1）工程内容

烘手器的工程内容包括：安装。

（2）项目特征

烘手器的项目特征包括：材质，型号、规格。

（3）计算规则

按设计图示数量计算。

10. 淋浴器（项目编码：031004010，计量单位：套）

（1）工程内容

淋浴器的工程内容包括：器具安装、附件安装。

（2）项目特征

淋浴器的项目特征包括：材质、规格，组装形式，附件名称、数量。

（3）计算规则

按设计图示数量计算。

11. 淋浴间（项目编码：031004011，计量单位：套）

（1）工程内容

淋浴间的工程内容包括：器具安装、附件安装。

（2）项目特征

淋浴间的项目特征包括：材质、规格，组装形式，附件名称、数量。

（3）计算规则

按设计图示数量计算。

12. 桑拿浴房（项目编码：031004012，计量单位：套）

（1）工程内容

桑拿浴房的工程内容包括：器具安装、附件安装。

（2）项目特征

桑拿浴房的项目特征包括：材质、规格，组装形式，附件名称、数量。

（3）计算规则

按设计图示数量计算。

13. 大、小便槽自动冲洗水箱（项目编码：031004013，计量单位：套）

（1）工程内容

大、小便槽自动冲洗水箱的工程内容包括：制作，安装，支架制作、安装，除锈、刷油。

（2）项目特征

大、小便槽自动冲洗水箱的项目特征包括：材质、类型，规格，水箱配件，支架形式及做法，器具及支架除锈、刷油设计要求。

（3）计算规则

按设计图示数量计算。

14. 给、排水附（配）件（项目编码：031004014，计量单位：个/组）

（1）工程内容

给、排水附（配）件的工程内容包括：安装。

（2）项目特征

给、排水附（配）件的项目特征包括：材质，型号、规格，安装方式。

（3）计算规则

按设计图示数量计算。

15. 小便槽冲洗管（项目编码：031004015，计量单位：m）

（1）工程内容

小便槽冲洗管的工程内容包括：制作、安装。

（2）项目特征

小便槽冲洗管的项目特征包括：材质、规格。

（3）计算规则

按设计图示长度计算。

16. 蒸汽-水加热器（项目编码：031004016，计量单位：套）

（1）工程内容

蒸汽-水加热器的工程内容包括：制作、安装。

（2）项目特征

蒸汽-水加热器的项目特征包括：类型，型号、规格，安装方式。

（3）计算规则

按设计图示数量计算。

17. 冷热水混合器（项目编码：031004017，计量单位：套）

（1）工程内容

冷热水混合器的工程内容包括：制作、安装。

（2）项目特征

冷热水混合器的项目特征包括：类型，型号、规格，安装方式。

（3）计算规则

按设计图示数量计算。

18. 饮水器（项目编码：031004018，计量单位：套）

（1）工程内容

饮水器的工程内容包括：安装。

（2）项目特征

饮水器的项目特征包括：类型，型号、规格，安装方式。

（3）计算规则

按设计图示数量计算。

19. 隔油器（项目编码：031004019，计量单位：套）

（1）工程内容

隔油器的工程内容包括：安装。

（2）项目特征

隔油器的项目特征包括：类型，型号、规格，安装部位。

（3）计算规则

按设计图示数量计算。

注：1. 成品卫生器具项目中的附件安装，主要指给水附件包括水嘴、阀门、喷头等，排水配件包括存水弯、排水栓、下水口等以及配备的连接管。

2. 浴缸支座和浴缸周边的砌砖、瓷砖粘贴，应按现行国家标准《房屋建筑与装饰工程工程量计算规范》（GB 50854—2013）相关项目编码列项；功能性浴缸不含电机接线和调试，应按电气设备安装工程相关项目编码列项。

3. 洗脸盆适用于洗脸盆、洗发盆、洗手盆安装。

4. 器具安装中若采用混凝土或砖基础，应按现行国家标准《房屋建筑与装饰工程工程量计算规范》（GB 50854—2013）相关项目编码列项。

5. 给、排水附（配）件是指独立安装的水嘴、地漏、地面扫出口等。

7.6.5 供暖器具

1. 铸铁散热器（项目编码：031005001，计量单位：片/组）

（1）工程内容

铸铁散热器的工程内容包括：组对、安装，水压试验，托架制作、安装，除锈、刷油。

（2）项目特征

铸铁散热器的项目特征包括：型号、规格，安装方式，托架形式，器具、托架除锈、刷油设计要求。

（3）计算规则

按设计图示数量计算。

2. 钢制散热器（项目编码：031005002，计量单位：组/片）

（1）工程内容

钢制散热器的工程内容包括：安装、托架安装、托架刷油。

（2）项目特征

钢制散热器的项目特征包括：结构形式，型号、规格，安装方式，托架刷油设计要求。

（3）计算规则

按设计图示数量计算。

3. 其他成品散热器（项目编码：031005003，计量单位：组/片）

（1）工程内容

其他成品散热器的工程内容包括：安装、托架安装、托架刷油。

（2）项目特征

其他成品散热器的项目特征包括：材质、类型，型号、规格，托架刷油设计要求。

（3）计算规则

按设计图示数量计算。

4．光排管散热器（项目编码：031005004，计量单位：m）

（1）工程内容

光排管散热器的工程内容包括：制作、安装，水压试验，除锈、刷油。

（2）项目特征

光排管散热器的项目特征包括：材质、类型，型号、规格，托架形式及做法，器具、托架除锈、刷油设计要求。

（3）计算规则

按设计图示排管长度计算。

5．暖风机（项目编码：031005005，计量单位：台）

（1）工程内容

暖风机的工程内容包括：安装。

（2）项目特征

暖风机的项目特征包括：质量，型号、规格，安装方式。

（3）计算规则

按设计图示数量计算。

6．地板辐射采暖（项目编码：031005006，计量单位：m^2/m）

（1）工程内容

地板辐射采暖的工程内容包括：保温层及钢丝网铺设，管道排布、绑扎、固定，与分集水器连接，水压试验、冲洗，配合地面浇注。

（2）项目特征

地板辐射采暖的项目特征包括：保温层材质、厚度，钢丝网设计要求，管道材质、规格，压力试验机吹扫设计要求。

（3）计算规则

1）以平方米计量，按设计图示采暖房间净面积计算。

2）以米计量，按设计图示管道长度计算。

7．热媒集配装置（项目编码：031005007，计量单位：台）

（1）工程内容

热媒集配装置的工程内容包括：制作、安装、附件安装。

（2）项目特征

热媒集配装置的项目特征包括：材质，规格，附件名称、规格、数量。

（3）计算规则

按设计图示数量计算。

8．集气罐（项目编码：031005008，计量单位：个）

（1）工程内容

集气罐的工程内容包括：制作、安装。

（2）项目特征

集气罐的项目特征包括：材质、规格。

（3）计算规则

按设计图示数量计算。

注：1. 铸铁散热器，包括拉条制作安装。

2. 钢制散热器结构形式，包括钢制闭式、板式、壁板式、扁管式及柱式散热器等，应分别列项计算。

3. 光排管散热器，包括联管制作安装。

4. 地板辐射采暖，包括与分集水器连接和配合地面浇注用工。

7.6.6 采暖、给排水设备

1. 变频给水设备（项目编码：031006001，计量单位：套）

（1）工程内容

变频给水设备的工程内容包括：设备安装，附件安装，调试，减震装置制作、安装。

（2）项目特征

变频给水设备的项目特征包括：设备名称，型号、规格，水泵主要技术参数，附件名称、规格、数量，减震装置形式。

（3）计算规则

按设计图示数量计算。

2. 稳压给水设备（项目编码：031006002，计量单位：套）

（1）工程内容

稳压给水设备的工程内容包括：设备安装，附件安装，调试，减震装置制作、安装。

（2）项目特征

稳压给水设备的项目特征包括：设备名称，型号、规格，水泵主要技术参数，附件名称、规格、数量，减震装置形式。

（3）计算规则

按设计图示数量计算。

3. 无负压给水设备（项目编码：031006003，计量单位：套）

（1）工程内容

无负压给水设备的工程内容包括：设备安装，附件安装，调试，减震装置制作、安装。

（2）项目特征

无负压给水设备的项目特征包括：设备名称，型号、规格，水泵主要技术参数，附件名称、规格、数量，减震装置形式。

（3）计算规则

按设计图示数量计算。

4. 气压罐（项目编码：031006004，计量单位：台）

（1）工程内容

气压罐的工程内容包括：安装、调试。

（2）项目特征

气压罐的项目特征包括：型号、规格，安装方式。

（3）计算规则

按设计图示数量计算。

5. 太阳能集热装置（项目编码：031006005，计量单位：套）

（1）工程内容

太阳能集热装置的工程内容包括：安装、附件安装。

（2）项目特征

太阳能集热装置的项目特征包括：型号、规格，安装方式，附件名称、规格、数量。

（3）计算规则

按设计图示数量计算。

6. 地源（水源、气源）热泵机组（项目编码：031006006，计量单位：组）

（1）工程内容

地源（水源、气源）热泵机组的工程内容包括：安装，减震装置制作、安装。

（2）项目特征

地源（水源、气源）热泵机组的项目特征包括：型号、规格，安装方式，减震装置形式。

（3）计算规则

按设计图示数量计算。

7. 除砂器（项目编码：031006007，计量单位：台）

（1）工程内容

除砂器的工程内容包括：安装。

（2）项目特征

除砂器的项目特征包括：型号、规格，安装方式。

（3）计算规则

按设计图示数量计算。

8. 水处理器（项目编码：031006008，计量单位：台）

（1）工程内容

水处理器的工程内容包括：安装。

（2）项目特征

水处理器的项目特征包括：类型，型号、规格。

（3）计算规则

按设计图示数量计算。

9. 超声波灭藻设备（项目编码：031006009，计量单位：台）

（1）工程内容

超声波灭藻设备的工程内容包括：安装。

（2）项目特征

超声波灭藻设备的项目特征包括：类型，型号、规格。

（3）计算规则

按设计图示数量计算。

10. 水质净化器（项目编码：031006010，计量单位：台）

（1）工程内容

水质净化器的工程内容包括：安装。

（2）项目特征

水质净化器的项目特征包括：类型，型号、规格。

（3）计算规则

按设计图示数量计算。

11. 紫外线杀菌设备（项目编码：031006011，计量单位：台）

（1）工程内容

紫外线杀菌设备的工程内容包括：安装。

（2）项目特征

紫外线杀菌设备的项目特征包括：名称、规格。

（3）计算规则

按设计图示数量计算。

12. 热水器、开水炉（项目编码：031006012，计量单位：台）

（1）工程内容

热水器、开水炉的工程内容包括：安装、附件安装。

（2）项目特征

热水器、开水炉的项目特征包括：能源种类，型号、容积，安装方式。

（3）计算规则

按设计图示数量计算。

13. 消毒器、消毒锅（项目编码：031006013，计量单位：台）

（1）工程内容

消毒器、消毒锅的工程内容包括：安装。

（2）项目特征

消毒器、消毒锅的项目特征包括：类型，型号、规格。

（3）计算规则

按设计图示数量计算。

14. 直饮水设备（项目编码：031006014，计量单位：套）

（1）工程内容

直饮水设备的工程内容包括：安装。

（2）项目特征

直饮水设备的项目特征包括：名称、规格。

（3）计算规则

按设计图示数量计算。

15. 水箱（项目编码：031006015，计量单位：台）

（1）工程内容

水箱的工程内容包括：制作、安装。

（2）项目特征

水箱的项目特征包括：材质、类型，型号、规格。

（3）计算规则

按设计图示数量计算。

注：1. 变频给水设备、稳压给水设备、无负压给水设备安装，说明：

（1）压力容器包括气压罐、稳压罐、无负压罐；

（2）水泵包括主泵及备用泵，应注明数量；

（3）附件包括给水装置中配备的阀门、仪表、软接头，应注明数量，含设备、附件之间管路

连接;

（4）泵组底座安装，不包括基础砌（浇）筑，应按现行国家标准《房屋建筑与装饰工程工程量计算规范》（GB 50854—2013）相关项目编码列项。

（5）控制柜安装及电气接线、调试应按电气设备安装工程相关项目编码列项。

2. 地源热泵机组，接管以及接管上的阀门、软接头、减震装置和基础另行计算，应按相关项目编码列项。

7.6.7 燃气器具及其他

1. 燃气开水炉（项目编码：031007001，计量单位：台）

（1）工程内容

燃气开水炉的工程内容包括：安装、附件安装。

（2）项目特征

燃气开水炉的项目特征包括：型号、容量，安装方式，附件型号、规格。

（3）计算规则

按设计图示数量计算。

2. 燃气采暖炉（项目编码：031007002，计量单位：台）

（1）工程内容

燃气采暖炉的工程内容包括：安装、附件安装。

（2）项目特征

燃气采暖炉的项目特征包括：型号、容量，安装方式，附件型号、规格。

（3）计算规则

按设计图示数量计算。

3. 燃气沸水器、消毒器（项目编码：031007003，计量单位：台）

（1）工程内容

燃气沸水器、消毒器的工程内容包括：安装、附件安装。

（2）项目特征

燃气沸水器、消毒器的项目特征包括：类型，型号、容量，安装方式，附件型号、规格。

（3）计算规则

按设计图示数量计算。

4. 燃气热水器（项目编码：031007004，计量单位：台）

（1）工程内容

燃气热水器的工程内容包括：安装、附件安装。

（2）项目特征

燃气热水器的项目特征包括：类型，型号、容量，安装方式，附件型号、规格。

（3）计算规则

按设计图示数量计算。

5. 燃气表（项目编码：031007005，计量单位：块/台）

（1）工程内容

燃气表的工程内容包括：安装，托架制作、安装。

（2）项目特征

燃气表的项目特征包括：类型，型号、规格，连接方式，托架设计要求。

（3）计算规则

按设计图示数量计算。

6. 燃气灶具（项目编码：031007006，计量单位：台）

（1）工程内容

燃气灶具的工程内容包括：安装、附件安装。

（2）项目特征

燃气灶具的项目特征包括：用途，类型，型号、规格，安装方式，附件型号、规格。

（3）计算规则

按设计图示数量计算。

7. 气嘴（项目编码：031007007，计量单位：个）

（1）工程内容

气嘴的工程内容包括：安装。

（2）项目特征

气嘴的项目特征包括：单嘴、双嘴，材质，型号、规格，连接形式。

（3）计算规则

按设计图示数量计算。

8. 调压器（项目编码：031007008，计量单位：台）

（1）工程内容

调压器的工程内容包括：安装。

（2）项目特征

调压器的项目特征包括：类型，型号、规格，安装方式。

（3）计算规则

按设计图示数量计算。

9. 燃气抽水缸（项目编码：031007009，计量单位：个）

（1）工程内容

燃气抽水缸的工程内容包括：安装。

（2）项目特征

燃气抽水缸的项目特征包括：材质、规格、连接形式。

（3）计算规则

按设计图示数量计算。

10. 燃气管道调长器（项目编码：031007010，计量单位：个）

（1）工程内容

燃气管道调长器的工程内容包括：安装。

（2）项目特征

燃气管道调长器的项目特征包括：规格、压力等级、连接形式。

（3）计算规则

按设计图示数量计算。

11. 调压箱、调压装置（项目编码：031007011，计量单位：台）

（1）工程内容

调压箱、调压装置的工程内容包括：安装。

（2）项目特征

调压箱、调压装置的项目特征包括：类型，型号、规格，安装部位。

（3）计算规则

按设计图示数量计算。

12．引入口砌筑（项目编码：031007012，计量单位：处）

（1）工程内容

引入口砌筑的工程内容包括：保温（保护）台砌筑、填充保温（保护）材料。

（2）项目特征

引入口砌筑的项目特征包括：砌筑形式、材质，保温、保护材料设计要求。

（3）计算规则

按设计图示数量计算。

注：1．沸水器、消毒器适用于容积式沸水器、自动沸水器、燃气消毒器等。

2．燃气灶具适用于人工煤气灶具、液化石油气灶具、天然气燃气灶具等，用途应描述民用或公用，类型应描述所采用气源。

3．调压箱、调压装置安装部位应区分室内、室外。

4．引入口砌筑形式，应注明地上、地下。

7.6.8 医疗气体设备及附件

1．制氧机（项目编码：031008001，计量单位：台）

（1）工程内容

制氧机的工程内容包括：安装、调试。

（2）项目特征

制氧机的项目特征包括：型号、规格，安装方式。

（3）计算规则

按设计图示数量计算。

2．液氧罐（项目编码：031008002，计量单位：台）

（1）工程内容

液氧罐的工程内容包括：安装、调试。

（2）项目特征

液氧罐的项目特征包括：型号、规格，安装方式。

（3）计算规则

按设计图示数量计算。

3．二级稳压箱（项目编码：031008003，计量单位：台）

（1）工程内容

二级稳压箱的工程内容包括：安装、调试。

（2）项目特征

二级稳压箱的项目特征包括：型号、规格，安装方式。

（3）计算规则

按设计图示数量计算。

4．气体汇流排（项目编码：031008004，计量单位：组）

（1）工程内容

气体汇流排的工程内容包括：安装、调试。

（2）项目特征

气体汇流排的项目特征包括：型号、规格，安装方式。

（3）计算规则

按设计图示数量计算。

5. 集污罐（项目编码：031008005，计量单位：个）

（1）工程内容

集污罐的工程内容包括：安装。

（2）项目特征

集污罐的项目特征包括：型号、规格，安装方式。

（3）计算规则

按设计图示数量计算。

6. 刷手池（项目编码：031008006，计量单位：组）

（1）工程内容

刷手池的工程内容包括：器具安装、附件安装。

（2）项目特征

刷手池的项目特征包括：材质、规格，附件材质、规格。

（3）计算规则

按设计图示数量计算。

7. 医用真空罐（项目编码：031008007，计量单位：台）

（1）工程内容

医用真空罐的工程内容包括：本体安装、附件安装、调试。

（2）项目特征

医用真空罐的项目特征包括：型号、规格，安装方式，附件材质、规格。

（3）计算规则

按设计图示数量计算。

8. 气水分离器（项目编码：031008008，计量单位：台）

（1）工程内容

气水分离器的工程内容包括：安装。

（2）项目特征

气水分离器的项目特征包括：规格、型号。

（3）计算规则

按设计图示数量计算。

9. 干燥机（项目编码：031008009，计量单位：台）

（1）工程内容

干燥机的工程内容包括：安装、调试。

（2）项目特征

干燥机的项目特征包括：规格、安装方式。

（3）计算规则

按设计图示数量计算。

10. 储气罐（项目编码：031008010，计量单位：台）

（1）工程内容

储气罐的工程内容包括：安装、调试。

（2）项目特征

储气罐的项目特征包括：规格、安装方式。

（3）计算规则

按设计图示数量计算。

11. 空气过滤器（项目编码：031008011，计量单位：个）

（1）工程内容

空气过滤器的工程内容包括：安装、调试。

（2）项目特征

空气过滤器的项目特征包括：规格、安装方式。

（3）计算规则

按设计图示数量计算。

12. 集水器（项目编码：031008012，计量单位：台）

（1）工程内容

集水器的工程内容包括：安装、调试。

（2）项目特征

集水器的项目特征包括：规格、安装方式。

（3）计算规则

按设计图示数量计算。

13. 医疗设备带（项目编码：031008013，计量单位：m）

（1）工程内容

医疗设备带的工程内容包括：安装、调试。

（2）项目特征

医疗设备带的项目特征包括：材质、规格。

（3）计算规则

按设计图示长度计算。

14. 气体终端（项目编码：031008014，计量单位：个）

（1）工程内容

气体终端的工程内容包括：安装、调试。

（2）项目特征

气体终端的项目特征包括：名称、气体种类。

（3）计算规则

按设计图示数量计算。

注：1. 气体汇流排适用于氧气、二氧化碳、氮气、笑气、氩气、压缩空气等医用气体汇流排安装。
　　2. 空气过滤器适用于医用气体预过滤器、精过滤器、超精过滤器等安装。

7.6.9　采暖、空调水工程系统调试

1. 采暖工程系统调试（项目编码：031009001，计量单位：系统）

（1）工程内容

采暖工程系统调试的工程内容包括：系统调试。

（2）项目特征

采暖工程系统调试的项目特征包括：系统形式、采暖（空调水）管道工程量。

（3）计算规则

按采暖工程系统计算。

2. 空调水工程系统调试（项目编码：031009002，计量单位：系统）

（1）工程内容

空调水工程系统调试的工程内容包括：系统调试。

（2）项目特征

空调水工程系统调试的项目特征包括：系统形式、采暖（空调水）管道工程量。

（3）计算规则

按空调水工程系统计算。

注：1. 由采暖管道、管件、阀门、法兰、供暖器具组成采暖工程系统。

2. 由空调水管道、管件、阀门、法兰、冷水机组组成空调水工程系统。

3. 当采暖工程系统、空调水工程系统中管道工程量发生变化时，系统调试费用应作相应调整。

【例7-15】 某室内给水镀锌钢管如图7-15所示，规格型号为$DN32$、$DN25$，连接方式为锌镀钢管丝接。试计算清单工程量。

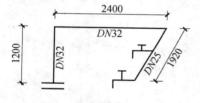

图7-15 镀锌钢管支管

解：清单工程量：

（1）$DN32$：$1.2 + 2.5 = 3.7$（m）

（2）$DN25$：1.92m

（3）刷防锈漆一道，银粉两道。

其工程量为：$3.14 \times (3.7 \times 0.042 + 1.92 \times 0.034) = 0.69(\text{m}^2)$ 水龙头2个

【例7-16】 某工程有管道（图7-16）$DN100$长1400m；$DN200$长900m；用岩棉管壳保温，外缠玻璃布保护层。保温层的厚度$DN100$为60mm，$DN200$为80mm，保护壳的厚度为10mm，计算各项工程量。

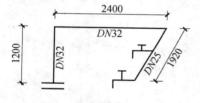

图7-16 管道保温示意图

已知：$DN100$，保温层$\delta = 60$mm，每米管道保温工程量为0.0343m³。

$DN200$，保温层$\delta = 80$mm，每米管道保温工程量为0.0783m³。

$DN100$，保护壳$\delta = 60$mm，每米管道保护壳的工程量为0.7797m²。

$DN200$，保护壳$\delta = 80$mm，每米管道保护壳的工程量为1.2416m²。

解：1. 管道保温工程量：

$$1400 \times 0.0343 + 900 \times 0.0783 = 118.49 \ （m^3）$$

2. 保护壳（层）工程量：

$$1400 \times 0.7797 + 900 \times 1.2416 = 2146.94 \ （m^2）$$

表 7-12　室内燃气工程施工图预算书

定额编号	清单项目名称	计量单位	数 量	其中（元）			
				人工费	材料费	机械费	小计
—	钢管 $DN100$	10m	140	27.86	20.02	12.85	60.7
—	钢管 $DN200$	10m	90	43.42	117.12	78.79	239.33
—	岩棉管壳保温（管道 $\phi133$ 以下 $\delta = 60mm$）	m^3	48.02	46.67	18.99	6.75	72.41
—	岩棉管壳保温（管道 $\phi325$ 以下 $\delta = 80mm$）	m^3	70.47	30.42	19.19	6.75	56.36
—	玻璃丝布保护层	$10m^2$	215	10.91	0.20	—	11.11
—	玻璃丝布面刷沥青漆第一遍	$10m^2$	215	19.97	2.81	—	22.78
—	玻璃丝布面刷沥青漆第二遍	$10m^2$	215	16.95	2.17	—	19.12
小计				196.2	180.5	105.14	481.84

表 7-13　分部分项工程量清单合价表

序号	项目编码	项目名称	项目特征描述	计量单位	工程量	金额（元）	
						综合单价	合　价
1	031001002001	钢管 $DN100$	焊接、岩棉管壳保温，$\delta = 60mm$，外缠玻璃丝布保护层，外刷两遍沥青漆	m	140	156.43	21900.2
2	031001002002	钢管 $DN200$	焊接、岩棉管壳保温，$\delta = 80mm$，外缠玻璃丝布保护层，外刷两遍沥青漆	m	90	296.71	26703.9

【例 7-17】　一砖砌蒸锅灶（见图 7-17），其燃烧器负荷为 42kW，嘴数为 20 孔，烟道为 180×240，煤气进入管为 $DN25$ 的（焊接）镀锌钢管，试计算其工程量。

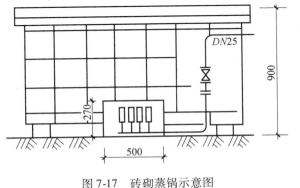

图 7-17　砖砌蒸锅示意图

解：1. 清单工程量：

（1）$XN15$ 型单嘴内螺纹气嘴

工程量：$20 \div 1 = 20$

（2）$DN25$ 焊接法兰

工程量：$1 \div 1 = 1$

（3）$DN25$ 焊接法兰旋塞阀

工程量：$1 \div 1 = 1$

2. 定额工程量：套用定额

（1）$XN15$ 型单嘴内螺纹气嘴

工程量：$20 \div 10 = 2$

基价：13.68 元；其中人工费 13.00 元，材料费 0.68 元

（2）$DN25$ 焊接法兰

工程量：$1 \div 1 = 1$

基价：18.44 元；其中人工费 6.50 元，材料费 5.74 元，机械费 6.20 元

（3）$DN25$ 焊接法兰旋塞阀

工程量：$1 \div 1 = 1$

基价：69.67 元；其中人工费 8.82 元，材料费 54.65 元，机械费 6.20 元

7.7 安装工程工程量清单计价编制实例

【例 7-18】 某组装型吸顶式荧光灯具，单管，28 套。编制工程量清单计价表及综合单价计算表。

解：1. 吸顶式荧光灯具安装

（1）人工费：$5.57 \times 28 = 155.96$（元）

（2）材料费：$4.27 \times 28 = 119.56$（元）

（3）机械费：无

2. 主材

吸顶式荧光灯：$35 \times 1.01 \times 28 = 989.8$（元）

3. 综合

（1）直接费合计：$155.96 + 119.56 + 989.8 = 1265.32$（元）

（2）管理费：直接费 $\times 34\% = 430.21$（元）

（3）利润：直接费 $\times 8\% = 101.23$（元）

（4）总计：$1265.32 + 430.21 + 101.23 = 1796.76$（元）

（5）综合单价：$1796.76 \div 28 = 64.17$（元/套）

表 7-14 分部分项工程量清单计价表

序号	项目编号	项目名称	项目特征描述	计量单位	工程数量	金额（元）		
						综合单价	合价	其中 直接费
1	030412005001	吸顶式荧光灯具	组装型、单管	套	28	64.17	1796.76	1265.32

表 7-15 分部分项工程量清单综合单价计算表

项目编号	030412005001		项目名称	吸顶式荧光灯具	计量单位	套	工程量	28
清单综合单价组成明细								

定额编号	定额项目名称	定额单位	数量	单价（元）			合价（元）			
				人工费	材料费	机械费	人工费	材料费	机械费	管理费和利润
—	吸顶式荧光灯具（组装型）	10 套	2.8	5.75	4.27	—	155.96	119.56	—	115.72
—	吸顶式荧光灯	套	28.28	—	989.8	—	—	989.8	—	415.72
人工单价		小计					155.96	1109.36	—	531.44
28 元/工日		未计价材料费						—		
清单项目综合单价（元）		64.17								

【例7-19】 某住宅楼采暖工程，螺纹阀门安装；DN15，84个。编制工程量清单计价表及综合单价计算表。

解：1. 螺纹阀门安装，DN15，84个

（1）人工费：$2.32 \times 84 = 194.88$（元）

（2）材料费：$2.11 \times 84 = 177.24$（元）

（3）机械费：无

（4）螺纹阀门：1.01×84 个 $= 85$（个）

$\qquad\qquad 12 \times 85 = 1020$（元）

2. 高层建筑增加费：$194.88 \times 3\% = 5.846$（元）

3. 主体结构配合费：$194.88 \times 5\% = 9.744$（元）

4. 综合

（1）直接费合计：$194.88 + 177.24 + 1020 + 5.846 + 9.744 = 1407.71$（元）

（2）管理费：直接费 $\times 34\% = 478.62$（元）

（3）利润：直接费 $\times 8\% = 112.62$（元）

（4）总计：$1407.71 + 478.62 + 112.62 = 1998.95$（元）

（5）综合单价：$1998.95 \div 84 = 23.80$（元/个）

表7-16 分部分项工程量清单计价表

序号	项目编号	项目名称	项目特征描述	计量单位	工程数量	金额（元）		
						综合单价	合价	其中
								直接费
1	031003001001	螺纹阀门安装	类型、材质、型号、规格	个	84	23.80	1998.95	1407.71

表7-17 分部分项工程量清单综合单价计算表

项目编号	031003001001		项目名称	螺纹阀门安装	计量单位	个	工程量	84

清单综合单价组成明细

定额编号	定额项目名称	定额单位	数量	单价（元）			合价（元）			
				人工费	材料费	机械费	人工费	材料费	机械费	管理费和利润
—	阀门安装	个	84	2.32	2.11	—	194.88	177.24	—	156.29
—	阀门 J11T-16-15	个	84.84	12	—	—	1020	—	—	428.4
—	高层建筑增加费	元		5.846	—	—	5.846	—	—	2.46
—	主体结构配合费	元		9.744	—	—	9.744	—	—	4.09
人工单价			小计				1230.47	177.24		591.24
28 元/工日			未计价材料费					—		
清单项目综合单价（元）			23.80							

上岗工作要点

在实际工作中，掌握机械设备安装工程，静置设备与工艺金属结构制作安装工程，电气设备安装工程，通风空调工程，工业管道工程，给排水、采暖、燃气工程工程量计算规则的应用。

习　　题

7-1　安装一台双极离心泵（见图7-18），型号为沅江48Ⅰ–35Ⅰ，技术规格为：流量16500m³/h，扬程28m，泵的外形尺寸（长×宽×高）为：2840mm×3400mm×2990mm，单机重24t。试编制工程量清单计价表及综合单价计算表。

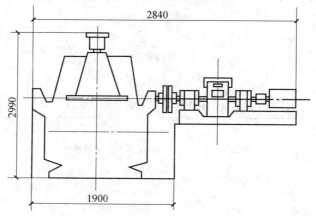

图7-18　双极离心泵

7-2　安装一台立式车床（见图7-19），型号为：CQ5280，外形尺寸（长×宽×高）8530mm×17500mm×9680mm，单机重150t。试编制工程量清单计价表及综合单价计算表。

7-3　如图7-20所示，电缆自N1电杆（10m）引下入地埋设引至3号厂房N1动力箱，其中动力箱高1.8m，宽0.8m。试计算其工程量。

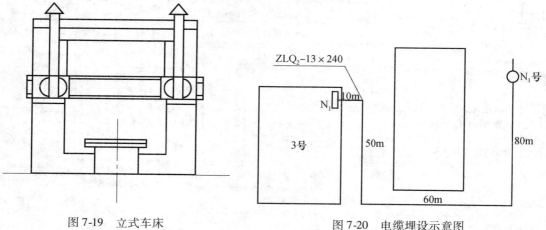

图7-19　立式车床　　　　　　　　　图7-20　电缆埋设示意图

7-4 某配管分布如图7-21所示，其中箱高1.2m，楼板厚度 $b=0.3$m，计算垂直部分明敷管长及垂直部分暗敷管各是多少？

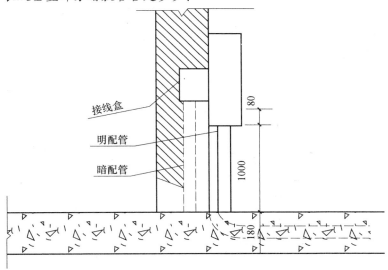

图7-21 配管分布图

7-5 如图7-22所示，氧贮罐安装：直径5.8m，长为36m，容积为465m³，单机重100t，安装基础标高为5.5m，间距13m，设计压力为1.4MPa。试计算工程量并套用定额（不含主材费）与清单。

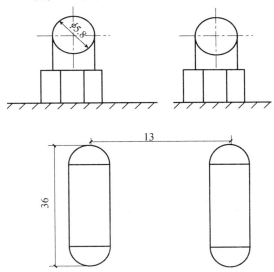

图7-22 氧贮罐示意图

7-6 如图7-23所示，为某输油管线配管弯管截面图，配管采用钛合金钢管 25×1.2m，整个管道安装完后油清洗，空气吹扫各一遍，试计算弯管工程量并套用定额。

7-7 某洗脸盆如图7-24所示，试计算其清单工程量。

7-8 如图7-25所示，干管为850mm×850mm的送风管道，四支管为 $\phi400$，并各连接一散流器。试计算其总的工程量。

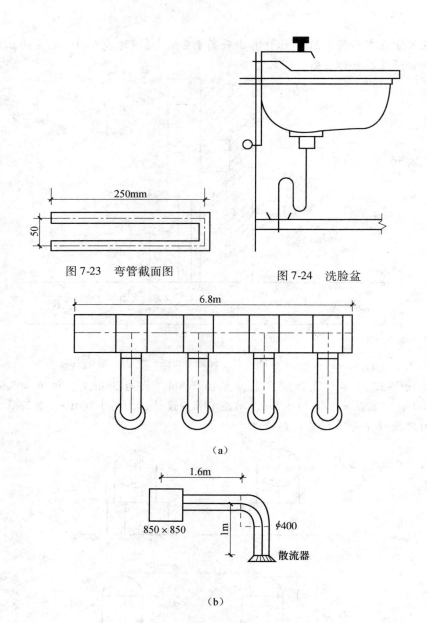

图 7-23　弯管截面图

图 7-24　洗脸盆

（a）

（b）

图 7-25　送风管道尺寸图

（a）平面图；（b）立面图

附录 A ××商业楼建筑工程

××商业楼建筑工程

招标工程量清单

招标人： ×××
（单位盖章）

造价咨询人： ×××
（单位盖章）

2013 年 7 月 1 日

××商业楼建筑工程

招标工程量清单

招标人：＿＿＿×××＿＿＿　　　　造价咨询人：＿＿＿×××＿＿＿
（单位盖章）　　　　　　　　　　　　　　　（单位盖章）

法定代表人　　　　　　　　　　　　　法定代表人
或其授权人：＿＿×××＿＿　　　　　或其授权人：＿＿×××＿＿
（签字或盖章）　　　　　　　　　　　　（签字或盖章）

编制人：＿＿＿×××＿＿＿　　　　　复核人：＿＿＿×××＿＿＿
（造价人员签字盖专用章）　　　　　　　（造价工程师签字盖专用章）

编制时间：2013 年 7 月 1 日　　　　复核时间：2013 年 8 月 1 日

××商业楼建筑工程

招标总价

招标人： ×××

（单位盖章）

2013 年 7 月 1 日

××商业楼建筑工程

招标控制价

招标控制价（小写） 4792040.43 元
　　　　　（大写） 肆佰柒拾玖万贰仟零肆拾元肆角叁分

招标人：＿＿＿×××＿＿＿　　　造价咨询人：＿＿＿×××＿＿＿
　　　　　（单位盖章）　　　　　　　　　　　（单位盖章）

法定代表人　　　　　　　　　　　法定代表人
或其授权人：＿＿＿×××＿＿＿　或其授权人：＿＿＿×××＿＿＿
　　　　　（签字或盖章）　　　　　　　　　　（签字或盖章）

编制人：＿＿＿×××＿＿＿　　　复核人：＿＿＿×××＿＿＿
　　　（造价人员签字盖专用章）　　　　　（造价工程师签字盖专用章）

编制时间：2013 年 7 月 1 日　　　复核时间：2013 年 8 月 1 日

扉-2

工程量清单报价说明

1. 执行国家标准《建设工程工程量清单计价规范》（GB 50500—2013）、某地的综合定额及有关规定（某地的综合定额子目中已包含管理费）。

2. 以××综合楼工程设计图纸为依据。

3. 人工、材料、机械台班单价参照××市 2013 年第一季度指导价格。

4. 规费按某地的有关规定计算。

5. 措施项目费按采用的消耗量定额中的工程量计算规则和计算方法计算。

6. 税金按 3.14% 计算。

7. 本报价格式中的"单位工程量计算汇总表"、"措施项目清单计算表"、"分部分项工程量清单与计价表"、"工程量清单综合单价分析表"仅作为参考的一种格式，是实际投标过程中，投标人应根据招标单位的要求进行填写。

表 A-1　单位工程费汇总表

工程名称：××商业楼建筑工程

序号	单项工程名称	金额（元）
1	分部分项工程费	3496512.12
2	措施项目费	800539.04
3	其他项目费	127600.00
4	规费	209369.18
4.1	社会保险费	147763.75
4.2	住房公积金	57141.27
4.3	工程定额测量费	4464.16
4.4	工程排污费（略）	0.00
4.5	施工噪声排污费（略）	0.00
5	不含税工程造价（略）	4634020.34
6	税金	158020.09
	合计	4792040.43

表 A-2　单位工程费汇总分析表

工程名称：××商业楼建筑工程

序号	单项工程名称	计算公式	费率（%）	金额（元）
1	分部分项工程费		100	3496512.12
2	措施项目费		100	800539.04
3	其他项目费		100	127600.00
4	规费	4.1+4.2+…+4.5	100	209369.18
4.1	社会保险费	1+2+3	3.31	147763.75
4.2	住房公积金	1+2+3	1.28	57141.27

序号	单项工程名称	计算公式	费率（%）	金额（元）
4.3	工程定额测量费	1＋2＋3	0.10	4464.16
4.4	工程排污费（略）	1＋2＋3	0.00	0.00
4.5	施工噪声排污费（略）	1＋2＋3	0.00	0.00
5	不含税工程造价（略）	1＋2＋3＋4	100	4634020.34
6	税金	5	3.41	158020.09
	合计	5＋6	100	4792040.43

表 A-3　分部分项工程量清单与计价表

工程名称：××商业楼建筑工程

序号	项目编码	项目名称	项目特征描述	计量单位	工程量	综合单价	合价	其中：暂估价
1	010101001001	平整场地	1. 土壤类别：一、二类土	m^2	1375.92	1.68	2311.55	
2	010101004001	挖基坑土方	1. 土壤类别：一、二类土 2. 基础类别：地下室满堂基础 3. 层底宽、底面积：23.4m、1375.92m^2 4. 挖土深度：2.7m 5. 弃土运距：5km	m^3	4309.02	21.64	93247.19	
3	010103001001	回填方	1. 土质要求：不含有机物的基础原土 2. 密实度要求：80% 3. 夯填：机械夯实	m^3	171.58	83.28	14289.18	
4	010301002001	预制钢筋混凝土管桩	1. 土壤级别：一、二类土 2. 单桩长度、根数：15m、121根 3. 桩直径、壁厚：ϕ500、100 4. 管桩填充材料种类：混凝土 5. 混凝土强度等级：C30	m	1815	147.52	267748.80	
5	010301002002	预制钢筋混凝土管桩	1. 桩截面：ϕ500 2. 接桩材料：金属板δ20	个	121	113.74	13762.54	

序号	项目编码	项目名称	项目特征描述	计量单位	工程量	金额（元）		
						综合单价	合价	其中：暂估价
6	010402001001	砌块墙	1. 墙体类型：外墙 2. 墙体厚度：180 3. 砌块品种、规格：烧结粉煤灰砖，240×115×53 4. 砂浆强度等级：M5 水泥石灰砂浆	m³	379.89	230.80	87678.61	
7	010402001002	砌块墙	1. 墙体类型：内墙 2. 墙体厚度：120 3. 砌块品种、规格：烧结粉煤灰砖，240×115×53 4. 砂浆强度等级：M5 水泥石灰砂浆	m³	391.98	224.73	88089.67	
8	010401012001	零星砌砖	1. 零星砌砖名称、部位：中庭绿化带小型砌体、首层 2. 砂浆强度等级：M5 水泥石灰砂浆	m³	3.06	216.38	662.12	
9	010401012002	零星砌砖	1. 零星砌砖名称、部位：水厕蹲位、各层厕所 2. 砂浆强度等级、配合比：M2.5 水泥石灰砂浆、1:2 水泥砂浆	个	40	172.64	6905.60	
10	010401012003	零星砌砖	1. 零星砌砖名称、部位：台阶、首层室外 2. 砂浆强度等级、配合比：M5 水泥石灰砂浆 3. 垫层：干铺碎石、3:7 灰土	m²	26.46	112.71	2982.31	
11	010501004001	满堂基础	1. 垫层材料种类、厚度：C10 混凝土、10cm、碎石最大粒径40mm 2. 混凝土强度等级：C20 P6～P8 防水混凝土 3. 混凝土拌合料要求：碎石最大粒径20mm	m³	412.78	315.95	130417.84	
12	010501005001	桩承台基础	1. 垫层材料种类、厚度：C10 混凝土、10cm、碎石最大粒径40mm 2. 混凝土强度等级：C20 3. 混凝土拌合料要求：碎石最大粒径20mm	m³	268.89	264.84	71212.83	
13	010504001001	直形墙	1. 墙类型：地下室外围混凝土墙 2. 墙厚度：20cm 3. 混凝土强度等级：C20 P6～P8 防水混凝土 4. 混凝土拌合料要求：碎石最大粒径20mm	m³	106.57	271.95	28981.71	
14	010504001002	直形墙	1. 墙类型：地下室电梯井壁 2. 墙厚度：25cm 3. 混凝土强度等级：C20 4. 混凝土拌合料要求：碎石最大粒径20mm	m³	12.85	263.20	3382.12	

序号	项目编码	项目名称	项目特征描述	计量单位	工程量	金额（元）		
						综合单价	合价	其中：暂估价
15	010504001003	直形墙	1. 墙类型：±0.000 以上电梯井壁 2. 墙厚度：25cm 3. 混凝土强度等级：C20 4. 混凝土拌合料要求：碎石最大粒径 20mm	m³	51.89	264.03	13700.52	
16	010509001001	矩形柱	1. 柱高度：3.5m 2. 柱截面尺寸：400mm×400mm、500mm×500mm、600mm×600mm 3. 混凝土强度等级：C20 4. 混凝土拌合料要求：碎石最大粒径 20mm	m³	28.04	264.54	7417.70	
17	010509001002	矩形柱	1. 柱高度：3m、4.5m、4m 2. 柱截面尺寸：500mm×500mm、600mm×600mm 3. 混凝土强度等级：C20 4. 混凝土拌合料要求：碎石最大粒径 20mm	m³	273.46	265.40	72576.28	
18	010503001001	基础梁	1. 梁底标高：−3.8m 2. 梁截面：300mm×800mm 3. 混凝土强度等级：C20 4. 混凝土拌合料要求：碎石最大粒径 20mm	m²	138.83	293.77	40784.09	
19	010505001001	有梁板	1. 板底标高：−0.15m 2. 板厚度：150mm 3. 混凝土强度等级：C20 4. 混凝土拌合料要求：碎石最大粒径 20mm	m³	286.77	251.39	72091.11	
20	010505001002	有梁板	1. 板底标高：4.4m 等 2. 板厚度：100mm 3. 混凝土强度等级：C20 4. 混凝土拌合料要求：碎石最大粒径 20mm	m³	985.46	252.10	248434.47	
21	011702010001	弧形、拱形梁	1. 梁截面：180mm×340mm、180mm×250mm、120mm×190mm、120mm×230mm 2. 混凝土强度等级：C20 3. 混凝土拌合料要求：碎石最大粒径 20mm	m³	31.96	282.70	9035.09	
22	010506001001	直形楼梯	1. 混凝土强度等级：C20 2. 混凝土拌合料要求：碎石最大粒径 20mm 3. 位置：地下室	m³	20.84	52.60	1096.18	

序号	项目编码	项目名称	项目特征描述	计量单位	工程量	金额（元）		
						综合单价	合价	其中：暂估价
23	010506001002	直形楼梯	1. 混凝土强度等级：C20 2. 混凝土拌合料要求：碎石最大粒径 20mm 3. 位置：±0.000 以上	m³	190.23	60.14	11440.43	
24	010514002001	其他构件	1. 构件类型：洗手台 2. 单件体积：0.073m³ 3. 安装高度：750 4. 混凝土强度等级：C20	m³	0.73	462.49	337.62	
25	010515001001	现浇构件钢筋	1. 钢筋种类、规格：螺纹钢、ϕ14、ϕ22 2. 位置：桩头插筋	t	3.09	3169.15	9792.67	
26	010515001002	现浇构件钢筋	1. 钢筋种类、规格：圆钢 ϕ10 内 2. 位置：±0.000 以下	t	11.007	3374.60	37144.22	
27	010515001003	现浇构件钢筋	1. 钢筋种类、规格：圆钢 ϕ10 内 2. 位置：±0.000 以上	t	41.931	3381.76	141800.58	
28	010515001004	现浇构件钢筋	1. 钢筋种类、规格：螺纹钢 ϕ25 内 2. 位置：±0.000 以下	t	35.774	3359.78	120192.77	
29	010515001005	现浇构件钢筋	1. 钢筋种类、规格：螺纹钢 ϕ25 内 2. 位置：±0.000 以上	t	136.277	3363.98	458433.10	
30	010515001006	现浇构件钢筋	1. 钢筋种类、规格：箍筋、ϕ10 内 2. 位置：±0.000 以下	t	8.256	3513.41	29006.71	
31	010515001007	现浇构件钢筋	1. 钢筋种类、规格：箍筋、ϕ10 内 2. 位置：±0.000 以上	t	31.449	3520.41	110723.75	
32	010606013001	零星钢构件	1. 钢材品种、规格：钢板、3mm 2. 构件名称：桩头封孔钢板	t	0.223	8466.14	1887.95	
33	010903003001	墙面砂浆防水（防潮）	1. 防水（潮）部位：屋面 2. 防水（潮）厚度、层数：20mm、一层	m²	1055.24	9.28	9792.63	
34	011001001001	保温隔热屋面	1. 保温隔热部位：屋面 2. 保温隔热方式：外保温 3. 保温隔热材料品种、规格：膨胀珍珠岩砌块 300mm×300mm×65mm 4. 粘结材料种类：M5 水泥石灰砂浆 5. 防护材料种类：1:2 水泥防水砂浆	m²	974.28	25.49	24834.40	
35	011101001001	水泥砂浆楼地面	面层厚度、砂浆配合比：20mm、1:2.5 水泥砂浆	m²	1327.07	11.76	15606.34	

序号	项目编码	项目名称	项目特征描述	计量单位	工程量	金额（元）		
						综合单价	合价	其中：暂估价
36	011101001002	水泥砂浆楼地面	1. 面层厚度、砂浆配合比：20mm、1:2.5 水泥砂浆 2. 部位：屋面机房	m²	44.02	8.64	380.33	
37	011102003001	块料楼地面	1. 找平层厚度、砂浆配合比：20mm、1:3 水泥砂浆 2. 结合层厚度、砂浆配合比：10mm、1:2 水泥砂浆 3. 面层材料品种、规格：抛光砖、300mm×300mm 4. 嵌缝材料种类：白水泥	m²	187.45	75.51	14154.35	
38	011102003002	块料楼地面	1. 找平层厚度、砂浆配合比：20mm、1:3 水泥砂浆 2. 结合层厚度、砂浆配合比：10mm、1:2 水泥砂浆 3. 面层材料品种、规格：抛光砖、400mm×400mm 4. 嵌缝材料种类：白水泥	m²	4877.60	78.45	382647.72	
39	011107001001	石材台阶面	1. 找平层厚度、砂浆配合比：20mm、1:3 水泥砂浆 2. 结合层厚度、砂浆配合比：10mm、1:2.5 水泥砂浆 3. 面层材料品种、规格：花岗石块材 4. 嵌缝材料种类：白水泥	m²	26.46	348.10	9210.73	
40	011106002001	块料楼梯面层	1. 找平层厚度、砂浆配合比：20mm、1:3 水泥砂浆 2. 贴结层厚度、砂浆配合比：10mm、1:2 水泥砂浆 3. 面层材料品种、规格：瓷质梯级砖300mm×280mm、瓷质梯级挡板砖300mm×150mm 4. 嵌缝材料种类：白水泥	m²	20.84	134.80	2809.23	
41	011106002002	块料楼梯面层	1. 找平层厚度、砂浆配合比：20mm、1:3 水泥砂浆 2. 贴结层厚度、砂浆配合比：10mm、1:2 水泥砂浆 3. 层材料品种、规格：瓷质梯级砖300mm×280mm、瓷质梯级挡板砖300mm×150mm 4. 嵌缝材料种类：白水泥	m²	190.23	118.61	22563.18	
42	011108001001	石材零星项目	1. 工程部位：卫生间内 2. 贴结层厚度、砂浆配合比：10mm、1:2.5 水泥砂浆 3. 面层材料品种、颜色：大理石、白色 4. 嵌缝材料种类：白水泥	m²	8.73	143.34	1251.36	

序号	项目编码	项目名称	项目特征描述	计量单位	工程量	金额（元）		
						综合单价	合价	其中：暂估价
43	011201002001	墙面装饰抹灰	1. 墙体类型：混凝土墙内侧 2. 底层厚度、砂浆配合比：15mm、1:1:6 水泥石灰砂浆 3. 面层厚度、砂浆配合比：5mm、1:3 石灰砂浆 4. 位置：地下室	m²	623.79	11.18	6973.97	
44	011201002002	墙面装饰抹灰	1. 墙体类型：烧结粉煤灰砖墙内侧、墙混凝土墙内侧 2. 底层厚度、砂浆配合比：15mm、1:1:6 水泥石灰砂浆 3. 面层厚度、砂浆配合比：5mm、1:3 石灰砂浆 4. 位置：±0.000 以上	m²	12094.62	9.04	109335.36	
45	011204003001	块料墙面	1. 墙体类型：烧结粉煤灰砖外墙 2. 底层厚度、砂浆配合比：15mm、1:2.5 水泥石灰砂浆 3. 贴面层厚度、材料种类：5mm、水泥膏 4. 面层材料品种、规格：纸皮条形瓷砖粒径 4.5mm×9.5mm 5. 嵌缝材料种类：白水泥	m²	3283.11	61.27	201156.15	
46	011204003002	块料墙面	1. 墙体类型：烧结粉煤灰砖墙 2. 底层厚度、砂浆配合比：15mm、1:2.5 水泥石灰砂浆 3. 贴面层厚度、材料种类：5mm、水泥膏 4. 面层材料品种、规格、颜色：瓷片、200mm×300mm、白色 5. 嵌缝材料种类：白水泥	m²	311.05	66.54	20697.27	
47	011301001001	天棚抹灰	1. 基层类型：混凝土梁板底 2. 抹灰厚度、材料种类：10mm、水泥石灰砂浆 3. 砂浆配合比：1:1:6 水泥石灰砂浆 4. 位置：地下室顶棚	m²	1866.14	9.72	18138.88	
48	011301001002	天棚抹灰	1. 基层类型：混凝土梁板底 2. 抹灰厚度、材料种类：10mm、水泥石灰砂浆 3. 砂浆配合比：1:1:6 水泥石灰砂浆 4. 位置：±0.000 以上顶棚	m²				

序号	项目编码	项目名称	项目特征描述	计量单位	工程量	金额（元）		其中：暂估价
						综合单价	合价	
49	010802001001	金属推拉窗首层 C1	1. 窗类型：推拉窗 2. 框材质、外围尺寸：银色铝合金、2670mm×2070mm 3. 扇材质、外围尺寸：银色铝合金、1335mm×2070mm 4. 玻璃品种、厚度：普通平板玻璃、5mm	樘	29	1211.99	35147.71	
50	010802001002	金属推拉门二～五层 C1	1. 窗类型：推拉窗 2. 框材质、外围尺寸：银色铝合金、2670mm×1470mm 3. 扇材质、外围尺寸：银色铝合金、1335mm×1470mm 4. 玻璃品种、厚度：普通平板玻璃、5mm	樘	125	861.89	107736.25	
51	010802001003	金属地弹门 M1	1. 门类型：地弹门 2. 框材质、外围尺寸：不锈钢、1970mm×2570mm 3. 扇材质、外围尺寸：不锈钢、985mm×2570mm 4. 玻璃品种、厚度：钢化玻璃、12mm	樘	2	2208.56	4417.12	
52	010802001004	金属平开门 M9	1. 门类型：单扇平开门 2. 框材质、外围尺寸：钢质、970mm×2070mm 3. 扇材质、外围尺寸：钢质、900mm×2000mm 4. 五金材料、品种：一般单舌（双舌）门锁	樘				
53	010801001001	胶合板门 M3A	1. 门类型：平开门 2. 框截面尺寸、单扇面积：55mm×95mm、1.8m² 3. 面层材料品种、规格：胶合板、2440mm×1220mm×4mm 4. 五金材料、品种：一般单舌（双舌）门锁 5. 油漆品种、刷漆遍数：调和漆、三遍	樘	2	289.80	579.60	
54	010801001002	胶合板门 M5	1. 门类型：平开门 2. 框截面尺寸、单扇面积：55mm×95mm、1.36m² 3. 面层材料品种、规格：胶合板、2440mm×1220mm×4mm 4. 五金材料、品种：一般单舌（双舌）门锁 5. 油漆品种、刷漆遍数：调和漆、三遍	樘	10	222.97	2229.70	

序号	项目编码	项目名称	项目特征描述	计量单位	工程量	金额（元）		
						综合单价	合价	其中：暂估价
55	010801001003	胶合板门 M2	1. 门类型：平开门 2. 框截面尺寸、单扇面积：55mm×95mm、2.42m² 3. 面层材料品种、规格：胶合板、2440mm×1220mm×4mm 4. 五金材料、品种：一般单舌（双舌）门锁 5. 油漆品种、刷漆遍数：调和漆、三遍	樘	54	350.71	18938.34	
56	010801001004	胶合板门 M3	1. 门类型：平开门 2. 框截面尺寸、单扇面积：55mm×95mm、3.04m² 3. 面层材料品种、规格：胶合板、2440mm×1220mm×4mm 4. 五金材料、品种：一般单舌（双舌）门锁 5. 油漆品种、刷漆遍数：调和漆、三遍	樘	9	436.98	3932.82	
57	010802003001	钢质防火门 M6	1. 门类型：平开门 2. 框材质、外围尺寸：钢质、1470mm×2070mm 3. 扇材质、外围尺寸：钢质、1400mm×2000mm 4. 防护材料种类：防火漆	樘	11	1587.57	17463.27	
58	010802003002	钢质防火门 M8	1. 门类型：双扇平开门 2. 框材质、外围尺寸：钢质、1770mm×2070mm 3. 扇材质、外围尺寸：钢质、1700mm×2000mm 4. 防护材料种类：防火漆	樘	10	1911.73	19117.30	

序号	项目编码	项目名称	项目特征描述	计量单位	工程量	金额（元）		
						综合单价	合价	其中：暂估价
59	011503001001	金属扶手、栏杆、栏板	1. 扶手材料种类、规格：不锈钢 $\phi75$ 2. 栏杆材料种类、规格：不锈钢 $\phi32 \times 1.5$ 3. 固定配件种类：不锈钢法兰座（装饰用）$\phi59$ 4. 位置：地下室楼梯	m	7.61	243.04	1849.53	
60	011503001002	金属扶手、栏杆、栏板	1. 扶手材料种类、规格：不锈钢 $\phi75$ 2. 栏杆材料种类、规格：不锈钢 $\phi32 \times 1.5$ 3. 固定配件种类：不锈钢法兰座（装饰用）$\phi59$ 4. 位置：±0.000 以上楼梯及走廊位	m	409.51	232.70	95292.98	
61	011406001001	抹灰面油漆	1. 基层类型：水泥石灰砂浆抹灰面 2. 油漆种类：乳胶漆 3. 扫油漆要求：扫二遍 4. 位置：地下室墙柱面	m²	623.79	6.20	3867.50	
62	011406001002	抹灰面油漆	1. 基层类型：水泥石灰砂浆抹灰面 2. 油漆种类：乳胶漆 3. 扫油漆要求：扫二遍 4. 位置：±0.000 以上墙柱面	m²	11748.54	4.89	57450.46	
63	011406001003	抹灰面油漆	1. 基层类型：水泥石灰砂浆抹灰面 2. 油漆种类：乳胶漆 3. 扫油漆要求：扫二遍 4. 地下室顶棚	m²	1866.14	6.61	12335.19	
64	011406001004	抹灰面油漆	1. 基层类型：水泥石灰砂浆抹灰面 2. 油漆种类：乳胶漆 3. 扫油漆要求：扫二遍 4. 位置：±0.000 以上顶棚	m²	7033.62	5.24	36856.17	

项目编码	010101003001	项目名称	挖基础土方	计量单位	m²	工程量	4309.02

清单综合单价组成明细

定额编号	定额项目名称	定额单位	数量	单价（元）			合价（元）			
				人工费	材料费	机械费	人工费	材料费	机械费	管理费和利润
—	土方随挖随运	1000m³	3.57	196.0	—	10493.77	699.72	—	37462.76	5198.34
—	土方开挖	1000m³	0.34	178.74	—	1151.91	60.77	—	391.65	73.58
—	土方开挖	100m³	3.26	584.28	—	—	1904.75	—	—	663.44
—	其他	工日	32.61	30.0	—	—	978.30	—	—	269.03
—	土方开挖	100m³	12.31	1760.63	—	—	21673.35	—	—	7866.49
—	场外运输	100m³	5.71	593.09	—	1764.86	3386.54	—	10077.35	2543.15
—	土方随挖随运	1000m³	3.57	196.0	—	10493.77	699.72	—	37462.76	5198.34
人工单价		小计					28703.44	—	47931.76	16611.99
元/工日		未计价材料费					—			
清单项目综合单价（元）							21.64			

工程名称：××商业楼建筑工程

项目编码	010301002001	项目名称	预制钢筋混凝土管桩	计量单位	m²	工程量	1815

清单综合单价组成明细

定额编号	定额项目名称	定额单位	数量	单价（元）			合价（元）			
				人工费	材料费	机械费	人工费	材料费	机械费	管理费和利润
—	打压桩	100m	18.15	202.50	11528.07	1624.90	3675.38	209234.47	29491.94	5786.7
—	送桩	100m	5.507	297.67	110.07	2388.55	1639.27	606.16	13153.74	1899.91
	管桩填充材料	10m³	0.855	331.50	8.57	13.38	283.43	7.33	11.44	127.13
—	混凝土制作	10m³	0.864	92.70	1905.80	68.12	80.09	1646.61	58.86	47.88
人工单价		小计					5678.17	211494.56	42715.97	7861.92
元/工日		未计价材料费					—			
清单项目综合单价（元）							147.52			

工程名称：××商业楼建筑工程

项目编码	010501005001	项目名称	桩承台基础	计量单位	m²	工程量	268.89

清单综合单价组成明细

定额编号	定额项目名称	定额单位	数量	单价（元）			合价（元）			
				人工费	材料费	机械费	人工费	材料费	机械费	管理费和利润
—	混凝土浇筑	10m³	26.89	175.49	11.69	81.11	4718.93	314.34	2181.05	2539.21
—	混凝土制作	10m³	27.16	92.69	1905.66	68.11	2517.46	51757.73	1849.87	1505.09
—	垫层	10m³	1.72	302.10	2.55		519.61	4.39		228.17
—	垫层混凝土制作	10m³	1.75	92.48	1542.2	67.95	161.84	2698.85	118.91	96.75
人工单价			小计				7917.84	54775.31	4149.83	4369.22
元/工日			未计价材料费				—			
清单项目综合单价（元）							264.84			

工程名称：××商业楼建筑工程

项目编码	011102003002	项目名称	块料楼地面	计量单位	m²	工程量	4877.60

清单综合单价组成明细

定额编号	定额项目名称	定额单位	数量	单价（元）			合价（元）			
				人工费	材料费	机械费	人工费	材料费	机械费	管理费和利润
—	楼地面水泥砂浆贴抛光砖 400mm×400mm	100m²	48.78	703.74	6147.58	9.32	34328.44	299878.95	454.63	13850.79
—	楼地面水泥砂浆混凝土或硬基层上 20mm	100m²	48.78	196.48	389.27	18.65	9584.29	18988.59	909.75	3979.66
人工单价			小计				43912.73	318867.54	1364.38	17830.45
元/工日			未计价材料费				673.77			
清单项目综合单价（元）							78.45			

工程名称：××商业楼建筑工程

项目编码	011204003002		项目名称	块料楼地面	计量单位	m²	工程量	311.05

清单综合单价组成明细

定额编号	定额项目名称	定额单位	数量	单价（元）			合价（元）			
				人工费	材料费	机械费	人工费	材料费	机械费	管理费和利润
—	墙面镶贴陶瓷面砖密缝水泥膏白瓷片200mm×300mm	100m²	3.11	1253.60	4036.60	0.42	3898.70	12553.83	1.31	1565.82
—	各种墙面15mm换1:2.5水泥砂浆	100m²	3.11	327.65	361.27	15.36	1018.99	1123.55	47.77	416.07
人工单价			小计				4917.69	13677.38	49.08	1981.89
元/工日			未计价材料费				72.32			
清单项目综合单价（元）							66.54			

工程名称：××商业楼建筑工程

项目编码	010801001002		项目名称	胶合板门 M5	计量单位	樘	工程量	10

清单综合单价组成明细

定额编号	定额项目名称	定额单位	数量	单价（元）			合价（元）			
				人工费	材料费	机械费	人工费	材料费	机械费	管理费和利润
—	杉木无纱胶合板门制作无亮单扇	100m²	0.136	974.78	10281.84	523.53	132.57	1398.33	71.20	36.46
—	无纱镶板门、胶合板门安装无亮单扇	100m²	0.136	724.93	948.46	1.99	98.59	128.99	0.27	58.07
—	门锁（单向）	100套	0.1	600	616	—	60.00	61.60	—	22.78
—	木材面油漆底油一遍调和漆二遍单层木门	100m²	0.136	452.21	504.49	—	61.50	68.61	—	23.53
人工单价			小计				352.66	1657.53	71.47	140.84
元/工日			未计价材料费				7.21			
清单项目综合单价（元）							222.97			

表 A-10　措施项目清单与计价表（一）

工程名称：××商业楼建筑工程

序号	项目名称	金额（元）
1	环境保护（略）	0.00
2	文明施工（略）	0.00
3	安全施工（略）	0.00
4	临时施工	50699.43
5	混凝土、钢筋混凝土模板及支架	447079.66
6	脚手架	199405.05
7	垂直运输	91922.27
8	大型机械设备进出场及安拆	11432.63
	合计	800539.04

表 A-11　措施项目清单与计价表（二）

工程名称：××商业楼建筑工程

序号	项目名称	计算基础	费率（%）	金额（元）
1	环境保护（略）	分部分项工程费	0.00	0.00
2	文明施工（略）	分部分项工程费	0.00	0.00
3	安全施工（略）	分部分项工程费	0.00	0.00
4	临时施工	分部分项工程费	1.45	50699.43
5	混凝土、钢筋混凝土模板及支架	见措施项目费分析表	100.00	447079.66
6	脚手架	见措施项目费分析表	100.00	199405.05
7	垂直运输	见措施项目费分析表	100.00	91922.27
8	大型机械设备进出场及安拆	见措施项目费分析表	100.00	11432.63
	合计			800539.04

表 A-12　措施项目费分析表

工程名称：××商业楼建筑工程

序号	措施项目名称	单位	数量	金额（元）				
				人工费	材料费	机械使用费	管理费和利润	小计
1	混凝土、钢筋混凝土模板及支架	项	1.00					447079.66
	详细综合单价分析表（略）							
2	脚手架	项	1.00					199405.05
	详细综合单价分析表（略）							
3	垂直运输	项	1.00					91922.27
4	大型机械设备进出场及安拆	项	1.00					11432.63
	合计							749839.61

表 A-13　其他项目清单计价表

工程名称：××商业楼建筑工程

序号	项目名称	金额（元）
1	招标人部分	
1.1	暂列金额	50000.00
1.2	材料暂估单价	0.00
	小计	50000.00
2	投标人部分	
2.1	总承包服务费	30000.00
2.2	计日工	47600.00
	小计	77600.00
	合计	127600.00

表 A-14 计日工表

工程名称：××商业楼建筑工程

序号	名称	计量单位	数量	金额（元）	
				综合单价	合价
1	人工				
1.1	计日工	工日	20.00	30.00	600.00
	小计				600.00
2	材料				
2.1	厕所塑料成品隔断	套	40	1000.00	40000.00
	小计				40000.00
3	机械				
3.1	挖土机台班	台班	10.00	700.00	7000.00
	小计				7000.00
	合计				47600.00

表 A-15 主要材料价格表

工程名称：××商业楼建筑工程

序号	材料编码	材料名称	规格型号等特殊要求	单位	单价（元）
1	—	圆钢	$\phi 10$ 以内	t	2784.60
2	—	螺纹钢	$\phi 10 \sim \phi 25$	t	2871.86
3	—	等边角钢	综合	t	2683.52
4	—	冷轧薄钢板	$\delta 1 \sim \delta 1.5$	t	4906.20
5	—	铝合金型材	150 系列	kg	23.00
6	—	杉原木	综合	m³	738.76
7	—	杉木门窗套料		m³	1512.94
8	—	胶合板	2440mm×1220mm×4mm	m²	14.83
9	—	胶合板（防水1号胶）	$\delta 18$	m²	44.17
10	—	水泥	32.5（R）	t	350.27
11	—	白水泥	32.5（R）	t	576.91
12	—	标准砖	240mm×115mm×53mm	千块	185.95
13	—	膨胀珍珠岩砌块	300mm×300mm×65mm	千块	1706.96
14	—	烧结粉煤灰砖	240mm×115mm×53mm	千块	223.89

序号	材料编码	材料名称	规格型号等特殊要求	单位	单价（元）
15	—	石灰		t	129.54
16	—	中砂		m³	28.56
17	—	碎石	10mm	m³	55.08
18	—	碎石	20mm	m³	54.06
19	—	碎石	40mm	m³	46.92
20	—	抛光砖	300mm×300mm	m²	53.33
21	—	抛光砖	400mm×400mm	m²	57.27
22	—	白瓷片	200mm×300mm	m²	35.28
23	—	瓷质梯级砖	300mm×280mm	m²	48.17
24	—	瓷质梯级挡板砖	300mm×150mm	m²	30.24
25	—	纸皮条形瓷砖粒径	4.5mm×9.5mm	m²	25.29
26	—	铁件		kg	4.50
27	—	不锈钢扶手（直型）	$\phi75$	m	98.00
28	—	不锈钢管（装饰管）	$\phi32×1.5$	m	18.34
29	—	标准全封钢门		m²	130.07
30	—	不锈钢全玻地弹门		m²	852.88
31	—	钢质防火门双扇（甲级）		m²	521.76
32	—	预应力混凝土管桩	$\phi500$、壁厚100mm	m	110.00
33	—	铝合金双扇推拉窗带上亮	90系列	m²	195.62
34	—	花岗石		m²	195.50

附录 B ××商业楼电气安装工程

××商业楼电气安装工程

招标工程量清单

招标人：___×××___
（单位盖章）

造价咨询人：___×××___
（单位盖章）

2013 年 7 月 5 日

××商业楼电气安装工程

招标工程量清单

招标人：＿＿＿＿×××＿＿＿＿

（单位盖章）

造价咨询人：＿＿＿＿×××＿＿＿＿

（单位盖章）

法定代表人
或其授权人：＿＿＿＿×××＿＿＿＿

（签字或盖章）

法定代表人
或其授权人：＿＿＿＿×××＿＿＿＿

（签字或盖章）

编制人：＿＿＿＿×××＿＿＿＿

（造价人员签字盖专用章）

复核人：＿＿＿＿×××＿＿＿＿

（造价工程师签字盖专用章）

编制时间：2013 年 7 月 5 日

复核时间：2013 年 8 月 1 日

××商业楼电气安装工程

招标总价

招标人：_____×××_____

（单位盖章）

2013 年 7 月 5 日

××商业楼建筑工程

招标控制价

招标控制价（小写）416677.42 元

      （大写）肆拾壹万陆仟陆佰柒拾柒元肆角贰分

招标人：   ×××   造价咨询人：   ×××

        （单位盖章）   （单位盖章）

法定代表人   法定代表人

或其授权人：   ×××   或其授权人：   ×××

        （签字或盖章）   （签字或盖章）

编制人：   ×××   复核人：   ×××

   （造价人员签字盖专用章）   （造价工程师签字盖专用章）

编制时间：2013 年 7 月 5 日   复核时间：2013 年 8 月 1 日

表 B-1 单位工程费汇总表

工程名称：××商业楼电气安装工程

序号	单项工程名称	金额（元）
1	分部分项工程量清单计价合计	320825.92
2	措施项目清单计价合计	5827.80
3	其他项目清单计价合计	60576.67
4	规费	15706.87
5	税金	13740.16
	合计	416677.42

表 B-2 单位工程费汇总分析表

工程名称：××商业楼电气安装工程

序号	费用名称	取费说明	费率（%）	金额（元）
1	分部分项工程费	分部分项工程量清单计价合计		320825.92
2	措施项目费	措施项目清单计价合计		5827.80
3	其他项目费	措施项目清单计价合计		60576.67
4	规费	4.1+4.2+…+4.5		15706.87
4.1	社会保险费	规费清单计价表	27.81	11897.21
4.2	住房公积金	规费清单计价表	8.00	3422.43
4.3	工程定额测量费	1+2+3	0.10	387.23
4.4	工程排污费	（略）		
4.5	施工噪声排污费	（略）		
5	税金	1+2+3+4	3.41	13740.16
	合计			416677.42

表 B-3　分部分项工程量清单与计价表

工程名称：××商业楼电气安装工程

序号	项目编码	项目名称	项目特征描述	计量单位	工程量	金额（元）		
						综合单价	合价	其中：暂估价
1	030404017001	OZM 悬挂嵌入式配电箱	OZM 悬挂嵌入式	台	1	1408.46	1408.46	
2	030404017002	IZZM 悬挂嵌入式配电箱	IZZM 悬挂嵌入式	台	1	1076.06	1076.06	
3	030404017003	IZM 悬挂嵌入式配电箱	IZM 悬挂嵌入式	台	1	2326.17	2326.17	
4	030404017004	K1 悬挂嵌入式配电箱	K1 悬挂嵌入式	台	1	861.17	861.17	
5	030404017005	G1 悬挂嵌入式配电箱	G1 悬挂嵌入式	台	1	1216.17	1216.17	
6	030404017006	NZM 悬挂嵌入式配电箱	NZM 悬挂嵌入式	台	4	1108.17	4432.68	
7	030404017007	G 悬挂嵌入式配电箱	G 悬挂嵌入式	台	4	3564.17	14256.68	
8	030411001001	暗配镀锌电线钢管 $DN15$（包含接线盒安装）	暗配镀锌电线钢管 $DN15$	m	8457.90	5.63	47617.98	
9	030311001002	暗配镀锌电线钢管 $DN25$（包含接线盒安装）	暗配镀锌电线钢管 $DN25$	m	36.80	10.22	376.10	
10	030411001003	暗配镀锌电线钢管 $DN32$（包含接线盒安装）	暗配镀锌电线钢管 $DN32$	m	25.60	6.48	165.89	
11	030411001004	暗配镀锌电线钢管 $DN40$（包含接线盒安装）	暗配镀锌电线钢管 $DN40$	m	40.80	18.51	755.21	
12	030411004001	管内穿线铜芯 ZR-BVV-2.5mm^2	铜芯 ZR-BVV-2.5mm^2	m	28789.70	1.85	53260.95	
13	030411004002	管内穿线铜芯 ZR-BVV-16mm^2	铜芯 ZR-BVV-16mm^2	m	221.00	6.40	1414.40	
14	030408001001	铜芯电力电缆敷设 ZR-VV-1kV-3×6+2×4	铜芯 ZR-VV-1kV-3×6+2×4	m	34.40	24.59	845.90	
15	030412001001	吊链式单管荧光灯 1×40W	吊链式单管 1×40W	套	104	77.01	8009.04	
16	030412001001	裸头灯 1×40W	1×40W	套	4	26.78	107.12	
17	030412001003	应急灯 8W	8W	套	56	473.71	26527.76	
18	030412004001	诱导灯 2×8W	2×8W	套	20	243.42	4868.40	
19	030412004002	墙壁式出口指示灯 2×8W	2×8W	套	8	223.22	1785.76	
20	030412005002	嵌入式格栅荧光灯 2×40W	2×40W	套	321	250.61	80445.81	
21	030412005003	嵌入式格栅荧光灯 3×40W	3×40W	套	4	407.03	1628.12	

序号	项目编码	项目名称	项目特征描述	计量单位	工程量	金额（元）		其中：暂估价
						综合单价	合价	
22	030412001008	吸顶灯 1×40W	1×40W	套	5	69.71	348.55	
23	030412001009	吸顶灯 1×32W	1×32W	套	35	66.68	2333.80	
24	030412004003	筒灯		套	484	88.05	42616.20	
25	030404031001	一位板式开关暗箱		个	12	11.32	135.84	
26	030404031002	二位板式开关暗装		个	4	12.11	48.44	
27	030404031003	三位板式开关暗装		个	62	12.75	790.50	
28	030404031004	四位板式开关暗装		个	35	13.38	468.30	
29	030404031005	五位板式开关暗箱		个	14	14.73	206.22	
30	030404031006	声控开关		个	10	23.44	234.40	
31	030404031007	单相暗插座 10A3 孔		个	68	15.43	1049.24	
32	030404031008	暗装二、三插座（带保护门）10A		个	260	16.39	4261.40	
33	030409002002	避雷装置 1. 避雷针制作安装：$\phi10×500$ 2. 避雷针 $\phi10$ 圆钢 3. 电气接地 4. 电气测量 5. 避雷针支架制作安装 6. 接地极（板）制作、安装		项	1	11652.67	11652.67	
合计								320825.92

表 B-4 工程量清单综合单价分析表

工程名称：××商业楼电气安装工程

项目编码	030404017001	项目名称	OZM 配电箱	计量单位	台	工程量	1

清单综合单价组成明细

定额编号	定额项目名称	定额单位	数量	单价（元）			合价（元）			
				人工费	材料费	机械费	人工费	材料费	机械费	管理费和利润
—	OZM 悬挂嵌入式配电安装	台	1	43.20	28.71	—	43.20	28.71		23.39
—	配电箱	台	1	—	1230.00	—	—	1230.00	—	—
—	压铜接线端子	10 个	1	10.56	65.80		10.56	65.80		5.71
人工单价		小计					53.76	1324.51	—	29.1
元/工日		未计价材料费					1.08			
清单项目综合单价（元）							1408.46			

工程名称：××商业楼电气安装工程

项目编码	030411001001	项目名称	DN15电气配管	计量单位	m	工程量	8457.90

清单综合单价组成明细

定额编号	定额项目名称	定额单位	数量	单价（元）			合价（元）			
				人工费	材料费	机械费	人工费	材料费	机械费	管理费和利润
—	砖、混凝土结构暗配电线管公称口径DN15	100m	84.58	116.88	25.09	44.7	9885.71	2122.11	3780.73	5317.077
—	电线管配管DN15	m	8711.64	—	2.20	—	—	19165.60	—	—
—	接线盒暗装	10个	110.20	10.32	6.64	—	1137.26	731.73	—	616.20
—	接线盒	个	1124.04	—	2.41	—	—	2708.94	—	—
—	开关盒暗装	10个	43.00	11.04	3.07	—	474.72	132.01	—	257.15
—	开关盒	个	438.60	—	2.41	—	—	1057.03	—	—
人工单价		小计					11497.69	25917.42	3780.73	6191.12
元/工日		未计价材料费					231.02			
清单项目综合单价（元）							8457.90			

工程名称：××商业楼电气安装工程

项目编码	030411004001	项目名称	电气配管	计量单位	m	工程量	28789.70

清单综合单价组成明细

定额编号	定额项目名称	定额单位	数量	单价（元）			合价（元）			
				人工费	材料费	机械费	人工费	材料费	机械费	管理费和利润
—	管内穿线照明线路ZR-BVV-2.5mm²	100m单线	290.84	22.80	14.97	—	6631.15	4353.87	—	3682.41
—	电线ZR-BVV-2.5mm²	m	33737.09	—	1.14	—	—	38460.28	—	—
人工单价		小计					6631.15	42814.15	—	3682.41
元/工日		未计价材料费					133.24			
清单项目综合单价（元）							1.85			

工程名称：××商业楼电气安装工程

项目编码	030408001001	项目名称	电缆敷设	计量单位	m	工程量	34.40

清单综合单价组成明细

定额编号	定额项目名称	定额单位	数量	单价（元）			合价（元）			
				人工费	材料费	机械费	人工费	材料费	机械费	管理费和利润
—	铜芯电力电缆敷设（ZR-VV-1kV 3×6+2×4）	100m	0.38	221.66	115.26	7	84.23	43.80	2.66	45.74
—	电缆	m	40.32	—	12.26	—	—	494.32	—	—
—	干包终端头	个	2.00	12.96	66.49	—	25.92	132.98	—	14.04
人工单价		小计					110.15	671.1	2.66	59.78
元/工日		未计价材料费					2.21			
清单项目综合单价（元）							24.59			

工程名称：××商业楼电气安装工程

项目编码	030412004001	项目名称	诱导灯	计量单位	套	工程量	20

清单综合单价组成明细

定额编号	定额项目名称	定额单位	数量	单价（元）			合价（元）			
				人工费	材料费	机械费	人工费	材料费	机械费	管理费和利润
—	标志、诱导灯具墙壁式2×8W	10套	2.00	58.32	20.09	—	116.64	40.18	—	63.17
—	诱导灯具	套	20.00	—	232.3	—	—	4646.00	—	—
人工单价		小计					116.64	4686.18	—	63.17
元/工日		未计价材料费					2.34			
清单项目综合单价（元）							243.42			

表 B-9　工程量清单综合单价分析表

工程名称：××商业楼电气安装工程

项目编码	030404031001	项目名称	一位开关暗装	计量单位	个	工程量	12

清单综合单价组成明细

定额编号	定额项目名称	定额单位	数量	单价（元）			合价（元）			
				人工费	材料费	机械费	人工费	材料费	机械费	管理费和利润
—	扳式暗开关（单控）单联	10套	1.20	19.44	3.29	—	23.33	3.95	—	12.62
—	照明开关单联	只	12.24	—	7.80	—	—	95.47	—	—
人工单价		小计					23.33	99.42		12.62
元/工日		未计价材料费					0.47			
清单项目综合单价							11.32			

表 B-10　工程量清单综合单价分析表

工程名称：××商业楼电气安装工程

项目编码	030409006002	项目名称	避雷装置	计量单位	项	工程量	1

清单综合单价组成明细

定额编号	定额项目名称	定额单位	数量	单价（元）			合价（元）			
				人工费	材料费	机械费	人工费	材料费	机械费	管理费和利润
—	避雷网沿混凝土块敷设避雷针制作安装	10m	42.25	17.98	7.66	9.46	759.66	323.64	399.69	413.22
—	避雷网、避雷针 φ10 圆钢	m	42.25	—	2.8	—	—	118.86	—	—
—	避雷引下线 φ10 圆钢，利用建筑物主筋引下	10m	50.80	19.8	4.35	56.33	1005.84	220.98	2861.56	544.78
—	避雷引下线	m	51.82	—	2.80	—	—	145.10	—	—
—	避雷网柱主筋、圈梁钢筋焊接	10处	3.70	60	19.62	80.47	222.00	72.59	297.74	120.77
—	电气接地点	处	21.00	55.44	31.26	6.26	1164.24	656.46	131.46	637.52
—	电气测量点	处	1.00	55.50	30.66	5.45	55.50	30.66	5.45	31.7
—	避雷针支架制作安装	100kg	1.20	168.48	165.65	394.66	202.18	198.78	473.59	107.57
—	型钢	kg	127.20	—	2.93	—	—	372.11	—	—
人工单价		小计					3409.42	2139.18	4169.49	1855.56
元/工日		未计价材料费					79.02			
清单项目综合单价（元）							11652.67			

表 B-11 措施项目清单与计价表 (一)

工程名称：××商业楼电气安装工程

序号	项目名称	金额（元）
1	临时设施	4491.93
2	安全施工费	—
3	文明施工费	—
4	脚手架搭拆费	1335.87
合计		5827.80

表 B-12 措施项目清单与计价表 (二)

工程名称：××商业楼电气安装工程

序号	措施项目名称	单位	数量	计算方法		金额（元）
				计算基础	费率（%）	
1	临时设施	项	1	人工费	10.50%	4491.93
2	安全施工费	项	1			0
3	文明施工费	项	1			0
4	脚手架搭拆费	项	1	人工费		1335.87
合计						5827.80

表 B-13 措施项目费分析表

工程名称：××商业楼电气安装工程

序号	措施项目名称	单位	数量	金额（元）				
				人工费	材料费	机械使用费	管理费和利润	小计
1	临时设施	项	1	4491.93				4491.93
	小计			4491.93				4491.93
2	安全措施费	项	1					0
	小计							0
3	文明施工费							0
	小计							0
4	脚手架搭拆费	项	1	1335.87	—		—	1335.87
	小计			1335.87				1335.87
	合计			5827.00	—		—	5827.80

表 B-14 其他项目清单计价表

工程名称：××商业楼电气安装工程

序号	项目名称	金额（元）
1	招标人部分	
1.1	暂列金额	25666.07
1.2	材料暂估单价	32082.59
	小计	57748.67
2	投标人部分	
2.1	总承包服务费	—
2.2	计日工	2828.00
	小计	2828.00
	合计	60576.66

381

工程名称：××商业楼电气安装工程

序号	名称	计量单位	数量	金额（元）	
				综合单价	合价
1	人工				
1.1	电工	工日	15	32.00	480.00
1.2	油工	工日	8	30.00	240.00
1.3	铆工	工日	4	32.00	128.00
1.4	起重工	工日	4	32.00	128.00
1.5	电焊工	工日	4	32.00	128.00
	小计				1104.00
2	材料				
2.1	无缝钢管 $\phi25$	m	20	15.30	306.00
2.2	金属软管	m	100	2.48	248.00
	小计				554.00
3	机械				
3.1	交流焊接机 21kVA	台班	10	85.00	850.00
3.2	台式钻床 钻孔直径 16mm	台班	10	32.00	320.00
	小计				1170.00
4	其他				
	小计				
	合计				2828.00

表 B-16　规费清单计价表

工程名称：××商业楼电气安装工程

序号	项目名称	金额（元）
1	社会保险费	11897.21
2	住房公积金	3422.43
3	工程定额测定费	387.23
4	工程排污费	—
5	施工噪声排污费	—
	合计	15706.87

表 B-17　主要材料价格表

工程名称：××商业楼电气安装工程

序号	材料编码	材料名称	规格、型号等特殊要求	单位	单价（元）
1	—	电线	ZR-BVV-2.5mm²	m	1.14
2	—	电缆	ZR-VV-1kV-3×6+2×4	m	12.26
3	—	应急灯		套	460.00
4	—	吸顶灯	1×60W	套	60.00
5	—	吸顶灯	1×32W	套	57.00
6	—	配电柜	OZM	台	1230.00
7	—	配电柜	NZM	台	1012.00
8	—	配电柜	IZZM	台	980.00
9	—	配电柜	K1	台	765.00
10	—	配电柜	G1	台	1120.00
11	—	配电柜	G 型	台	3468.00
12	—	型钢	（综合）	kg	2.93
13	—	电线管	DN40	m	6.88
14	—	电线管配管	DN15	m	2.20
15	—	电线管配管	DN25	m	3.90
16	—	铜芯绝缘导线	ZR-BVV-16mm²	m	5.20
17	—	接线盒		个	2.41
18	—	开关盒		个	2.41
19	—	照明开关　单联		只	7.80
20	—	照明开关　双联		只	8.30
21	—	照明开关　三联		只	8.80
22	—	照明开关　四联		只	9.30
23	—	照明开关　五联		只	9.80
24	—	声控开关		只	18.00
25	—	15A3 孔暗插座		套	11.20
26	—	筒灯		套	38.00
27	—	裸灯具	1×40W	套	18.00
28	—	荧光格栅吸顶灯	3×40W	套	380.00
29	—	诱导灯具	2×8W	套	230.00
30	—	指示灯具	2×8W	套	210.00

参 考 文 献

[1]　中华人民共和国住房和城乡建设部．建设工程工程量清单计价规范 GB 50500—2013 ［S］．北京：中国计划出版社，2013．

[2]　中华人民共和国住房和城乡建设部．房屋建筑与装饰工程工程量计算规范 GB 50854—2013［S］．北京：中国计划出版社，2013．

[3]　中华人民共和国住房和城乡建设部．通用安装工程工程量计算规范 GB 50856—2013 ［S］．北京：中国计划出版社，2013．

[4]　张月明等．工程量清单计价范例［M］．北京：中国建筑工业出版社，2009．

[5]　建设工程工程量清单计价规范详解及应用指南编委会．建设工程工程量清单计价规范详解及应用指南［M］．哈尔滨：哈尔滨工程大学出版社，2009．

[6]　陈建国，高显义．工程计量与造价管理（第二版）［M］．上海：同济大学出版社，2007．

[7]　计富元等．工程量清单计价基础知识与投标报价［M］．北京：中国建材工业出版社，2005．

[8]　刘元芳．建设工程造价管理［M］．北京：中国电力出版社，2008．

[9]　李建峰．工程定额原理［M］．北京：人民交通出版社，2008．

[10]　姬晓辉，程鸿群等．工程造价管理［M］．湖北：武汉大学出版社，2004．

[11]　殷慧光．建设工程造价［M］．北京：中国建筑工业出版社，2004．